智 | 能 | 建 | 筑 | 工 | 程 | 实 | 用 | 技 | 术 | 系 | 列

XIAOFANGGONGCHENG
SHEJI YU SHIGONG

消防工程
设计与施工

主　编　许　峰

参　编　崔　悦　姚淑静　王　敏　林　辉
潘美华　孙学良　杨　红　杨　伟
刘　平　孙　博　李　俊　张　斌
宋春亮　白雅君

中国电力出版社
CHINA ELECTRIC POWER PRESS

内 容 提 要

本书以最新的标准、规范为依据，具有很强的针对性和适用性；理论与实践相结合，注重实际经验的运用；结构体系上重点突出、详略得当，还注意了知识的融贯性，即把设计、施工、验收等有机结合，突出整合性的编写原则。

本书主要内容包括建筑防火，建筑消防系统设计，火灾自动报警与消防联动系统的设计与施工，室内消火栓系统的设计与施工，自动喷水灭火系统的设计与施工，自动气体和泡沫灭火系统的设计与施工，消防系统的供电、调试、验收与维护以及消防工程设计与施工案例。

本书可供建筑消防工程施工现场设计人员、施工人员等学习参考，也可作为高等院校建筑消防工程专业的教材。

图书在版编目（CIP）数据

消防工程设计与施工/许峰主编. —北京：中国电力出版社，2018.1（2023.2重印）
（智能建筑工程实用技术系列）
ISBN 978-7-5123-9487-2

Ⅰ. ①消… Ⅱ. ①许… Ⅲ. ①建筑物—消防设备—建筑设计②建筑物—消防设备—设备安装—工程施工 Ⅳ. ①TU998.1

中国版本图书馆 CIP 数据核字（2016）第 145373 号

出版发行：中国电力出版社
地　　址：北京市东城区北京站西街 19 号（邮政编码 100005）
网　　址：http：//www.cepp.sgcc.com.cn
责任编辑：杨淑玲
责任校对：马　宁
装帧设计：王红柳
责任印制：杨晓东

印　　刷：三河市百盛印装有限公司
版　　次：2018 年 1 月第 1 版
印　　次：2023 年 2 月北京第 3 次印刷
开　　本：787mm×1092mm　16 开本
印　　张：12.75
字　　数：307 千字
定　　价：48.00 元

前言

火灾是严重危害人类生命财产、直接影响到社会发展及稳定的一种最为常见的灾害，而近年来，经济建设的快速发展，物质财富的急剧增多，建筑行业的高速发展，火灾发生的频率也越来越高，造成的损失也越来越大。建筑火灾的严重性，时刻提醒人们要加大消防工作的力度，做到防患于未然。这就对从事消防工程的设计、施工、监测、运行维护人员的要求大大增加，对从业人员的知识积累、技能要求、学习能力也提出了更高的要求。因此，为满足消防设计、施工人员全面系统学习的需求，并结合我国近几年来各种消防安全设计、施工、管理等方面的经验，且遵循“预防为主，防消结合”的消防工作方针，培养更多掌握建筑消防法律法规、设备消防安全技术、防火工程技术等专业人才，特编写了此书。

本书主要内容包括建筑防火，建筑消防系统设计，火灾自动报警与消防联动系统的设计与施工，室内消火栓系统的设计与施工，自动喷水灭火系统的设计与施工，自动气体和泡沫灭火系统的设计与施工，消防系统的供电、调试、验收与维护以及消防工程设计与施工案例。

本书可供建筑消防工程施工现场设计人员、施工人员等学习参考，也可供高等院校建筑消防工程专业的教材。

本书以最新的标准、规范为依据，具有很强的针对性和适用性；理论与实践相结合，注重实际经验的运用；结构体系上重点突出、详略得当，还注意了知识的融贯性，即把设计、施工、验收等有机结合，突出整合性的编写原则。

本书在编写过程中参阅和借鉴了许多优秀书籍、图集和有关国家标准，并得到了有关领导和专家的帮助，在此一并致谢。由于作者水平有限，尽管尽心尽力，反复推敲，仍难免存在疏漏或未尽之处，恳请有关专家和读者提出宝贵意见予以批评指正！

编者

2017 年 12 月

目录

第一章　建筑防火

第一节　防火分区与防烟分区

一、防火分区的分隔设施

防火分区的分隔设施指的是防火分区间能保证在一定时间内阻燃的边缘构建及设施，主要包括防火墙、防火门、防火窗、耐火楼板、防火卷帘、防火水幕带等。防火分隔设施可以防止火势由外部向内部、由内部向外部或在内部之间蔓延，为扑救火灾创造良好条件。

防火分隔设施可以分为两类：一是固定式的，如普通的砖墙、楼板、防火悬墙、防火墙、防火墙带等；二是可以开启和关闭的，如防火门、防火卷帘、防火窗、防火吊顶、防火幕等。防火分区之间应采用防火墙进行分隔，如设置防火墙有困难时，可采用防火水幕带或防火卷帘进行分隔。

(1) 防火窗。防火窗是一种采用钢窗框、钢窗扇及防火玻璃（防火夹丝玻璃或者防火复合玻璃）制成的能隔离或阻止火势蔓延的窗。它具有一般窗的功效，更具有隔火、隔烟的特殊功能。防火窗按其构造可以分为单层钢窗和双层钢窗，耐火极限分别为 0.7h 与 1.2h。

按照安装方法的不同，可分为固定防火窗与活动防火窗两种。固定防火窗的窗扇不能开启，平时可以起到采光、遮挡风雨的作用，发生火灾时能起到隔火、隔热以及阻烟的功能。活动防火窗的窗扇可以开启，起火时能够自动关闭。为了使防火窗的窗扇能够开启和关闭自如，需要安装自动和手动两种开关装置。防火窗按照耐火极限可分为甲级、乙级、丙级三种。甲级防火窗的耐火极限是 1.2h，乙级防火窗的耐火极限是 0.9h，丙级的是 0.6h。防火窗的选用相同于防火门，凡是需用甲级防火门且有窗处，均应选用甲级防火窗；需用乙级防火门且有窗处，均应选用乙级防火窗。

(2) 防火卷帘。防火卷帘是一种不占空间、关闭严密以及开启方便的较现代化的防火分隔物，它具有可以实现自动控制、与报警系统联动的优点。防火卷帘和一般卷帘在性能要求上存在的根本区别为：它具备必要的非燃烧性能、耐火极限及防烟性能。

对于公共建筑中不便设置防火墙或者防火分隔墙的地方，最好使用防火卷帘，以便于把大厅分隔成较小的防火分区。在穿堂式建筑物内，可以在房间之间的开口处设置上下开启或者横向开启的卷帘。在多跨的大厅内，可把卷帘固定在梁底下，以柱为轴线，形成一道临时性的防火分隔。防火卷帘在安装时，应防止与建筑洞口处的通风管道、给排水管道及电缆电线管等发生干涉，在洞口处应留有足够的空间位置进行卷帘门的就位及安装。若用卷帘代替防火墙，则其两侧应设水幕系统保护，或者采用耐火极限不小于 3h 的复合防火卷帘。设于疏散走道和前室的防火卷帘，最好应同时具有自动、手动以及机械控制的功能。

(3) 防火门。防火门除了具有一般门的功效外，还具有能确保一定时限的耐火、防烟隔火等特殊的功能，一般用于建筑物的防火分区以及重要防火部位，能在一定程度上阻止火灾的蔓延，并能保证人员的疏散。

防火门是一种活动的防火阻隔物，不仅要求其具备较高的耐火极限，还应符合启闭性能好、密闭性能好的特点。对于民用建筑还应保证其美观、质轻等特点。

为了确保防火门能在火灾时自动关闭，一般采用自动关门装置，如弹簧自动关门装置和与火灾探测器联动、由防灾中心遥控操纵的自动关闭防火门。

设置在防火墙上的防火门宜做成自动兼手动的平开门或者推拉门，并且关门之后能从门的任何一侧用手开启，亦可以在门上设便于通行的小门。用于疏散通道的防火门，宜做成带闭门器的防火门，开启方向应一致于疏散方向，以便紧急疏散后门能自动关闭，避免火灾的蔓延。

(4) 防火墙。防火墙是建筑中采用最多的防火分隔软件。我国传统居民中的马头墙，其主要功能就是避免发生火灾时火势的蔓延。大量的火灾实例显示，防火墙对阻止火势蔓延起着很大的作用。比如某高层办公楼相邻两办公室以防火墙封隔，其中一间发生火灾，大火燃烧了 3h 之久，内部可燃物基本烧完，但是隔壁放有大量办公文件、写字台以及椅子等可燃物的办公室则安然无恙。因此，防火墙通常是水平防火分区的分隔首选。

防火墙的设置在建筑构造上还应符合以下要求：

1) 防火墙应该直接设置在建筑的基础上或者耐火性能符合设计规范要求的梁上。此外，防火墙在设计和建造中应注意其结构强度和稳定性，应确保防火墙上方的梁、板等构件在受到火灾影响破坏时，不致使防火墙发生倒塌。

2) 可燃烧构件不得穿过防火墙体，同时，防火墙也应截断难燃烧体的屋顶结构，并且应高出非燃烧体屋面 40cm，高出燃烧体或者难燃烧体屋面 50cm 以上。当建筑物的屋盖为耐火极限不低于 0.5h 的非燃烧体、高层工业建筑屋盖为耐火极限不低于 1h 的非燃烧体时，防火墙可以只砌到屋面基层的底部，不必高出屋面。

3) 当建筑物的外墙为难燃烧体时，防火墙应突出难燃烧体墙的外表面 40cm；两侧防火带的宽度由防火墙中心线起，每侧不应小于 2m。

4) 当建筑设有天窗时，应注意确保防火墙中心距天窗端面的水平距离不小于 4m；出现小于 4m 的情况且天窗端面为可燃烧体时，应将防火墙加高，使之超出天窗 50cm，以避免火势蔓延。

5) 防火墙上通常不应开设门和窗，如果必须设置时，应采用甲级防火门窗（耐火极限为 1.2h），且能自动关闭。防火墙应设置排烟道，民用建筑的使用上如果需要设置时，应确保烟道两侧墙身的截面厚度均不小于 12cm。

可燃气体和甲、乙、丙类液体管道发生火灾的危险性大，一旦发生燃烧和爆炸，危及面也很大，所以，这类管道严禁穿过防火墙。输送其他液体的管道必须穿过防火墙时，应用非燃烧材料将其周围缝隙填密实。走道与大面积房间的隔墙穿过各种管道时，其构造可以参照防火墙构造实施处理。

6) 建筑设计中，若在靠近防火墙的两侧开设门、窗洞口，为防止火灾发生时火苗互串，要求防火墙两侧门窗洞口间墙的距离应不小于 2m。如果装有乙级防火窗时，其距离可不受限制。

建筑物的转角处应避免设置防火墙，如果必须设在转角附近，则必须确保在内转角两侧的门、窗洞口间最小水平距离不小于4m。如果在一侧装有固定乙级防火窗时，其间距可不受限制。

二、建筑的防火分区

建筑防火分区的面积大小应考虑建筑物的使用性质、建筑物高度、火灾危险性、消防扑救能力等因素。因此，对于多层民用建筑、高层民用建筑、工业建筑的防火分区划定有不同的标准。

(1) 多层民用建筑的防火分区。我国现行《建筑设计防火规范》(GB 50016—2014) 对多层民用建筑防火分区的面积做了如下规定，见表1-1。

在划分防火分区面积时还应注意下列几点：

1) 建筑内设有自动灭火设备时，每层最大允许建筑面积可按照表1-1中的规定增加一倍。局部设有自动灭火设备时，增加面积可以按该局部面积的一倍计算。

表1-1　多层民用建筑的耐火等级、层数、长度和面积

耐火等级	最多允许层数	防火分区		说　明
		最大允许长度/m	每层最大允许建筑面积/m^2	
一、二级	按《建筑设计防火规范》(GB 50016—2014) 5.5.1条确定	150	2500	对于体育馆、剧场的观众厅，防火分区的最大允许建筑面积可以适当增加
三级	5层	100	1200	—
四级	2层	60	600	—

2) 防火分区间应采用防火墙分隔。若有困难时，可采用防火卷帘与水幕分隔。

3) 对于贯通数层的有封闭式中庭的建筑，或者是有自动扶梯的建筑，通常都是上下两层甚至是几层相连通，其防火分区被上下贯通的大空间所破坏，发生火灾时，烟气易于蔓延扩大，对上层人员的疏散、消防以及扑救带来一系列的困难。为此，应将相连通的各层作为一个防火分区考虑，参照表1-1中的规定，对于耐火等级为一、二级的多层建筑，上下数层面积之和不应超过2500m^2；而耐火等级为三级的多层建筑，上下数层面积之和不应超过1200m^2。若房间、走道与中庭相通的开口部位设有可以自行关闭的乙级防火门或防火卷帘，中庭每层回廊设有火灾自动报警系统与自动喷水灭火系统，并且封闭屋盖设有自动排烟设施时，防火分区以防火门等分隔设施加以划分，不再以相连通的各层作为一个防火分区。

4) 建筑物的地下室、半地下室发生火灾时，人员不易疏散，所以地下室、半地下室的防火分区面积应严格控制在500m^2以内。

(2) 高层民用建筑的防火分区。高层建筑防火分区的划分是非常重要的。通常说来，高层建筑规模大，用途广泛，可燃物量大，一旦发生火灾，火势蔓延迅速，烟气迅速扩散，必然造成巨大的损失。所以，减少这种情况发生的最有效的办法就是划分防火分区，并且应采用防火墙等分隔设施。每个防火分区最大允许建筑面积应不超过表1-2的规定。

表 1-2　每个防火分区的最大允许建筑面积

建筑类别	每个防火分区建筑面积/m^2
一类建筑	1000
二类建筑	1500
三类建筑	500

1）防火分区面积的大小应根据建筑的用途和性能的不同而加以区别。有些高层建筑的商业营业厅和展览厅常附设在建筑下部，面积往往超出规范很多，对此类建筑，其地上部分防火分区的最大允许建筑面积可增加到 4000m^2，地下部分防火分区的最大允许建筑面积可增加至 2000m^2。但为了确保安全，厅内应设有火灾自动报警系统和自动灭火系统，装修材料应采用不燃或难燃材料。一般的高层建筑，如果防火分区内设有自动灭火系统，则其允许最大建筑面积可以按表 1-2 的规定增加一倍；当局部设置自动灭火系统时，增加面积可以按该局部面积的一倍计算。

2）与高层建筑相连的裙房，建筑高度较低，火灾的扑救难度相对比较小。如果裙房与主体建筑之间用防火墙等分隔设施分开时，其最大允许建筑面积不应大于 2500m^2；如果设有自动喷水灭火系统时，防火分区最大允许建筑面积可以增加一倍。

3）高层建筑内设有上下层连通的走廊、敞开楼梯以及自动扶梯等开口部位时，为了保障防火安全，应将上下连通层作为一个整体看待，不应使其最大允许建筑面积之和超过表 1-2 的规定。如果总面积超过规定，则应在开口部位采取防火分隔设施，如采用耐火极限大于 3h 的防火卷帘或水幕等分隔设施，此时面积可以不叠加计算。

4）高层建筑多采用垂直排烟道（竖井）排烟，通常是在每个防烟区设一个垂直烟道。如防烟区面积过小，使垂直排烟道数量增多，则会占用较大的有效空间；比如防烟分区的面积过大，使高温的烟气波及面积加大，会使受灾面积增加，不利于安全疏散和扑救。所以，规范中规定，每个防烟分区的建筑面积不宜超过 500m^2，并且防烟分区不应跨越防火分区。

（3）工业建筑的防火分区。对于厂房的防火分区，应按照其生产的火灾危险性类别、厂房的层数和厂房的耐火等级确定防火分区的面积。火灾危险性类别是根据生产或使用过程中物质的火灾危险性进行分类的，共分为甲、乙、丙、丁、戊五个类别。甲类厂房火灾危险性最大，乙类次之，而戊类危险性最小。

各类厂房的防火分区面积大小见表 1-3。

表 1-3　厂房的耐火等级、层数和建筑面积

生产类别	耐火等级	最多允许层数	防火区最大允许建筑面积/m^2	
			单层厂房	多层厂房
甲	一级	宜采用单层	4000	3000
	二级		3000	2000
乙	一级	不限	5000	4000
	二级	6	4000	3000
丙	一级	不限	不限	6000
	二级	不限	8000	4000
	三级	2	3000	2000

续表

生产类别	耐火等级	最多允许层数	防火区最大允许建筑面积/m²	
			单层厂房	多层厂房
丁	一、二级	不限	不限	不限
	三级	3	4000	2000
	四级	1	1000	—
戊	一、二级	不限	不限	不限
	三级	3	5000	3000
	四级	1	1500	—

在防火分区内设有自动灭火设备时，厂房的安全程度大大提高，所以对甲、乙、丙类厂房的防火分区面积可以增加一倍，丁、戊类厂房防火分区面积的增加则不限。当局部设置自动灭火设备时，则增加面积按照该局部面积的一倍计算。

库房及其每个防火分区的最大允许建筑面积应符合表 1-4 的要求。

表 1-4　　库房的耐火等级、层数和建筑面积

储存物品分类	耐火等级	最多允许层数	防火区最大允许建筑面积/m²			
			单层厂房		多层厂房	
			每座库房	防火墙间	每座库房	防火墙间
甲	一级	1	180	60		
	一、二级	1	750	250		
乙	一、二级	3	2000	500	300	
	三级	1	500	250		
丙	一、二级	5	4000	1000	700	150
	三级	1	1200	400		
丁	一、二级	不限	不限	3000	1500	500
	三级	3	3000	1000	500	
	四级	1	2100	700		
戊	一、二级	不限	不限	不限	2000	1000
	三级	3	3000	2100	700	
	四级	1	2100	700		

高层厂房的耐火等级和建筑面积应符合表 1-5 的要求。

表 1-5　　高层厂房的耐火等级和建筑面积

生产火灾危险性类别	耐火等级	防火分区最大允许建筑面积/m²
乙	一级 二级	2000 1500
丙	一级 二级	3000 2000
丁	一、二级	4000
戊	一、二级	6000

此外要注意高层厂房防火分区间应采用防火墙分隔。当乙、丙类厂房设有自动灭火系统时，防火分区最大允许建筑面积可以按表 1-5 的规定增加一倍；丁、戊类厂房设有自动灭火系统时，其建筑面积不限。局部设置了自动灭火系统时，增加面积可以按该局部面积的一倍计算。

(4) 中庭的防火。中庭是以大型建筑内部上下楼层贯通的大空间为核心而创造的一种特殊建筑形式，在大多数情况下，其屋顶或外墙由钢结构和玻璃制成。

1) 中庭火灾的危险性因为中庭是上下贯通的大空间，当防火设计不合理或管理不善时，火灾有急速扩大的可能性，危险性较大，其具体表现为：

a. 火灾不受限制地急剧扩大。一旦中庭失火，火势和烟气可以不受限制地急剧扩大。中庭空间形似烟囱，如果在中庭下层发生火灾，烟气便会非常容易地进入中庭空间；如果在中庭上层发生火灾，烟气不能及时排出，则会向周围楼层扩散。

b. 疏散困难。中庭起火，整幢楼的人员都必须同时疏散。人员集中，再加上恐惧心理，就势必增加了疏散的难度。

c. 灭火和救援困难。中庭空间顶棚的灭火探测与灭火装置受高度的影响常常达不到早期探测与初期灭火的效果。当火灾迅速地多方位扩大时，消防队员扑灭火灾的难度加大，再加上屋顶和壁面的玻璃会由于受热破裂而散落，对消防队员会造成威胁。

2) 中庭的防火设计。中庭火灾的危险性决定了中庭防火必须要采取有效的措施，以减少火灾的损失。依据国内外高层建筑中庭防火设计的实际做法，并参考国外有关防火规范的规定，我国新修订的防火规范对中庭防火设计做了如下规定：“房间与中庭回廊相通的门或窗，应采用火灾时可自行关闭的甲级防火门或甲级防火窗”“与中庭相通的过厅、通道等处，应设置甲级防火门或耐火极限不小于 3.00h 的防火分隔物。”

三、防烟分区

防烟分区系指的是采用挡烟垂壁、隔墙或从顶棚下突出不小于 50cm 的梁而划分的防烟空间。

由烟气的危害及扩散规律人们可以清楚地认识到，发生火灾时首要任务是将火场上产生的高温烟气控制在一定的区域范围之类，并迅速排除室外。为了完成此项迫切任务，在特定条件下必须设置防烟分区。防烟分区主要是确保在一定时间内使火场上产生的高温烟气不致随意扩散，并进而加以排除，从而达到控制火势蔓延及减少火灾损失的目的。防烟分区的划分方法为：

(1) 按用途划分。建筑物是由具有各种不同使用功能的建筑空间所构成的，为此，按照建筑空间的不同用途来划分防烟分区也是较为合适的。但应注意的是，在按不同的用途把房间划分成各个不同的防烟分区时，对电气配线管、通风空调管道、给排水管道及采暖系统管道等穿越墙壁和楼板处，应采取妥善的防火分隔措施，以确保防烟分区的严密性。

在某些条件下，疏散走道也应单独划分防烟分区。此时，面向走道的房间和走道之间的分隔门应是防火门，由于普通门容易被火烧毁难以阻挡烟气扩散，将使房间和走道连成一体。

(2) 按面积划分。对于高层民用建筑，当每层建筑面积超过 $500m^2$时，应按照每个烟气控制区不超过 $500m^2$的原则将其划分成若干个防烟分区。设在各个标准层上的防烟分区，尺寸相同、形状相同、用途相同。对不同形状和用途的防烟分区，其面积亦应尽可能一样。每个楼层上的防烟分区可以采用同一套防、排烟设施。

（3）按楼层划分。还可分别按照楼层划分防烟分区。在现代高层建筑中，底层部分和高层部分的用途往往不同，如高层旅馆建筑，底层多布置餐厅、商店、接待室、小卖部等房间，主体高层多为客房。火灾统计资料表明，底层发生火灾的机会比较多，火灾概率大，高层主体发生火灾的机会较少，火灾概率低，所以，应尽可能按照房间的不同用途沿垂直方向按楼层划分防烟分区。图1-1（a）所示为典型高层旅馆防烟分区的划分示意，很显然这一设计实例是将底层公共设施部分和高层客房部分严格分开。图1-1（b）为典型高层办公大楼防烟分区的划分示意，由图中可以看出，底部商店是沿垂直方向按照楼层划分防烟分区的，而在地上层则是沿水平方向划分防烟分区的。

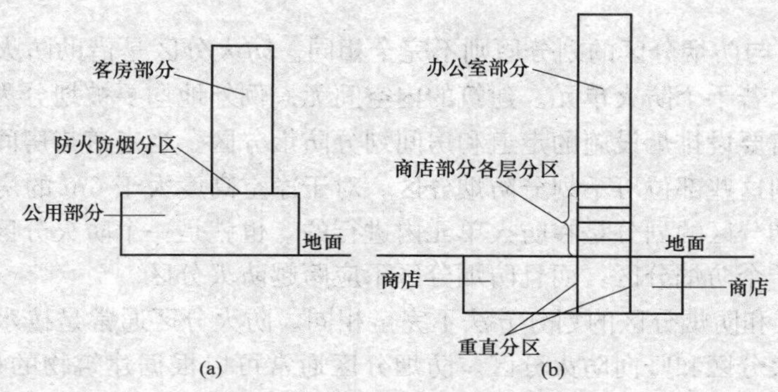

图1-1　楼层分区的设计实例

（a）高层旅馆；（b）高层办公大楼

从防、排烟的观点看，在进行建筑设计时应尤其注意的是垂直防烟分区，尤其是对于建筑高度超过100m的超高层建筑，可以把一座高层建筑按15～20层分段，通常是利用不连续的电梯竖井在分段处错开，楼梯间也做成不连续的，这样处理能有效地避免烟气无限制地向上蔓延，对超高层建筑的安全是非常有益的。

（1）防火分区与防烟分区的作用不完全相同。防火分区的作用是有效地阻止火灾在建筑物内沿水平和垂直方向蔓延，将火灾限制在一定的空间范围内，以使火灾损失减少。防烟分区的作用是在一定时间内将建筑火灾的高温烟气控制在一定的区域范围内，为排烟设施排除火灾初期的高温烟气创造有利条件，为人员安全疏散提供良好条件，并且也能防止烟气蔓延。

（2）防火分隔构件与防姻分隔构件的结构形式及耐火性能的要求不同。防火分区的防火分隔构件必须是不燃烧体，而且具有规定的耐火极限。在构造上是连续的，从地板到楼板，从外墙到外墙，从一个防火分隔构件到另一个防火分隔构件，或者是以上的组合。防烟分区的防烟分隔构件虽然也是不燃烧体，但却没有耐火极限的要求。在构造上虽然也要求是连续设置，但是在按面积划分防烟分区时，防烟分隔构件可以是隔墙，也可以是挡烟垂壁或者从顶棚下凸出的不小于50cm的梁，后两种构件在竖向上就不是从地板到楼板的连续隔断体，而以隔墙（包括防火墙）为防烟分隔构件，仅是防烟分隔中的部分。

（3）防火分区和防烟分区划分面积的要求不同。防火分区的划分是以建筑面积为基础，按照其房间的使用功能和建筑类别的不同，划分防火分区的建筑面积的要求是不同的。例如，在高层民用建筑中，一类建筑的防火分区，是以每 $1000m^2$ 划分为一个防火分区；而二类建筑的每个防火分区不应超过 $1500m^2$；地下室的每个防火分区建筑面积不应超过 $500m^2$。而且，当设有自动喷水灭火系统保护的区域，其防火分区面积可以按规定的防火分区面积基础上扩大 1 倍。防烟分区的划分虽然也是以建筑面积为依据，要求划分防烟分区的建筑面积应不大于 $500m^2$，而且不能由于设有自动喷水灭火系统而予以扩大。划分防烟分区的建筑面积，也不会由于房间的使用功能或建筑类别的不同而改变。但另有规定的例外。由于热烟在流动过程中要被冷却，因此在流动一定距离后热烟会成为冷烟而离开顶板沉降下来，这时挡烟垂壁等挡烟设施就不再起控制烟气的作用了，所以防烟分区面积不应过大，也不应由于设自动喷水灭火系统而扩大 1 倍，它的面积确定只和一定热释放速率的火灾所产生的热烟流动范围相关。

(4) 防火分区与防烟分区的划分原则不完全相同。防火分区是借助防火分隔构件，把建筑内的空间划分为若干个防火单元。建筑的内空间无一例外地均要被划分为防火单元。防烟分区只在按规定需要设排烟设施的走道和房间划分防烟分区。当走道与房间按规定都不需要设排烟设施时，则这些部位可不划分防烟分区。对于净空高度大于 6m 的房间，也可以不划分防烟分区。防烟分区的划分是在防火单元内进行的，也就是一个防火分区内，再用防烟分隔构件划分为若干个防烟分区，而且防烟分区不应跨越防火分区。

(5) 防火分区和防烟分区的划分方法不完全相同。防火分区通常是按水平方向或竖直方向划分为水平防火分区和竖向防火分区。防烟分区通常可以根据建筑物的种类和要求不同，按其用途、面积和楼层划分。

图 1－2 为着火房间、走道、防烟楼梯间及其前室的全面通风防排烟方式示意图。图中的着火房间、走道按规定都应设排烟设施，但是又不具备自然排烟条件，故应设机械排烟。防烟楼梯间应设正压送风系统，当着火房间火灾时，将房间排烟风机启动排烟，同时启动正压送风机向防烟楼梯间送风，使楼梯间形成 40～50Pa 的正压，前室产生 25～30Pa 的正压，这样前室和走道之间有 25Pa 的压差，当前室开门时，风压指向走道，以避免烟气入侵。当走道进烟时，走道的排烟口开启，走道开始排烟，这时，走道与前室之间压差更大，防烟效果更好。这种全面通风防排烟是由排烟设施和正压送风系统组合而成，在着火区与有烟区维持负压，而在垂直疏散通道区域维持正压。这种防排烟方式的优点是对烟的控制效果好；由于是在疏散区域维持正压，尤其有利于人员疏散，且这种防排烟方式不受建筑高度及室外环境气象条件的限制。但这种防排烟方式的投入大，设备多，占用的送风井、排风井面积大。

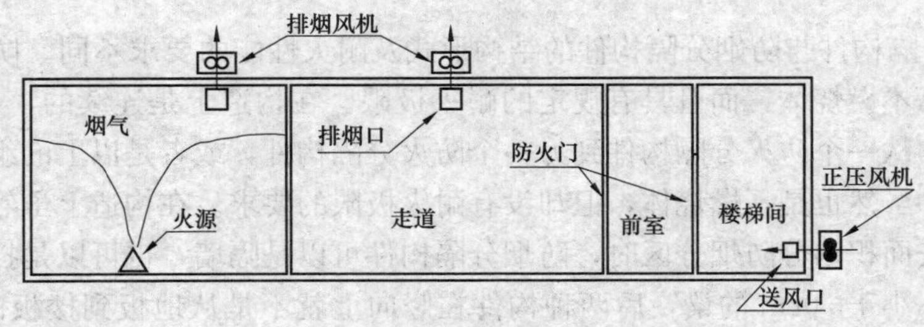

图 1－2　全面通风防排烟方式

第二节　总平面防火设计

建筑的总平面布局主要涉及防火间距、消防车道、消防登高扑救面及作业场地等方面的内容，在进行总平面设计时，应依据城市规划，合理确定高层建筑的位置、防火间距、消防车道以及消防水源等。其防火设计要求在《建筑设计防火规范》（GB 50016—2014）主要涉及防火间距、消防车道、消防登高扑救面及作业场地等方面的内容，在进行总平面设计时，应依据城市规划，合理确定高层建筑的位置、防火间距、消防车道和消防水源等。其防火设计要求在《建筑设计防火规范》（GB 50016—2014）等国家消防技术标准中有明确的规定，合理设计建筑的总平面布局，既能节约用地，又能满足建筑物的消防安全。

一、高层民用建筑总平面防火设计

1. 高层民用建筑的选址

高层民用建筑包括十层及十层以上的居住建筑（包括首层设置商业服务网点的住宅）和建筑高度超过 24m 的公共建筑。高层民用建筑的选址是一个涉及城市规划、市政建设和消防管理等诸多因素的根本性的问题。高层民用建筑的具体位置如果选择适当，将有利于高层民用建筑自身及相邻建、构筑物的安全。从消防角度分析，选择高层民用建筑具体位置，应注意下列几方面：

（1）应受到城市消防站的有效保护。消防站布局原则是：我国根据城市建筑结构、消防车性能、城市道路和通信设施等情况将消防时间定为 15min，大体分配为：从起火到发现估计为 4min；报警时间为 2.5min；接警和出动时间为 1min；消防车在途中行驶时间为 4min；到达火场出水扑救为 3.5min。因此城市消防站应按 5min 内消防车到达责任区边缘来确定位置，消防站责任区的保护面积为 4～7km^2（消防车时速为 30～36km/h）。

（2）不宜布置在易燃、易爆物附近。城市中常会设有易燃、易爆的建、构筑物，如石油气储配站、可燃物仓库等，它们的存在对相邻的其他建筑具有非常大的威胁，极易发生爆炸或引起火灾，造成附近建筑被毁，人员伤亡等重大恶性事故。比如美国一丙烷仓库爆炸起火，不仅烧毁库区内的主要办公大楼及库房，大火还吞没了相邻的建材公司大楼，其损失十分惨重，此类火灾案例不胜枚举。所以，高层建筑在选址时应远离这类火灾危险性很大的建、构筑物。

（3）与周围建、构筑物保持足够的防火间距。因为热对流、热辐射和热传导的综合作用，建筑物在起火后，火势在内部迅速扩大。火势的大小与距离远近通过影响热辐射的强度从而导致周围建筑着火。火势越大，距离越小，危害越甚。如巴西 31 层的安德劳斯大楼起火时，其下风方向 40 多米远的建筑均因辐射热而严重烧损，甚至连 90m 远的建筑物也遭受其害。所以高层侧筑与周围建、构筑物必须保持一定的防火间距。必须保持高层建筑之间以及与低、多层建筑之间一定的防火间距。不过，如果两座建筑相邻的较高一面的外墙为防火墙时，其间距可以不限。若较低一面外墙为防火墙，或较高一面外墙开口部位设有防火门窗及水幕时，其防火间距可以适当减小，但不宜小于 4m。

（4）应设有消防车道和消防水源。消防车道是供消防车灭火时通行的道路。高层建筑宜与城市干道有机相连，使消防车能在最短时间内到达火场。当消防车道和铁路平交时，应有备用车道可以通过，避免被列车堵截。消防用水可采用城市给水管网，水源丰富地区还可以采用天然水源，但枯水季节应当仍然能达到灭火需要。

2. 主体建筑与裙房

高层建筑由于规模庞大，功能复杂，以常见的各种办公楼、商厦、宾馆以及医院等建筑而论，其基本布置往往系将办公、客房及病房等部分，设在标准层内，并形成高耸的主楼，而把公共厅堂及后勤等部分用房设置于主体的下部，以利于内外联系及大量人流、货流的集散。由于公共厅堂种类繁多，面积庞大，如营业厅、展销厅、会议厅等，其面积经常达上千平方米，因此常向主体建筑下部楼层四周突出，并形成裙房。近年来较多采用的中庭空间，亦常依附于主体侧。

这种主体高耸底盘扩大的处理方式，不仅有符合功能要求，还使建筑的造型丰富多彩。不过，从火灾扑救的角度来看，突出的裙房则很可能妨碍消防车的靠拢及云梯车的架设。《建筑设计防火规范》(GB 50016—2014) 规定："每座高层建筑的底边至少有一个长边或周边长度的 1/4 且不小于一个长边长度，不应布置进深大于 4m 的裙房，该范围内应确定一块或若干块消防车登高操作场地，且两块场地最近边缘的水平距离不宜超过 30m。"上述几个方面的有机结合，就可构成建筑物外部扑救火灾的据点。发生火灾时消防车赶到此部位后，一方面从室外对建筑上部进行扑救，并接应由楼梯疏散至室外的人员，另一方面迅速进驻消防指挥中心，同时由消防电梯登上高层由内部进行扑救。

3. 高层建筑的附属建筑

我国目前生产的快装锅炉，其工作压力通常为 0.1～1.3MPa，其蒸发量为 1～30t/h。如果产品质量差、安全保护设备失灵或操作不慎都有导致发生爆炸的可能，尤其是燃油、燃气的锅炉，更容易发生爆炸事故，因此不宜在高层建筑中安装使用，即锅炉房宜离开高层建筑并单独设置。

如果受条件限制，锅炉房不能与高层建筑脱开布置时，只允许设在高层建筑的裙房内，但是必须满足下列要求。

(1) 锅炉的总蒸发量不应超过 6t/h，且单台锅炉蒸发量不应超过 2t/h。此要求能符合一般规模的高层建筑对锅炉蒸发量的需求（一台蒸发量是 2t/h 的锅炉，其发热量为每小时 5016MJ，也就是说一台蒸发量是 2t/h 的锅炉可供 12 000m^2的房间采暖）。

(2) 不应布置在人员密集场所的上一层、下一层或贴邻，并且采用无门窗洞口的耐火极限不低于 2.00h 的隔墙和 1.50h 的楼板和其他部位隔开，必须开门时，应设甲级防火门。

(3) 应布置在首层或地下一层靠外墙部位，并且应设直接对外的安全出口。外墙开口部位的上方，应设置宽度不小于 1.00m 的不燃防火挑檐。

(4) 应设置火灾自动报警系统和自动灭火系统。

4. 油浸式电力变压器室和设有充油电气设施的配电室

可燃油油浸式电力变压器发生故障产生电弧时，将会使变压器内的绝缘油迅速分解，并析出氢气、甲烷以及乙烯等可燃气体，使压力剧增，造成外壳爆裂大量喷油或者析出的可燃气体与空气混合形成爆炸混合物，在电弧或火花的作用下引起燃烧爆炸。变压器爆裂后，高温的变压器油流到哪里就会烧到哪里，导致火势蔓延。如某水电站的变压器爆炸，炸坏厂房，油水顺过道、管沟、电缆架蔓延，从一楼烧到地下室，又从地下室烧到二楼主控制室，将控制室全部烧毁，导致重大损失。充有可燃油的高压电容器、油开关等，也有较大的火灾危险性，因此可燃油油浸式电力变压器和充有可燃油的高压电容器、多油开关等不宜布置在高层民用建筑裙房内。由于受到规划要求、用地紧张以及基建投资等条件的限制，如必须将可燃油油浸式变压器等电气设备布置在高层建筑内时，应符合以下防火要求。

(1) 可燃油油浸式电力变压器的总容量不应超过1260kVA，单台容量不应超过630kVA。

(2) 变压器下面应设有储存变压器全部油量的事故储油设施；变压器室、多油开关室、高压电容器室，应设置避免油品流散的设施。

(3) 建筑上的其他防火要求与锅炉房相同。

二、工业建筑总平面防火设计

1. 厂（库）址选择

(1) 周围环境既确保自身安全，又要保证相邻企事业单位的安全。

(2) 地形条件。

1) 散发可燃气体、蒸气、粉尘的厂房不宜布置在山谷地区的窝风地带，应设在通风比较好的山坡地带。

2) 甲、乙、丙类液体库宜选用地势较低的地带。

3) 爆炸危险品厂（库）房，宜布置在山凹地带，借助山丘作为屏障，减小事故对周围的影响。

(3) 主导风向具有易燃、易爆危险的工业企业，应设置在相邻企业、居住区的主导风向下风向或侧风向。

(4) 消防车道。

(5) 消防水源。

(6) 工企供电。

2. 厂（库）区总平面布置

(1) 符合生产工艺的要求。

(2) 划分防火区域。

1) 在同一防火区段内不应布置两者一经作用即能导致火灾或者增加火灾危险性的设施或材料。

2) 使用不同灭火剂的厂房及库房，不能布置在同一防火区段内。

3) 运输量大的车间应布置在厂区主要干线两侧，工人多的车间或者生活设施，应靠近主要人流方向，避免人流、货流交叉。

4) 把火灾危险性大或使用明火作业的生产置于厂区内的下风向或者侧风向。

5) 注意相邻企业的安全。

(3) 注意建筑物的朝向和体量。

(4) 设置防火间距。

三、消防车道

建筑物的总平面防火设计时必须考虑留有足够的消防通道，以确保消防车能顺利到达火场，实施灭火战斗（图1-3）。

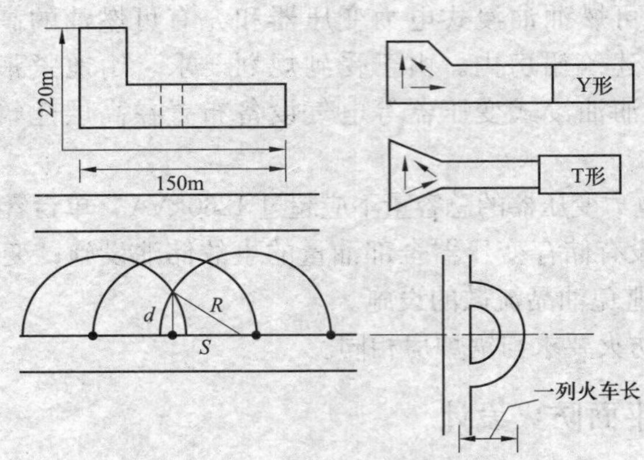

图 1－3　消防车道

(1) 街区内的道路应考虑消防车的通行，其道路中心线间的距离不宜大于 160m。当建筑物沿街道部分的长度大于 150m 或总长度大于 220m 时，应设置穿过建筑物的消防车道。当确有困难时，应设置环形消防车道。

(2) 高层民用建筑，超过 3000 个座位的体育馆，超过 2000 个座位的会堂，占地面积大于 3000m^{2}的展览馆等大型单、多层公共建筑的周围应设置环形消防车道。当设置环形车道有困难时，可沿该建筑的两个长边设置消防车道，对于住宅建筑和山地或河道边临空建造的高层建筑可沿建筑的一个长边设置消防车道，但该长边应为消防车登高操作面。

(3) 工厂、仓库区内应设置消防车道。占地面积大于 3000m^{2}的甲、乙、丙类厂房或占地面积大于 1500m^{2}的乙、丙类仓库，应设置环形消防车道，确有困难时，应沿建筑物的两个长边设置消防车道。

(4) 有封闭内院或天井的建筑物，当其短边长度大于 24m 时，宜设置进入内院或天井的消防车道。

有封闭内院或天井的建筑物沿街时，应设置连通街道和内院的人行通道（可利用楼梯间），其间距不宜大于 80m。

(5) 在穿过建筑物或进入建筑物内院的消防车道两侧，不应设置影响消防车通行或人员安全疏散的设施。

(6) 可燃材料露天堆场区，液化石油气储罐区，甲、乙、丙类液体储罐区和可燃气体储罐区，应设置消防车道。消防车道的设置应符合下列规定：

1) 储量大于表 1－6 规定的堆场、储罐区，宜设置环形消防车道。

表 1－6　　堆场、储罐区的储量

名称	棉、麻、毛、化纤/t	稻草、麦秸、芦苇/t	木材/m^3	甲、乙、丙类液体储罐/m^3	液化石油气储罐/m^3	可燃气体储罐/m^3
储量	1000	5000	5000	1500	500	30 000

2) 占地面积大于 30 000m^{2}的可燃材料堆场，应设置与环形消防车道相连的中间消防车道，消防车道的间距不宜大于 150m。液化石油气储罐区，甲、乙、丙类液体储罐区，可燃气体储罐区，区内的环形消防车道之间宜设置连通的消防车道。

3）消防车道与材料堆场堆垛的最小距离不应小于5m。

4）中间消防车道与环形消防车道交接处应满足消防车转弯半径的要求。

（7）供消防车取水的天然水源和消防水池应设置消防车道。消防车道边缘距离取水点不宜大于2m。

（8）消防车道的净宽度和净空高度均不应小于4m，消防车道的坡度不宜大于8%，其转弯处应满足消防车转弯半径的要求。消防车道距高层建筑或大型公共建筑的外墙宜大于5m且不宜大于15m。供消防车停留的作业场地，其坡度不宜大于3%。

消防车道与厂（库）房、民用建筑之间不应设置妨碍消防车作业的架空高压电线、树木、车库出入口等障碍物。

（9）环形消防车道至少应有两处与其他车道连通。尽头式消防车道应设置回车道或回车场，回车场的面积不应小于12m×12m；对于高层建筑，回车场不宜小于15m×15m；供大型消防车使用时，不宜小于18m×18m。

消防车道的路面、扑救作业场地及消防车道和扑救作业场地下面的管道和暗沟等，应能承受大型消防车的压力。

消防车道可利用交通道路，但该道路应满足消防车通行、转弯和停靠的要求。

（10）消防车道不宜与铁路正线平交。如果必须平交，应设置备用车道，且两车道之间的间距不应小于一列火车的长度。

四、高层建筑扑救立面及登高车操作场地的设计

高层建筑的扑救立面和登高车操作场地是两个不同的概念，扑救立面是针对建筑本身而言，在《建筑设计防火规范》（GB 50016—2014）中有明确的规定，要求在高层建筑的底边至少有一个长边或周边长度的1/4且不小于一个长边长度，不应布置进深大于4.00m的裙房，以作为消防车登高扑救的操作面；而登高车操作场地是在高层建筑外围的空间上布置的一块或者若干块供登高车停靠操作的场地，《建筑设计防火规范》（GB 50016—2014）对于登高车操作场地没有做出规定，但其在高层建筑火灾扑救中起到很关键的作用。

（1）高层建筑登高扑救立面。扑救面是否应连续布置。《建筑设计防火规范》（GB 50016—2014）规定建筑的底边应至少有一个长边或周长的1/4且不小于一个长边长度作为扑救面，由规范的含义来看，扑救面的设置是一段连续的建筑外墙面，实际各地的执行也是如此。但是随着建筑形式越来越多样化，连续的外立面作为扑救面不仅不可能而且反而导致部分建筑立面无法登高施救。比如“品”字形、花瓣形或其不规则形状的建筑物。高层建筑消防登高扑救立面可连续设置或分段设置，应结合灭火实际，在满足功能的前提下，消防登高立面应尽量连续设置，确实有困难时，可按照设计建筑的实际情况分段确定登高立面并且利于建筑整体施救。

（2）扑救面本身的消防技术要求。《建筑设计防火规范》（GB 50016—2014）仅对在扑救面范围内的裙房规模与通道设置做了要求，对扑救面内的外立面做法无具体要求。

在除规范规定的要求之外，还应明确：消防登高范围内不应布置任何架空线缆、高大树木以及室外停车场等妨碍消防扑救的障碍物；扑救面以内应有外窗、阳台以及凹廊等可以进入建筑内部的消防口或可供人员集散、紧急避难的公共部位或者区域；另

外，玻璃幕墙火灾时容易坠落，使地面的人员受到伤害，所以，消防登高面不宜设计大面积的玻璃幕墙。

(3) 登高车操作场地。登高车操作场地是和登高扑救立面相结合设计的，首先应在确定高层建筑登高扑救立面的基础上来相应设计登高车操作场地。具体关于登高车操场作场地的设计技术要求，参考有关规定，并结合实践，可以认为：对于高层公共建筑，登高场地可结合消防车道布置，与建筑外墙的距离宜是5～10m，应在其登高面一侧布置沿建筑整个长边、10～13m宽的登高场地，登高场地最好连续布置，但是条件受限必须分段设置时，最多允许可分两段；而对于高层住宅建筑，根据建筑布局造型分塔式、单元式等几种情况，可以在其登高立面范围内确定一块（点式）或若干块（每单元）消防登高场地，登高场地面积不应小于15m×8m（长×宽）。另外，消防控制中心宜靠近消防登高场地的明显位置设置，并且应设置在建筑的首层或者地下一层，并设直通室外的出口；消防登高场地应能承受大型消防车辆的载重量，设有坡道的登高场地，其坡度不应大于5%；可利用市政道路作为消防登高场地，其绿化、架空线路以及电车网架等设施不得影响消防车的停靠和作业。

此外，针对多层民用建筑，特别是人员疏散及消防扑救难度大的人员密集场所，比如大型体育馆、会展中心、商场等建筑，也应结合本地实际及消防装备情况，考虑结合消防车道同步设计消防扑救面与消防车灭火救援操作场地。

总之，建筑总平面防火设计是涉及建筑内人员和建筑本身安全的重要问题，必须给予高度的重视及缜密的考虑。建筑工程消防设计审核监督人员应严格执行我国有关的防火规范，在建设初期就把隐患消除在萌芽状态，否则一旦建成，必将遗留无法整改的隐患。

第三节　安　全　疏　散

建筑物发生火灾时，为了防止建筑物内部人员由于火烧、烟气中毒和房屋倒塌而受到伤害，且为了保证内部人员能尽快撤离，同时，消防人员也可以迅速接近起火部位，扑救火灾，在建筑设计时需要认真考虑安全疏散问题。安全疏散设计的主要任务就是设定作为疏散及避难所使用的空间，争取疏散行动与避难的时间，保证人员和财物的伤亡与损失最小。

1. 保证安全疏散的基本条件

为了保证楼内人员在由于火灾造成的各种危险中的安全，所有的建筑物都必须满足以下保证安全疏散的基本条件：

(1) 布置合理的安全疏散路线。在发生火灾、人们在紧急疏散时，应确保一个阶段比一个阶段安全性高，即人们从着火房间或部位跑到公共走道，再由公共走道到达疏散楼梯间，然后转向室外或其他安全处所，一步比一步安全，这样的疏散路线即为安全疏散路线。所以，在布置疏散路线时，要力求简捷，便于寻找、辨认，疏散楼梯位置要明显。通常地说，靠近楼梯间布置疏散楼梯是较为有利的，由于火灾发生时，人们习惯跑向经常使用的电梯作为逃生的通道，当靠近电梯设置疏散楼梯时，就能使经常使用的路线与火灾时紧急使用的路线有机地结合起来，有利于迅速而安全地疏散人员。

(2) 保证安全的疏散通道。在有起火可能性的任何场所发生火灾时，建筑物都必须确保至少有一条能够使全部人员安全疏散的通道。有时，虽然很多建筑物设有两条安全通道，却并不能保证全部人员的安全疏散。所以，从本质上讲，最重要的是采取接近万无一失的措施，即使只有单方向疏散通道，也要能够保证安全。从建筑物内人员的具体情况考虑，疏散通道必须具有足以使这些人疏散出去的容量、尺寸和形状，同时必须确保疏散中的安全，在疏散过程中不受到火灾烟气、火和其他危险的干扰。

(3) 保证安全的避难场所安全。避难场所被认为是“只要避难者到达这个地方，安全就得到保证”。为了在火灾时确保楼内人员的安全疏散，避难场所必须没有烟气、火焰、破损及其他各种火灾的危险。原则上避难场所应设在建筑物公共空间，即外面的自由空间中。但是在大规模的建筑物中，与火灾扩展速度相比，疏散需要更多的时间，把楼内全部人员一下子疏散到外面去，时间不允许，还不如在建筑物内部设立一个可作为避难的空间更为安全。所以，建筑物内部避难场所的合理设置十分重要。常见的避难场所或安全区域有封闭楼梯间和防烟楼梯间、消防电梯、屋顶直升机停机坪以及建筑中火灾楼层下面两层以下的楼层、高层建筑或超高层建筑中为安全避难特设的“避难层”“避难间”等。

(4) 限制使用严重影响疏散的建筑材料。建筑物结构和装修中大量地使用了建筑材料，对火灾影响很大，应该在防火及疏散方面予以特别注意。火焰燃烧速度很快的材料、火灾时排放剧毒性燃烧气体的材料不得作为建筑材料使用，以防止火灾发生时有可能成为疏散障碍的因素。但是对材料加以限制使用不是一件容易的事，掌握的尺度就是，不使用比普通木材更易燃的材料。在此前提下，才能进一步考虑安全疏散的其他问题。

2. 合理布置安全疏散设施

在建筑设计时，应依据建筑的规模、使用性质、容纳人数以及在火灾时不同人的心理状态等情况，合理布置安全疏散设施，为人们的安全疏散创造有利条件。安全疏散设施主要包括安全出口、事故照明及防烟、排烟设施等。

安全出口主要有疏散楼梯、消防电梯、疏散门、疏散走道、避难层以及避难间等。

(1) 疏散楼梯。疏散楼梯是供人员在火灾紧急情况下安全疏散所用的楼梯。疏散楼梯的设计应遵循如下原则：

1) 在平面上应尽量靠近标准层（或防火分区）的两端或者接近两端出口设置，这种布置方式便于进行双向疏散，提高疏散的安全可靠性；或尽量靠近电梯间布置。疏散楼梯也可靠近外墙设置，优点是可通过外墙开启窗户进行自然排烟。如因条件限制，将疏散楼梯布置在建筑核心部位时，应设有机械排风装置。

2) 在竖向布置上疏散楼梯应保持上、下畅通。不同层的疏散楼梯、普通楼梯以及自动扶梯等不应混杂交叉，防止紧急情况时部分人流发生冲撞拥挤，引起堵塞和意外伤亡。对高层民用建筑来说，疏散楼梯应通向屋顶，以便当向下疏散的通道发生堵塞或者被烟气切断时，人员可上到屋顶暂时避难，等待消防人员通过登高车或直升机进行救援。疏散楼梯的形式按照防烟火作用可分为敞开楼梯、防烟楼梯、封闭楼梯以及室外疏散楼梯。

(2) 疏散走道。疏散走道是指火灾发生时，楼内人员从火灾现场逃往安全避难场所的通道。疏散走道的设置应确保逃离火场的人员进入走道后，能够顺利地继续奔向楼梯间，到达安全地带。疏散走道的布置应符合如下要求：

1) 走道应简捷，尽量避免宽度方向上急剧变化。不论采用何种形式的走道，均应按照规定设有疏散指示标志灯和诱导灯。

2) 在 1.8m 高度内不宜设有管道、门垛等突出物，走道中的门应朝向疏散方向开启。

3) 避免设置袋形走道。由于袋形走道只有一个出口，发生火灾时容易带来危险。

4）对于多层建筑，疏散走道的最小宽度不应小于1.1m；首层建筑疏散走道的宽度可按照表1-7的规定执行。

表1-7　首层疏散外门和走道的净宽

高层建筑	每个外门的净宽/m	走道净宽/m	
		单面布房	双面布房
医院	1.30	1.40	1.50
居住建筑	1.10	1.20	1.30
其他	1.20	1.30	1.40

（3）疏散门。疏散门的构造和设置应符合下列要求：

1）疏散门应向疏散方向开启，但如果房间内人数不超过60人，且每扇门和平均通行人数不超过30人时，门的开启方向可不限。

2）对于高层建筑内人员密集的观众厅、会议厅等的入场门以及太平门等，不应设置门槛，且其宽度不应小于1.4m。门内、门外1.4m范围内不设置台阶、踏步，防止摔倒、伤人。在室内应设置明显的标志和事故照明。

3）建筑物直通室外疏散门的上方，应设宽度不小于1.0m的防火挑檐，以避免建筑物上的跌落物伤人，保证火灾时人员疏散的安全。

4）位于两个安全出口之间的房间，当面积不超过60m^{2}时，可以设置一扇门，门的净宽不应小于0.90m；位于走道尽端的房间，当面积不超过75m^{2}时，可以设置一扇门，门的净宽不应小于1.40m。

（4）消防电梯。高层建筑，由于其竖直高度大，火灾扑救时的难点多、困难大，因此根据《建筑设计防火规范》（GB 50016—2014）的要求，必须设置消防电梯。设置范围：建筑高度大于32m的住宅建筑，其他一类、二类高层民用建筑应设置消防电梯。消防电梯应分别设在不同的防火分区内，且每个防火分区不应少于1台。符合消防电梯要求的客梯或工作电梯可兼作消防电梯；建筑高度大于32m且设置电梯的高层厂房或高层仓库，每个防火分区内宜设置1台消防电梯。符合消防电梯要求的客梯或货梯可兼作消防电梯。

（5）屋顶直升机停机坪。高层建筑特别是超高层建筑，在屋顶设置直升机停机坪是非常重要的，这样可以确保楼内人员安全撤离，争取外部的援助，以及为空运消防人员和空运必要的消防器材提供条件。我国上海的希尔顿饭店、南京的金陵饭店、北京国际贸易中心以及北京消防调度指挥楼等高层建筑都设置了屋顶直升机停机坪。

3. 安全疏散时间与距离

（1）安全疏散时间。安全疏散时间指的是需要疏散的人员自疏散开始到疏散结束所需要的时间，是疏散开始时间与疏散行动时间之和。

疏散开始时间指的是自火灾发生，到楼内人员开始疏散为止的时间。当发现起火时，只靠火灾警报，人们不会立即开始疏散，一般是先查看情况是否属实。如果是小范围起火，人们会立即去救火，涉及整个建筑物的疏散活动的决定是很难在短时间内做出的，所以疏散开始时间包含着相当不确定的因素。

疏散行动时间受建筑物中疏散设施的形式、布局以及人员密集程度等的限制。

（2）安全疏散距离。安全疏散距离主要包括两方面的要求：一是由房间内最远点到房门的安全疏散距离；二是由房门到疏散楼梯间或建筑物外部出口的安全疏散距离。

1）房间内最远点到房门的距离。若房间面积过大，则有可能导致集中的人员过多。火灾发生时，人群易集中在房间有限的出口处，这使得疏散时间延长，甚至造成人员伤亡事故。所以，为了保障房间内的人员能够顺利而迅速地疏散到门口，再通过走道疏散到安全区，一般规定从房间内最远点到房门的距离不要超过15m。若达不到这个要求，要增设房间或户门。对于商场营业厅、影剧院、多功能厅以及大会议室等，一般说来，聚集的人员多，通常安全出口总宽度能满足要求，但出口数量较少，这样的设计也是很不安全的，所以，对于这类面积大、人员集中的房间，从房间最远点到安全出口的距离应控制在25m以内，每个安全出口距离也控制在25m以内，这样均匀地、分散地设置一些数量及宽度适当的出口，有利于安全疏散。

2）从房门到安全出口的疏散距离。在允许疏散时间内，人员利用走道迅速疏散，从房门到安全出口的疏散距离以透过烟雾能看到安全出口或者疏散标志为依据。

疏散距离的确定受一些因素的影响会发生变化，比如建筑物内人员的密集程度、人员的情况、烟气的影响以及人员对疏散路线的熟悉程度等。人员的情况主要是针对人员行走困难或慢的情况，如普通医院中的病房楼、妇产医院以及儿童医院等，这类建筑的安全疏散距离应短些。烟气对人的视力有影响，据资料表明，人在烟雾中通过的极限距离为30m左右。所以，在通常情况下，从房门到安全出口的安全距离不宜大于30m。

结合上述影响因素得出民用建筑的安全疏散距离，见表1-8。

表1-8　　安全疏散距离

名称	房门至外部出口或封闭楼梯间的最大距离/m					
	位于两个外部出口或楼梯之间的房间			位于袋形走道两侧或尽端的房间		
	耐火等级			耐火等级		
	一、二级	三级	四级	一、二级	三级	四级
托儿所、幼儿园	25	20	—	20	15	—
医院、疗养院	35	30	—	20	15	—
学校	35	30	—	22	20	—
其他民用设施	40	35	25	22	20	15

设有自动喷水灭火系统的建筑物，其安全疏散距离按表1-8规定增加25%。

对教学楼、旅馆以及展览馆等建筑的安全疏散距离，规定在25～30m之间，因为这些建筑内的人员较集中，对疏散路线不熟悉。若有袋形走道，位于袋形走道两侧或者尽端的房间，安全疏散距离应控制在12～15m之间。对于医院、疗养院以及康复中心等一类高层建筑，当其房间位于两个安全出口之间时，一般规定最大疏散距离为24m；当其房间位于袋形走道两侧或尽端时，通常在12m以内。对于科研楼、办公楼、广播电视楼以及综合楼等高层建筑，当其房间位于两个安全出口之间时，一般规定最大疏散距离在34～40m之间；当其房间位于袋形走道两侧或尽端时，通常在16～20m之间。

高层工业厂房的安全疏散距离是依据火灾危险性与允许疏散时间确定的。火灾危险性越大，其允许疏散时间就越短，安全疏散距离就越小。

第二章　建筑消防系统设计

第一节　建筑内部装修防火设计

一、建筑内部特殊部位设施装修的防火要求

1. 无窗房间

在许多建筑物中由于布局的制约，常常会出现一些无窗房间。当发生火灾时，这些无窗房间：一是火灾初期阶段不易被发觉，等发现起火时，火势往往已经比较大；二是室内的烟雾和毒气不易及时排出；三是消防人员进行火情侦察和施救比较困难。所以，对无窗房间的室内装修防火的要求在整体上应较其他房间提高一个档次。因此，除地下建筑外，无窗房间内部装修材料的燃烧性能等级，除A级以外，应在原规定基础上提高一级。

2. 图书室、资料室、档案室和存放文物的房间

图书、资料、档案以及文物等本身即为可燃物；一旦遇到火灾，会使火势十分迅速地发展蔓延；而有些图书、资料、档案以及文物的保存价值很高，收藏难度较大，一旦被焚，不可修复。所以，对这类房间应提高装修防火的要求，把这些部位发生火灾的可能性降到最低。所以，图书室、资料室、档案室和存放文物的房间，其顶棚、墙面应采用A级装修材料，地面应使用不低于B_1级的装修材料。

3. 各类机房

在各类计算机房、中央控制室内，放置有大批贵重及关键性设备。失火后直接经济损失大，并且由于所具有的中控作用，也会造成十分明显的间接损失。另外有些设备不仅怕火，也怕高温和水渍，即使火势不大的火灾，也会造成很大的经济损失。所以，对于大中型电子计算机房、中央控制室、电话总机房等放置特殊贵重设备的房间，其顶棚及墙面应采用A级装修材料，地面及其他装修应采用不低于B_1级的装修材料。

4. 动力机房

由于功能和安全的需要，在许多大型公共建筑物内程度不同地设置有一些动力设备用房。这些设备在火灾中均能否保持正常运转功能，对火灾的控制及扑救具有关键的作用。从此意义上讲，这些设备用房绝不能成为起火源，并且也不应因为可燃材料的装修将其他房间的火引入这些房间中。因此，消防水泵房、排烟机房、固定灭火系统钢瓶间、配电室、变压器室、通风以及空调机房等，其内部所有装修均应采用A级装修材料。

5. 楼梯间、前室

楼梯间和楼梯前室是建筑内的纵向疏散通道。当火灾发生时，其各楼层中的人员都只能经过此类纵向疏散通道才能向外撤离。特别在高层建筑中，一旦纵向通道被火封闭，受灾人员的逃生和消防人员的救援都极为困难。因此这些部位的装修材料必须使用不燃烧材料，以

保证楼梯不成为最初的火源地，即使火进入楼梯也不会形成连续燃烧的状态。通常地说，在高层建筑中，对楼梯间并无较高的美观装修要求，所以对无自然采光的楼梯间、封闭楼梯间、防烟楼梯间和前室，其顶棚、墙面和地面均应采用A级装修材料。

6. 共享空间部位

共享空间部位空间高度大、有的上下贯通几层甚至十几层。一旦发生火灾，能够起到烟囱一样的作用，使火势无阻挡地向上蔓延，很快充满该建筑空间，给人员疏散造成很大困难。因此，当建筑物设有上下层相连通的中庭、走廊、开敞楼梯以及自动扶梯时，其连通部位的顶棚、墙面应采用A级装修材料，其他部位应采用不低于B_1级的装修材料。

这里所说的相连通部位，指的是被划为在此防火分区内的空间各部位。不包括与之相邻，但被划为其他防火分区的各部位。

7. 挡烟垂壁

挡烟垂壁的作用是减慢烟气扩散的速度，提高防烟分区排烟口的吸烟效果。一般挡烟垂壁可采用结构梁来实现，也可用专门的产品来实现。若在结构梁垂壁上贴可燃装修材料，或用可燃体制造挡烟垂壁，都会造成可燃材料被烟气烤燃并生成更多的烟气和高温，从而使挡烟垂壁的效用降低。为了确保挡烟垂壁在火灾中应起的作用，要求防烟分区的挡烟垂壁，其装修材料应采用A级装修材料。

8. 变形缝部位

变形缝上下贯通整个建筑物，嵌缝材料具有一定的燃烧性。此处涉及的部位不大，但是一些火灾却是通过此部位蔓延扩大的，它可以导致垂直防火分区完全失效。因此，建筑内部的变形缝（包括沉降缝、伸缩缝以及抗震缝等）两侧的基层应采用A级材料，表面装修应采用不低于B_1级的装修材料。

9. 配电箱

由电气设备引起的火灾在各类火灾中占很大比例。其主要原因：一是电线陈旧老化；二是违反用电安全规定；三是电器设备设计或安装不当；四是家用电器设备大幅度增加导致超负荷。另外，由于室内装修采用的可燃材料越来越多，增加了电气设备引发火灾的危险性。为避免配电箱产生的火花或高温熔珠引燃周围的可燃物和避免箱体传热引燃墙面装修材料，因此要求建筑内部的配电箱，不应直接安装在低于B_1级的装修材料上。

10. 灯具和灯饰

因为目前使用的灯具千变万化，而各种照明灯具在使用过程中释放出来辐射热量的大小、连续工作时间的长短、与其相邻的装修材料对火反应特性以及不同防火保护措施的效果等，均各不相同，甚至差异巨大。因此，这里不宜具体地要求高温部位与非A级装修材料之间的距离。所以，在具体设计时应本着“保障安全、经济合理、美观实用”的原则，并依据各种具体的情况采取相适应的防范措施。随着室内装修的发展，各种类型的灯具也应运而生。灯饰本身具有二重功能，一是罩光，二是美化环境。而从发展看，罩光的作用逐渐弱化，而美观作用进一步被强化。目前制作灯饰的材料包括金属、玻璃等不燃性材料，但更多的是硬质塑料、塑料薄膜、丝织品、棉织品、木类、纸类等可燃材料。灯饰往往靠近热源，并且处于最易燃烧的垂直状态，因此，对B_2级和B_3级材料，则应用阻燃处理的办法使其满足B_1级的要求。照明灯具的高温部位，当靠近非A级装修材料时，应采取隔热、散热等防火保护措施；灯饰所用材料的燃烧性能等级不应低于B_1级。

11. 饰物

在公共建筑中，往往将壁挂、雕塑、模型以及标本等作为内装修的内容之一，而且这些饰物有相当一部分都是易燃的，当这些饰物设置得过多时，势必增加火灾荷载，造成火灾隐患，因此，公共建筑内部不宜设置 B_3 级装饰材料制成的壁挂、雕塑、模型以及标本，当需要设置时，不应靠近火源或热源。

12. 水平通道

楼层水平通道是水平疏散路线中最重要的一段，它的两端分别连通各个房间与楼梯间，在人员疏散中被称作第一安全区。当着火房间中的人员逃出房间进入走道之后，该水平走道应能较好地保障其顺利地走向楼梯前室和楼梯。通常情况下，人们从房间、多功能厅到达安全出口，说明水平方向的疏散就已完成，开始进入第二安全区——楼梯前室或者楼梯间。人们在前室既可暂时避难，也可由此沿楼梯向下层或楼外疏散。所以，对水平通道的防火要求比垂直通道要低一些，但比其他室内的要求要高一些。因此，要求地上建筑的水平疏散走道和安全出口的门厅，其顶棚装饰材料应采用 A 级装修材料，其他部位应采用不低于 B_1 级的装修材料。

13. 消防控制室

消防控制室是火灾自动报警系统的控制及处理信息中心，也是火灾时灭火作战的指挥中心，其本身的安全尤为重要。为确保其自身安全、系统设备正常可靠工作，消防控制室内部装修材料的燃烧性能等级，顶棚、墙面应为 A 级，地面可为 B_1 级。

14. 建筑内的厨房

厨房是明火工作空间，其特点就是火源多且工作时间长。鉴于此，对其内部装修材料的燃烧性能应严格要求。另外根据厨房的功能特点，其装修应具有坚固、长久并且易于清洗等特点。目前常采用的材料有瓷砖、石材、涂料、马赛克等不燃材料。所以，建筑物内厨房的顶棚、墙面、地面这几个部位应当采用 A 级装修材料。

15. 经常使用明火的餐厅和科研试验室

经常使用明火的餐厅是指宾馆、饭店以及酒店经营的各式火锅和带有燃气灶的流动餐车。这些火锅和燃气灶现场使用液化石油气和煤气，并由客人自己操作。在这些地方因为操作失误而导致的着火爆炸事故屡有发生。鉴于这些公共场所人员密集、流动性大、管理不便，为了降低由于使用明火而增大引发火灾的危险性，对于经常使用明火的餐厅及科研试验室内所使用的装修材料的燃烧性能等级，除 A 级外，应比同类建筑物的要求高一级。

16. 消防电梯轿厢

消防电梯是发生火灾后，供消防人员实施火灾扑救，疏散重要物资及抢救被困人员的专用设备，为了使自身的安全性提高，消防电梯轿厢内周围的装修材料应当为 A 级。

17. 消火栓门

建筑内设消火栓是消防安全系统的一部分，在扑救火灾中起着十分重要的作用。为了便于使用，建筑内部设置的消火栓一般都在比较显眼的位置上，并且颜色也比较醒目。但是在建筑内部装修中，有的单位为了单纯追求装修效果，将消火栓转移到隐蔽的地方，甚至把它们罩在木柜子里面，还有的单位将消火栓门装修得几乎同墙面一样，不到近前仔细观察便无法辨认出来。这些做法给消火栓的及时取用造成了人为的障碍。所以，建筑内部消火栓的门不应被装饰物遮掩，消火栓门四周的装修材料颜色应与消火栓门的颜色有明显区别，并且不宜使用可燃材料制作。

18. 消防设施和疏散指示标志

建筑内的消防设施包括消火栓、自动火灾报警、防排烟、自动灭火、防火分隔构件以及安全疏散诱导等。这些设备的设置一般都是依据国家现行的有关规范要求去做的。但是，有些单位为了追求装修效果，擅自改变消防设施的位置，任意增加隔墙，使原有空间布局改变。这些做法轻则影响消防设施的原有功效，使其有效的保护面积减小，重则丧失了它们应有的作用。

另外，进行室内装修时，要确保疏散指示标志和安全出口易于辨认，以免人员在紧急情况下发生疑问和误解。目前在建筑物室内柱子和墙面镶嵌大面积镜面玻璃的做法比较多。采用镜面玻璃墙面可以延伸视觉效果，扩大空间感，增添独特的华丽造型、调节室内的光线。因为镜面玻璃能反映周围的景观，所以使空间效果更为丰富和生动。若将镜面玻璃用于入口处墙面，还能起到连通室内外的效果，层次格外丰富。镜面玻璃用于公共建筑墙面可以与灯具及照明结合起来，或者光彩夺目，或温馨宁静，能形成各种不同的环境气氛及光影趣味。但是镜面玻璃也具有一个很大的缺点，也就是对人的存在位置和走向有一种误导作用，在火灾及其他一些恐慌状态下，这种误导的后果将是致命的，在疏散走道及安全出口附近应避免采用镜面玻璃、壁画等进行装饰。建筑内部装修不应遮挡消防设施和疏散指示标志及安全出口，且不应妨碍消防设施和疏散走道的正常使用。由于特殊要求做改动时，应符合国家有关消防规范和法规的规定。建筑内部装修不应减少安全出口、疏散出口以及疏散走道的设计所需的净宽度和数量。

19. 歌舞娱乐放映游艺场所

当歌舞厅、卡拉 OK 厅（含具有卡拉 OK 功能的餐厅）、录像厅、夜总会、放映厅、桑拿浴室（除洗浴部分外）、游艺厅（含电子游艺厅）以及网吧等歌舞娱乐放映游艺场所设置在一、二级耐火等级建筑的四层及四层以上时，室内装修的顶棚材料应采用 A 级装修材料，其他部位应采用不低于 B_1 级的装修材料；当设置在地下一层时，室内装修的顶棚及墙面材料应采用 A 级装修材料，其他部位应采用不低于 B_1 级的装修材料。

二、各类建筑内部装修的基本防火要求

1. 单层、多层民用建筑

(1) 基准要求。非地下的单层及多层民用建筑内部各部位装修材料的燃烧性能等级不应低于表 2-1 的要求。

表 2-1　非地下单层、多层民用建筑内部各部位装修材料的燃烧性能等级

建筑物及场所	建筑规模、性质	装修材料燃烧性能等级							
		顶棚	墙面	地面	隔断	固定家具	装饰织物		其他装饰材料
							窗帘	帷幕	
候机楼的候机大厅、商店、餐厅、贵宾候机室、售票厅等	建筑面积大于 10 000m² 的候机楼	A	A	B_1	B_1	B_1	B_1	B_1	B_1
	建筑面积小于或等于 10 000m² 的候机楼	A	B_1	B_1	B_1	B_2	B_2		B_2
汽车站、火车站、轮船客运站的候车（船）室、餐厅、商场等	建筑面积大于 10 000m² 的车站、码头	A	A	B_1	B_1	B_2	B_2		B_1
	建筑面积小于或等于 10 000m² 的车站、码头	B_1	B_1	B_1	B_2	B_2	B_2		B_2

续表

建筑物及场所	建筑规模、性质	装修材料燃烧性能等级							
		顶棚	墙面	地面	隔断	固定家具	装饰织物		其他装饰材料
							窗帘	帷幕	
影院、会堂、礼堂、剧院、音乐厅	大于 800 座位	A	A	B_1	B_1	B_1	B_1	B_1	B_1
	小于或等于 800 座位	A	B_1	B_1	B_1	B_2	B_1	B_1	B_2
体育馆	大于 3000 座位	A	A	B_1	B_1	B_1	B_1	B_1	B_2
	小于或等于 3000 座位	A	B_1	B_1	B_1	B_2	B_2	B_1	B_2
商场营业厅	每层建筑面积大于 $3000m^2$ 或总建筑面积大于 $9000m^2$ 的营业厅	A	B_1	A	A	B_1	B_1		B_2
	每层建筑面积 $1000\sim3000m^2$ 或总建筑面积 $3000\sim9000m^2$ 的营业厅	A	B_1	B_1	B_1	B_2	B_1		
	每层建筑面积小于 $1000m^2$ 或总建筑面积小于 $3000m^2$ 的营业厅	B_1	B_1	B_1	B_2	B_2	B_2		
饭店、旅馆的客房及公共活动用房	设有中央空调系统的饭店、旅馆	A	B_1	B_1	B_1	B_2	B_2		B_2
	其他饭店、旅馆	B_1	B_1	B_2	B_2	B_2	B_2		
歌舞厅、餐馆等娱乐、餐饮建筑	营业面积大于 $100m^2$	A	B_1	B_1	B_1	B_2	B_1		B_2
	营业面积小于或等于 $100m^2$	B_1	B_1	B_1	B_2	B_2	B_2		B_2
幼儿园、托儿所、中、小学、医院病房楼、疗养院、养老院	—	A	B_1	B_2	B_1	B_2	B_1		B_2
纪念馆、展览馆、博物馆图书馆、档案馆、资料馆等	国家级、省级	A	B_1	B_1	B_1	B_2	B_1		B_2
	省市级以下	B_1	B_1	B_2	B_2	B_2	B_2		B_2
办公楼、综合楼	设有中央空调系统的办公楼、综合楼	A	B_1	B_1	B_2	B_2	B_2		B_2
	其他办公楼、综合楼	B_1	B_1	B_2	B_2	B_2			
住宅	高级住宅	B_1	B_1	B_1	B_1	B_2	B_2		B_2
	普通住宅	B_1	B_2	B_2	B_2	B_2			

注：本表中给出的装修材料燃烧性能等级是允许使用材料的基准级别，表中空格位置表示允许使用 B_3 级材料。

(2) 局部放宽的条件。考虑到一些建筑物大部分房间的装修材料选用均可符合规范的要求，而在某一局部或某一房间因特殊装修而造成所采用的可燃装修不能满足规范的要求，并且该部位又无法设立自动报警及自动灭火系统时，可在具备一定条件的基础上，对这些局部空间适当放宽要求。所以，对单层及多层民用建筑内面积小于 $100m^2$ 的房间，当采用防火墙和甲级防火门窗与其他部位分隔时，其装修材料的燃烧性能等级可以在表 2-1 的基础上降低一级。

(3) 安装消防设施时允许放宽的要求。除设置在地下一层、四层以及四层以上的歌舞娱乐放映游艺场所，当单层、多层民用建筑内装有自动灭火系统时，除吊顶之外，其内部装修材料的燃烧性能等级可在表 2-1 规定的基础上降低一级；当同时装有火灾自动报警装置及自动灭火系统时，其吊顶装修材料的燃烧性能等级可在表 2-1 规定的基础上降低一级，其他装修材料的燃烧性能等级可以不限制。

2. 高层民用建筑内部装修防火

(1) 基准要求。高层民用建筑内部各部位装修材料的燃烧性能等级，不应低于表 2-2 的要求。

表 2-2　　高层民用建筑内部各部位装修材料的燃烧性能等级

建筑物	建筑规模、性质	装修材料燃烧性能等级									
		顶棚	墙面	地面	隔断	固定家具	装饰织物				其他装饰材料
							窗帘	帷幕	床罩	家具包布	
高级旅馆	大于 800 座位的观众厅、会议厅、顶层餐厅	A	B_1	B_1	B_1	B_1	B_1	B_1	B_1	B_1	B_1
	小于或等于 800 座位的观众厅、会议厅	A	B_1	B_1	B_1	B_2	B_1	B_1	B_1	B_2	B_1
	其他部位	A	B_1	B_1	B_2	B_2	B_1	B_2	B_1	B_2	B_1
商业楼、展览楼、综合楼、商住楼医院病房楼	一类建筑	A	B_1	B_1	B_1	B_2	B_1	B_1		B_2	B_1
	二类建筑	B_1	B_1	B_2	B_2	B_2	B_2	B_2		B_2	B_2
电信楼、财贸金融楼、邮政楼、广播电视楼、电力调度楼、防灾指挥调度楼	一类建筑	A	A	B_1	B_1	B_1	B_1	B_1		B_2	B_1
	二类建筑	B_1	B_1	B_2	B_2	B_2	B_1	B_2		B_2	B_2
教学楼、办公楼、科研楼、档案楼、图书馆	一类建筑	A	B_1	B_1	B_1	B_2	B_1	B_1		B_1	B_1
	二类建筑	B_1	B_1	B_2	B_1	B_2	B_1	B_2		B_2	B_2
住宅、普通旅馆	一类普通旅馆、高级住宅	A	B_1	B_2	B_1	B_2	B_1		B_1	B_2	B_1
	二类普通旅馆、普通住宅	B_1	B_1	B_2	B_2	B_2	B_2		B_2	B_2	B_2

注：1. "顶层餐厅" 包括设在高空的餐厅、观众厅等。

2. 建筑物的类别、规模、性质应符合国家现行标准《建筑设计防火规范》(GB/T 50016—2014) 的有关规定。

(2) 局部放宽的条件。高层建筑的火灾危险性较之单层、多层建筑而言要高一些，但因为高层建筑包含的范围很广、各种建筑差别很大，因此对一些层数不高，公众聚集程度不高的空间部位设有建筑防火、灭火设施的情况下可以考虑将其装修材料的燃烧性能等级适当地降低，所以，除设置在地下一层、四层、四层以下的歌舞娱乐放映游艺场所和 100m 以上民用建筑及大于 800 个座位的观众厅、会议厅以及顶层餐厅外，当设有火灾自动报置和自动灭火系统时，除顶棚之外，其内部装修材料的燃烧性能等级可在表 2-2 规定的基础上降低一级；高层民用建筑的裙房内面积小于 $500m^2$ 的房间：当设有自动灭火系统，并且采用耐火极限为 2h 的隔墙和甲级防火门、窗同其他部位分隔时，顶棚及地面的装修材料的燃烧性能等级可在表 2-2规定的基础上降低一级。

(3) 特殊要求。

1) 电视塔等特殊高层建筑。随着社会的发展及观念的更新，目前我国已有许多城市建成数百米高的电视塔。这些塔除用于电视转播外，还同时具有旅游观光的功能。从防火安全的角度看，电视塔火灾具有火势蔓延快、扑救困难、疏散不利等特点。所以，对这类特殊的高层建筑，应尽可能地降低火灾发生的可能性，而最可靠的途径之一就是减少可燃材料的存在。因此，要求电视塔等特殊高层建筑内部装修、装饰织物应不低于 B_1 级，其他均应采用 A 级装修材料。

2）避难层、避难间。避难层及避难间是高层民用建筑发生火灾时专供人员临时避难用的，其本身的重要性和安全性要求很高，内部装修均应采用 A 级装修材料。

3. 地下民用建筑内部装修防火要求

地下民用建筑因所处的位置特殊，一旦发生火灾，人员疏散和扑救都非常困难，往往会造成很大的经济损失和社会影响。所以要控制地下火灾的发生，就必须控制可燃性装修材料的数量。

(1) 基本要求。地下民用建筑内部各部位装修材料的燃烧性能等级，不应低于表 2-3 的规定。

表 2-3　　地下民用建筑内部各部位装修材料的燃烧性能等级

建筑物及场所	装修材料燃烧性能等级						
	顶棚	墙面	地面	隔断	固定家具	装饰织物	其他装饰材料
休息室和办公室等、旅馆的客房及公共活动用房	A	B_1	B_1	B_1	B_1	B_2	B_2
娱乐场所、旱冰场、舞厅、展览厅、医院的病房、医疗用房等	A	A	B_1	B_1	B_1	B_1	B_2
电影院的观众厅、商场的营业厅	A	A	A	B_1	B_1	B_1	B_2
停车库、人行通道、图书资料库、档案库	A	A	A	A	A		

注：1. 地下民用建筑系指单层、多层、高层民用建筑的地下部分，单独建造在地下的民用建筑以及平战结合的地下人防工程。

2. 表中娱乐场是指建在地下的体育及娱乐建筑，如球类、棋类以及文体娱乐项目的比赛与练习场所。

(2) 安全通道。地下建筑与地上建筑很大的一个不同点就是人员只能利用安全通道和出口疏散到地面。地下建筑被完全封闭在地下，在火灾中，人流疏散的方向和烟火蔓延的方向是一致的。从这个意义上讲，人员安全疏散的难度要比地面建筑大得多。为了确保人员最大程度的安全，保证各个安全通道和出口自身的安全与畅通，地下民用建筑的疏散走道和安全出口的门厅，其顶棚、墙面以及地面的装修材料应采用 A 级装修材料。

(3) 地下建筑地上部分的要求。因为单独建造的地下民用建筑的地上部分，相对的使用面积小，并且建在地面上，其火灾危险性及疏散扑救均比地下建筑部分要小和容易。所以，对于单独建造的地下民用建筑的地上部分，其门厅、休息室以及办公室等内部装修材料的燃烧性能等级，可在表 2-2 规定的基础上降低一级要求。

(4) 固定货架等的要求。为减少地下空间的火灾荷载，最大限度地降低可燃物数量，地下商场、地下展览厅的售货柜台、固定货架以及展览台等，应采用 A 级装修材料。

4. 工业厂房内部装修防火要求

工业建筑是各类工厂为工业生产需要而建造的各种不同用途的建筑物及构筑物的总称，一般把这些生产用的建筑物称为工业厂房。工业厂房是为工业生产服务的，它和民用建筑相比都具有建筑的共性，在设计原则、建筑技术和建筑材料等方面有许多共同之处。但因为工业厂房是直接为工业生产服务的，因此在建筑平面空间布局、建筑结构以及建筑施工等方面与民用建筑有很大差别，其内部装修防火要求也有所不同。

（1）基本要求。工业厂房内部各部位装修材料的燃烧性能等级，不应低于表 2-4 的规定。

表 2-4　　工业厂房内部各部位装修材料的燃烧性能等级

工业厂房分类	建筑规模	装修材料燃烧性能等级			
		顶棚	墙面	地面	隔断
甲、乙类厂房，有明火的丁类厂房		A	A	A	A
丙类厂房	地下厂房	A	A	A	B_1
	高层厂房	A	B_1	B_1	
	高度大于 24m 的单层厂房、高度小于或等于 24m 单层、多层厂房	B_1	B_1	B_2	B_2
无明火的丁类厂房、戊类厂房	地下厂房	A	A	B_1	B_1
	高层厂房	B_1	B_1	B_2	B_2
	高层大于 24m 的单层厂房、高度小于或等于 24m 单层、多层厂房	B_1	B_2	B_2	B_2

（2）架空地板。从火灾的发展过程考虑，通常来说，对顶棚的防火要求最高，其次是墙面，地面要求最低。但当地面为架空地板时，情况就会有所不同。这时地板既有可能被室内的火引燃，又有可能被来自地板下的火引燃，同时架空后的地板，火势蔓延的速度较快。因此，当厂房中房间的地面为架空地板时，其地面装修材料的燃烧性能等级不应低于 B_1 级。

（3）贵重设备房间。由于贵重设备属于影响工厂或地区生产全局的关键设施，如发电厂及化工厂的中心控制设备室，一旦发生火灾，不仅本身价格昂贵，损失很大，而且还会导致大规模的连带损害。因此，装有贵重机器、仪器的厂房或房间，其顶棚和墙面应使用 A 级装修材料；地面及其他部位应采用不低于 B_1 级的装修材料。

（4）厂房附设的办公室。厂房附设的办公室及休息室等的内部装修材料的燃烧性能等级，应不低于表 2-4 的要求。

三、建筑内部装修防火的施工与验收

建筑内部装修施工中所涉及的材料种类繁多，按装修材料的种类，建筑装修工程，可以划分为木质材料子分部、纺织织物子分部、高分子合成材料子分部、复合材料子分部及其他材料子分部装修工程。

由于建筑内部装修中大量使用的有机材料，都是建筑物发生火灾的潜在隐患。因此，必须通过防火阻燃处理，提高其燃烧性能等级，才能保证装修材料的防火安全性。为了确保建筑内部装修防火施工的质量，必须对建筑内部装修防火施工的过程进行严格检查与验收。检查及验收的内容，主要包括：审查建筑内部装修所选用的材料是否符合防火设计规范要求；按照规范要求对材料进场、施工以及见证取样检验和抽样检验情况和建筑内部装修竣工后对总体的防火施工质量给出是否合格的结论三个方面。

1. 建筑内部装修施工防火的基本要求

（1）建筑内部装修防火施工，不应改变装修材料以及装修所涉及的其他内部设施的装饰性、隔声性、保温性、防水性和空调管道材料的保温性能等使用功能。

(2) 完整的防火施工方案及健全的质量保证体系是保证施工质量符合设计要求的前提。因此，装修施工应根据设计要求编写施工方案。施工现场管理应具备相应的施工技术标准、健全的施工质量管理体系以及工程质量检验制度。

(3) 为确保装修材料的采购、进场以及施工等环节符合施工图设计文件的要求，装修施工前应对各部位装修材料的燃烧性能进行技术交底。

(4) 进入施工现场的装修材料应完好，并且应核查其燃烧性能或耐火极限、防火性能型式检验报告以及合格证书等技术文件是否符合防火设计要求等。并对所有防火装修材料的燃烧性能等级应按照规范的要求填写进场验收记录。对于进入施工现场的装修材料，凡是现行有关国家标准对其燃烧性能等级有明确规定的，可按其规定确定。如天然石材在相关标准中已明确规定其燃烧性能等级为 A 级，所以在装修施工中可按不燃性材料直接使用；凡是现行有关国家标准中没有明确规定其燃烧性能等级的装修材料，如装饰织物、木材以及塑料产品等，应将材料送交国家授权的专业检验机构对材料的防火安全性能进行型式试验。

(5) 装修材料进入施工现场后，应按有关规定，在监理单位或者建设单位监督下，由施工单位有关人员现场取样，并应由具备相应资质的检验单位进行见证取样检验。

见证取样检验是指在监理单位或建设单位监督下，由施工单位有关人员现场取样，并且送至具备相应资质的检验单位所进行的检验。其中具备相应资质的检验单位指的是经中国实验室国家认可委员会评定，已被国家质量监督检验检疫总局批准认可为国家级实验室，并且颁发了中华人民共和国《计量认证合格证书》，符合计量检定、测试能力和可靠性的要求，并具有授权的检验机构。

(6) 施工记录是检验施工过程是否满足设计要求的重要凭证。当施工过程的某一环节出现问题时，应当依据施工记录查找原因；在装修施工过程中，应按照本规范的施工技术要求进行施工作业。施工单位应对各装修部位的施工过程作详细记录，并且由监理工程师或施工现场技术负责人签字认可。

(7) 装修施工过程中，装修材料应远离火源，并且应指派专人负责施工现场的防火安全。

(8) 为避免施工过程对建筑内部装修的总体防火能力或者建筑物的总体消防能力产生不利的影响。建筑工程内部装修不得影响消防设施的使用功能；装修施工过程中，当确实需变更防火设计时，应经原设计单位或者具有相应资质的设计单位按有关规定进行。

(9) 由于木龙骨架等隐蔽工程材料装修施工完毕无法检验。因此，在装修施工过程中，应分阶段对所选用的防火装修材料按照规范的规定进行抽样检验；对隐蔽工程的施工，应在施工过程中及完工后进行抽样检验；对现场进行阻燃处理、喷涂以及安装作业的施工，应在相应的施工作业完成后进行抽样检验。这是确保防火工程施工质量的必要手段，不可忽视。

2. 建筑内部装修不同材料子分部施工的防火要求

(1) 纺织织物子分部装修工程。在建筑内部装修中广泛使用的纺织织物，主要有壁布、窗帘、地毯、幕布或其他室内纺织产品。用于建筑内部装修的纺织织物可分为天然纤维织物和合成纤维织物。天然纤维织物指的是棉、丝、羊毛等纤维制品。合成纤维织物是指化学合成的纤维制品。

1) 应检查和见证取样检验、抽样检验的内容：

① 纺织织物的施工检查，应检查纺织织物燃烧性能型式检验报告，进场验收记录和抽

样检验报告；纺织织物燃烧性能等级的设计要求；现场对纺织织物进行阻燃处理的施工记录及隐蔽工程验收记录等文件及记录。

② B_1、B_2级纺织织物是建筑内部装修中普遍采用的材料，其燃烧性能的质量差异和产品种类、用途、生产厂家以及进货渠道等多种因素有关；对于现场进行阻燃处理的施工，施工质量还与所用的阻燃剂密切相关。为确保阻燃处理的施工质量，对 B_1、B_2级纺织织物和现场进行阻燃处理所用的阻燃剂，均应进行见证取样检验。

③ 由于在施工过程中，纺织织物受湿浸或者其他不利因素影响后，其燃烧性能会受到不同程度的影响。为了保证阻燃处理的施工质量，应进行抽样检验，但是每次抽取样品的数量应有一定的限制。依据规范规定，对现场阻燃处理后的纺织织物和施工过程中受湿浸及燃烧性能可能受影响的纺织织物，每种应取 $2m^2$ 进行燃烧性能的现场检验。

2）主控项目要求：

① 首先应检查设计中各部位纺织织物的燃烧性能等级要求，然后借助检查进场验收记录确认各部位纺织织物是否满足设计要求。对于没有符合设计要求的纺织织物，再检查是否有现场阻燃处理施工记录及抽样检验报告。

② 阻燃剂的浸透过程和浸透时间以及干含量对纺织织物的阻燃效果十分重要。阻燃剂浸透织物纤维，是确保被处理的装饰织物具有阻燃性的前提，只有阻燃剂的干含量达到检验报告或说明书的要求时，才能保证被处理的纺织织物符合防火设计要求。所以在现场进行阻燃施工时，应检查阻燃剂的用量、适用范围以及操作方法；在进行阻燃施工过程中，应使用计量合格的称量器具，并严格按使用说明书的要求进行施工；阻燃剂必须完全浸透织物纤维，阻燃剂干含量应满足检验报告或说明书的要求。

③ 在现场进行阻燃处理多层组合纺织织物时，应逐层进行阻燃处理。否则难以确保装修后的整体材料的燃烧性能。

3）一般项目要求：

① 由于在进行阻燃处理的施工过程中，其他工种的施工可能会造成被处理的纺织织物表面受到污染而影响阻燃处理的施工质量。因此，在对纺织织物进行阻燃处理过程中，应保持施工区段的洁净，不使现场处理的纺织织物受到污染。

② 由于阻燃处理后的纺织织物若出现明显的盐析、返潮、变硬以及褶皱等现象时会影响使用功能。故要求阻燃处理后的纺织织物外观、颜色以及手感等，都应无明显异常。

（2）木质材料子分部装修工程。用于建筑内部装修的木质材料，可分为天然木材与人造板材两类。用于建筑内部装修的木质材料，用量最大，引发火灾的概率最多，需要进行阻燃处理的量也最大，因此，是监督管理的重点。

1）应检查和见证取样检验及抽样检验的内容：

① 在对木质材料的施工进行检查时，首先应检查：木质材料燃烧性能等级的设计要求；木质材料燃烧性能型式检验报告、进场验收记录和抽样检验报告；现场对木质材料进行阻燃处理的施工记录及隐蔽工程验收记录等文件和记录。

② 对于天然木材，其燃烧性能等级通常可被确认为 B_2级。但实际在建筑内部装修中广泛使用的是燃烧性能等级为 B_1级的木质材料或产品，质量差异比较大。其原因多与产品种类、用途、生产厂家、进货渠道、产品的加工方式及阻燃处理方式等多种因素有关；同时，对于现场进行阻燃处理的施工质量还与所用的阻燃剂密切相关。为确保阻燃处理的施工质

量，对于B_1级木质材料、现场进行阻燃处理所使用的阻燃剂及防火涂料和饰面型防火涂料等，均应进行见证取样检验。

③ 因为B_1级木质材料表面经过加工后，可能会损坏表面阻燃层，应进行样检验。

依据现行国家标准《建筑材料难燃性试验方法》（GB/T 8625—2005）和《建筑材料可燃性试验方法》（GB/T 8626—2007）的规定，木质材料的难燃性试验的试件尺寸为：190mm×1000mm，厚度不超过80mm，每次试验需4个试件，通常需进行3组平行试验；木质材料的可燃性试验的试件尺寸为：90mm×100mm，90mm×230mm，厚度不超过80mm，表面点火与边缘点火试验均需要5个试件；对于板材，可以按尺寸直接制备试件，对于门框、龙骨等型材，可拼接后按照尺寸制备试件等有关要求。对于现场阻燃处理后的木质材料及表面进行加工后的B_1级木质材料，每种都应取$4m^2$进行燃烧性能的检验。

2）主控项目要求：

① 首先应检查设计中各部位木质装修材料的燃烧性能等级要求，然后利用检查进场验收记录确认各部位木质装修材料是否满足设计要求。对于没有符合设计要求的木质装修材料，再检查是否有现场阻燃处理施工记录及抽样检验报告。

② 使用阻燃剂处理木材，就是使阻燃液渗透到木材内部使其中的阻燃物质存留在木材内部纤维空隙间，一旦受火起到阻燃目的。使用防火涂料处理就是在木材表面涂刷一层防火涂料。一般防火涂料在受火之后会产生一发泡层，从而起到保护木材不受火的作用。对木质装修材料的阻燃处理，目前主要有两种方法：一种是使用阻燃剂对木材浸刷处理；另一种是把防火涂料涂刷在木材表面。显然，当木材表面已涂刷油漆后，以上防火处理将达不到目的。因此，要求木质材料进行阻燃处理前，表面不得涂刷油漆。

③ 木材含水率对木材的阻燃处理效果非常重要，对于干燥的木材，阻燃剂易于浸入木纤维内部，处理后的木材阻燃效果也显著，反之，若木材含水率过高，则阻燃剂难以浸入到木纤维内部，处理后的木材阻燃效果也不会很好。实践证明，当木材含水率不大于12%时，可以确保在使用阻燃剂处理木材时的效果。因此要求木质材料在进行阻燃处理时，木质材料含水率不应大于12%。

④ 在阻燃施工过程中，应使用计量合格的称量器具，并严格按照使用说明书的要求进行施工。在现场进行阻燃施工时，应检查阻燃剂的用量、适用范围以及操作方法等。

⑤ 由于木材不同于其他材料，它的每一个表面均可以是使用面，其中的任何一面都可能为受火面，所以应对木材的所有表面进行阻燃处理。有必要指出的是，目前我国有些地方在对木材进行阻燃施工时，仅在使用面的背面涂刷一层防火涂料，这种做法是不符合防火规范要求的。因此，要求木质材料涂刷或浸渍阻燃剂时，应对木质材料所有表面都进行涂刷或者浸渍。

⑥ 由于阻燃剂的干含量是检验木材阻燃处理效果的一个重要指标。因此，涂刷或浸渍后的木材阻燃剂的干含量应满足检验报告或说明书的要求。

⑦ 由于固定家具及墙面等木装修，其表面可能还会粘贴其他装修材料。如果对所粘贴的材料进行阻燃处理，则其防火性能就会受到影响，因此，在粘贴其他装修材料前必须先对木装修进行阻燃处理并检验是否合格。虽然，一般在木材表面粘贴时所使用的材料如阻燃防火板、阻燃织物等都是一些有机化工材料，这些物质是不足以起到对木材的防火保护作用的。因此，对木质材料表面粘贴装饰表面或阻燃饰面时，应先对木质材料作阻燃处理。

⑧ 使用防火涂料对木质材料表面进行阻燃处理时，应对木质材料的所有表面做均匀涂刷，且不应少于2次，应在第一次涂层表面干后进行第二次涂刷，涂刷防火涂料用量不应少于500g/m^2。

3）一般项目要求：

① 现场进行阻燃处理时，应保持施工区段的洁净，现场处理的木质材料不应受到污染。

② 由于喷涂前木质材料表面有水或油渍会影响防火施工质量。因此要求木质材料在涂刷防火涂料前应清理表面，且表面不应有水、灰尘或者油污。

③ 阻燃处理后的木质材料表面应无明显返潮及颜色异常变化。如果木质材料经阻燃处理后的表面有明显返潮或颜色变化，则说明阻燃处理工艺存在问题。

(3) 高分子合成材料子分部装修工程。高分子合成材料，用于建筑内部装修的主要是塑料、橡胶及橡塑材料等，是建筑火灾中较为危险的材料。为了保证居室的防火安全，应当符合下列要求：

1）应检查和见证取样检验、抽样检验的内容：

① 在对建筑内部装修子分部工程的高分子合成材料施工验收及工程验收时，应检查：高分子合成材料燃烧性能等级的设计要求；高分子合成材料燃烧性能型式检验报告、进场验收记录以及抽样检验报告；现场对泡沫塑料进行阻燃处理的施工记录和隐蔽工程验收记录等。

② 高分子合成材料在建筑内部装修中被广泛使用，是建筑火灾中比较危险的材料其质量差异与产品种类、用途、生产厂家、进货渠道、产品的加工方式和阻燃处理方式等多种因素有关，所以，为确保阻燃处理的施工质量，对B_1、B_2级高分子合成材料应进行见证取样检验。

③ 由于现场进行阻燃处理的施工质量和所用的阻燃剂密切相关，考虑到目前我国防火涂料生产的实际情况，因此对现场进行阻燃处理所使用的阻燃剂及防火涂料也应进行见证取样检验。

④ 由于泡沫材料进行现场阻燃处理的复杂性，阻燃剂选择不当，将造成阻燃处理效果不佳。故依据泡沫材料燃烧性能试验的方法，样品的抽取数量不应少于0.1m^3。

2）主控项目的要求：

① 为了确保高分子合成材料燃烧性能等级符合设计要求，应首先检查设计中各部位高分子合成材料的燃烧性能等级要求，然后通过检查进场验收记录确认各部位高分子合成材料是否符合设计要求。对于没有达到设计要求的高分子合成材料，再检查有无现场阻燃处理施工记录及抽样检验报告。

② 高分子合成材料装修的防火质量与施工方式有关。比如粘接材料选用不当或不按规定方式进行安装施工等，都可能导致安装后的材料燃烧性能等级降低。因此，B_1、B_2级高分子合成材料，必须按设计要求进行施工。

③ 为了保证阻燃处理的效果，对具有贯穿孔的泡沫塑料作阻燃处理时，应检查阻燃剂的用量、适用范围、操作方法。阻燃施工过程中，应使用计量合格的称量器具，并按照使用说明书的要求进行施工。必须使泡沫塑料被阻燃剂浸透，阻燃剂干含量应符合检验报告或说明书的要求。

④ 为了确保高分子合成材料的耐燃时间符合设计要求，根据多次试验的检验数据对于

顶棚内采用的泡沫塑料，应涂刷防火涂料。防火涂料宜选用耐火极限大于30min的超薄型钢结构防火涂料或者一级饰面型防火涂料，湿涂覆比值应大于500g/m²。涂刷应均匀，并且涂刷不应少于2次。

⑤ 电工套管及各种配件的正确附设，是避免电气火灾的一项重要措施。因此，电工套管及各种配件，应以A级材料为基材或采用A级材料，使之和其他装修材料隔绝 B_2 级塑料电工套管不得明敷；B_1 级塑料电工套管明敷时，应明敷于A级材料表面；当塑料电工套管穿过 B_1 级以下（含 B_1 级）的装修材料时，应采用A级材料或者防火封堵密封件严密封堵。

3）其他要求：

① 为了确保不改变材料的使用功能，对具有贯穿孔的泡沫塑料进行阻燃处理时，应保持施工区段的洁净，防止其他工种施工的影响。

② 泡沫塑料经阻燃处理后，不应降低其使用功能，表面不应出现明显的盐析、返潮以及变硬等现象。

③ 为了保证阻燃处理效果，泡沫塑料在进行阻燃处理过程中，应保持施工区段的洁净，现场处理的泡沫塑料不应受到污染。

(4) 复合材料子分部装修工程。用于建筑内部装修的复合材料，可以包括不同种类材料按不同方式组合而成的材料组合体。随着科学技术的进步和人们对工作及居住环境质量要求的提高，复合材料的种类将会越来越多。

1）应检查和见证取样检验、抽样检验的内容：

① 复合材料施工，应检查复合材料燃烧性能等级的设计要求；复合材料燃烧性能型式检验报告、进场验收记录以及抽样检验报告；现场对复合材料作阻燃处理的施工记录及隐蔽工程验收记录等文件和记录。

② 对于进入施工现场的 B_1、B_2 级复合材料和现场作阻燃处理所使用的阻燃剂及防火涂料等，均应进行见证取样检验。

③ 现场阻燃处理后的复合材料应作抽样检验，每种取4m²检验燃烧性能。其程序是：首先应检查设计中各部位复合材料的燃烧性能等级要求，然后利用检查进场验收记录确认各部位复合材料是否满足设计要求。对于没有达到设计要求的复合材料，再检查有无现场阻燃处理施工记录及抽样检验报告。

2）主控项目要求：

① 复合材料的防火安全性体现在其整体的完整性。如果饰面层内的芯材外露，则整体使用功能将受到影响，其整体的燃烧性能等级也可能会降低。所以，复合材料燃烧性能等级必须符合设计要求。

② 复合材料应按设计要求进行施工，饰面层内的芯材不得暴露，以确保防火涂料的喷涂质量。

③ 采用复合保温材料制作的通风管道，复合保温材料的芯材不得暴露。当复合保温材料芯材的燃烧性能不能达到 B_1 级时，应在复合材料表面包覆玻璃纤维布等不燃性材料，并且应在其表面涂刷饰面型防火涂料。防火涂料的湿涂覆比值应大于500g/m²，且至少涂刷2次。

(5) 其他材料子分部装修工程。其他材料可包括防火封堵材料和涉及电气设备、灯具、防火门窗以及钢结构装修的材料等。这些都是确保装修防火质量不可遗漏的项目。

1）应检查和见证取样检验、抽样检验的内容：

① 其他材料施工的检查，应对材料燃烧性能等级的设计要求；材料燃烧性能型式检验报告、进场验收记录以及抽样检验报告；现场对材料进行阻燃处理的施工记录及隐蔽工程验收记录等文件及记录进行检查。

② 对进入施工现场的 B_1、B_2级材料和现场作阻燃处理所使用的阻燃剂及防火涂料，应进行见证取样检验。对现场阻燃处理后的复合材料应作抽样检验。

2）主要项目要求：

① 为了确保材料燃烧性能等级符合设计要求，应当首先检查设计中各部位材料的燃烧性能等级要求，然后通过检查进场验收记录确认各部位材料是否满足设计要求。对于未达到设计要求的材料，再检查有无现场阻燃处理施工记录及抽样检验报告。

② 防火门一般情况下不允许改装，如因装修需要不得不对防火门的表面加装贴面材料或者其他装修处理时，加装贴面后，不得将门框和门的规格尺寸减小，不得降低防火门的耐火性能，所用贴面材料的燃烧性能等级不应低于 B_1级。总之不得降低防火门的耐火性能及人员疏散的通行能力。

③ 建筑隔墙或隔板、楼板的孔洞需要封堵时，应采用防火堵料将其严密封堵。当采用防火堵料封堵孔洞、缝隙及管道井以及电缆竖井时，应根据孔洞、缝隙及管道井和电缆竖井所在位置的墙板或者楼板的耐火极限要求选用防火堵料；采用的各种防火堵料经封堵施工后的孔洞、缝隙及管道井，填堵必须牢固，不得留有间隙，以保证封堵质量。

④ 用于其他部位的防火堵料，应依据施工现场情况选用，其施工方式应与检验时的方式一致。防火堵料施工后的孔洞、缝隙，填堵必须严密、牢固。

⑤ 为了确保阻火圈的阻火功能，阻火圈的安装应牢固，采用阻火圈的部位不得对阻火圈进行包裹。

3）电气设备及灯具的施工应满足的要求：

① 当有配电箱及电控设备的房间内使用低于 B_1级的材料进行装修时，配电箱必须采用不燃材料制作；配电箱的壳体和底板应采用 A 级材料制作。配电箱不应直接安装在低于 B_1级的装修材料上。

② 动力、照明、电热器等电气设备的高温部位靠近 B_1级以下（含 B_1级）材料或导线穿越 B_1级以下（含 B_1级）装修材料时，应采用瓷管或防火封堵密封件分隔，并用岩棉、玻璃棉等 A 级材料隔热。

③ 安装在 B_1级以下（含 B_1级）装修材料内的插座、开关等配件，必须采用防火封堵密封件或具有良好隔热性能的 A 级材料隔绝。

④　灯具直接安装在 B_1级以下（含 B_1级）的材料上时，应采取隔热、散热等措施；灯具的发热表面不得靠近 B_1级以下（含 B_1级）的材料。

3. 建筑内部装修工程防火验收

（1）建筑内部装修工程防火验收的内容。建筑内部装修工程防火验收（简称工程验收）应检查下列文件和记录。

1）建筑内部装修防火设计审核文件、申请报告、设计图纸、装修材料的燃烧性能设计要求、设计变更通知单、施工单位的资质证明等。

2）进场验收记录，包括所用装修材料的清单、数量、合格证及防火性能型式检验报告。

3）装修施工过程的施工记录。

4）隐蔽工程施工防火验收记录和工程质量事故处理报告等。

5）装修施工过程中所用防火装修材料的见证取样检验报告。

6）装修施工过程中的抽样检验报告，包括隐蔽工程的施工过程中及完工后的抽样检验报告。

7）装修施工过程中现场进行涂刷、喷涂等阻燃处理的抽样检验报告。

(2) 建筑内部装修工程防火验收工程质量合格的标准。技术资料应完整，所用装修材料或产品的见证取样检验结果应满足设计要求；装修施工过程中的抽样检验结果，包括隐蔽工程的施工过程中及完工后的抽样检验结果应符合设计要求；现场进行阻燃处理、喷涂、安装作业的抽样检验结果应符合设计要求。

施工过程中的主控项目检验结果应全部合格；施工过程中的一般项目检验结果合格率应达到 80%。

(3) 建筑内部装修工程防火验收工程质量的要求。工程质量验收应由建设单位项目负责人组织施工单位项目负责人、监理工程师和设计单位项目负责人等进行。工程质量验收时，应按《建筑内部装饰防火施工及验收规范》(GB 50234—2005) 附录 D 规定的要求认真填写有关记录。

为了保证施工质量符合防火设计要求，工程质量验收时可对重点部位或者有异议的装修材料等主控项目进行抽查；当有不合格项时，应整改不合格项。当装修施工的有关资料经审查全部合格、施工过程全部符合要求、现场检查或者抽样检测结果全部合格时，工程验收应为合格。这是工程质量验收合格判定的标准。

但如果技术资料不完整；所用装修材料或产品的见证取样检验结果不能符合设计要求；装修施工过程中的抽样检验结果（包括隐蔽工程的施工过程中及完工后的抽样检验结果）不符合设计要求；现场进行阻燃处理、喷涂以及安装作业的抽样检验结果不符合设计要求；施工过程中的主控项目检验结果未全部合格；或者施工过程中的一般项目检验结果合格率未达到 80%。以上任何一项未达到，均应判为不合格。

为了将防火施工及验收档案保存好，建设单位应建立建筑内部装修工程防火施工及验收档案。档案应包括防火施工及验收全过程的有关文件和记录。归档文件可以是纸质，也可是不可以修改的电子文档。

四、民用建筑外保温系统及外墙装饰防火

随着科学的进步及技术的发展，在一些民用建筑外保温系统及外墙装饰的防火设计、施工中，大量使用了易燃的装修、装饰材料，结果发生火灾，导致了重大人员伤亡和巨大的经济损失。如在建的央视新台址园区文化中心，大量使用聚氨酯泡沫进行外保温系统和外墙装饰装修，2009 年 2 月 9 日晚 21 时许，因为燃放烟花发生特大火灾事故，一名消防干部牺牲，6 名消防队员和 2 名施工人员受伤，建筑物过火、过烟面积 21 333m^2，其中过火面积 8490m^2，导致直接经济损失 16 383 万元。所以，民用建筑外保温系统及外墙装饰防火也十分重要。

（一）外保温系统及外墙装饰防火要求

1. 基本要求

(1) 设计应当符合国家现行标准规范的有关规定，并且所使用的外保温材料的燃烧性能

宜为 A 级，且不应低于 B_2 级。

(2) 墙体的外保温系统应采用不燃或者难燃材料作防护层。其建筑基层墙体的耐火极限应符合现行防火规范的有关规定。

(3) 墙体的防护层应将保温材料完全覆盖。首层的防护层厚度不应小于 6mm，其他层不应小于 3mm。

(4) 当按需要设置防火隔离带时，应沿着楼板位置设置宽度不小于 300mm 的 A 级保温材料。防火隔离带与墙面应进行全面积粘贴。

(5) 建筑外墙的装饰层，除采用涂料外，应采用不燃材料。当建筑外墙采用可燃保温材料时，不宜采用着火后易脱落的瓷砖等材料。

2. 普通住宅建筑外保温系统及外墙装饰防火要求

(1) 对于高度大于或等于 100m 的建筑，其保温材料的燃烧性能应为 A 级。

(2) 对于高度大于或等于 60m，但小于 100m 的建筑，其保温材料的燃烧性能不应低于 B_2 级。当采用 B_2 级保温材料时，每层应设置水平防火隔离带。

(3) 对于高度大于或等于 24m，但小于 60m 的建筑，其保温材料的燃烧性能不应低于 B_2 级。当采用 B_2 级保温材料时，每两层应设置水平防火隔离带。

(4) 对于高度小于 24m 的建筑，其保温材料的燃烧性能不应低于 B_2 级。其中，当采用 B_2 级保温材料时，每三层应设置水平防火隔离带。

(5) 用于临时性居住建筑的金属夹芯复合板材，其芯材应采用不燃或难燃保温材料。

3. 幕墙式建筑外保温系统及外墙装饰防火要求

幕墙是由结构框架与镶嵌板材组成，不承担主体结构载荷与作用的建筑围护结构，根据建筑幕墙的面板可将其分为玻璃幕墙、石材幕墙、金属幕墙、混凝土幕墙及组合幕墙等；根据建筑幕墙的安装形式又可将其分为散装建筑幕墙、半单元建筑幕墙、单元建筑幕墙以及小单元建筑幕墙等。当建筑需要外保温系统及外墙装饰的幕墙时，应当注意下列防火要求。

(1) 建筑高度大于或等于 24m 时，保温材料的燃烧性能应为 A 级。

(2) 建筑高度小于 24m 时，保温材料的燃烧性能应为 A 级或 B_1 级。其中，当采用 B_1 级保温材料时，每层应设置水平防火隔离带。

(3) 保温材料应采用不燃材料作防护层。防护层应将保温材料完全覆盖。防护层厚度不应小于 3mm。

(4) 采用金属、石材等非透明幕墙结构的建筑，应设置基层墙体，其耐火极限应符合现行防火规范关于外墙耐火极限的有关规定；玻璃幕墙的窗间墙、窗槛墙、裙墙的耐火极限和防火构造应符合现行防火规范关于建筑幕墙的有关规定。

(5) 基层墙体内部空腔及建筑幕墙与基层墙体、窗间墙、窗槛墙及裙墙之间的空间，应在每层楼板处采用防火封堵材料封堵。

4. 其他民用建筑非幕墙外保温系统及外墙装饰防火要求

(1) 高度大于或等于 50m 的建筑，其保温材料的燃烧性能应为 A 级。

(2) 高度大于或等于 24m，但小于 50m 的建筑，其保温材料的燃烧性能应为 A 级或 B_1 级。其中，当采用 B_1 级保温材料时，每两层应设置水平防火隔离带。

(3) 高度小于 24m 的建筑，其保温材料的燃烧性能不应低于 B_2 级。其中，当采用 B_2 级保温材料时，每层应设置水平防火隔离带。

5. 屋顶外保温系统及外装饰防火要求

(1) 屋顶基层采用耐火极限不小于 1.00h 不燃烧体的建筑，其屋顶的保温材料不应低于 B_2级；其他情况，保温材料的燃烧性能不应低于 B_1级。

(2) 屋顶与外墙交界处及屋顶开口部位四周的保温层，应采用宽度不小于 500mm 的 A 级保温材料设置水平防火隔离带。

(3) 屋顶防水层或可燃保温层应采用不燃材料进行覆盖。

(二) 装修施工及使用防火

1. 建筑外保温系统施工防火要求

(1) 保温材料进场后，应远离火源。露天存放时，应采用不燃材料完全覆盖。

(2) 需要采取防火构造措施的外保温材料，其防火隔离带的施工应与保温材料的施工同步进行。

(3) 可燃、难燃保温材料的施工应分区段进行，各区段应保持足够的防火间距，并宜做到边固定保温材料边涂抹防护层。未涂抹防护层的外保温材料高度不应超过 3 层。

(4) 幕墙的支撑构件和空调机等设施的支撑构件，其电焊等工序应在保温材料铺设前进行。确需在保温材料铺设后进行的，应在电焊部位的周围及底部铺设防火毯等防火保护措施。

(5) 不得直接在可燃保温材料上进行防水材料的热熔、热黏结法施工。

(6) 施工用照明等高温设备靠近可燃保温材料时，应采取可靠的防火保护措施。

(7) 聚氨酯等保温材料进行现场发泡作业时，应避开高温环境。施工工艺、工具及服装等应采取防静电措施。

(8) 施工现场应设置室内外临时消火栓系统，并满足施工现场火灾扑救的消防供水要求。

(9) 外保温工程施工作业工位应配备足够的消防灭火器材。

2. 建筑外保温系统日常使用防火要求

(1) 与外墙和屋顶相贴邻的竖井、凹槽、平台等，不应堆放可燃物。

(2) 火源、热源等火灾危险源与外墙、屋顶应保持一定的安全距离，并应加强对火源、热源的管理。

(3) 不宜在采用外保温材料的墙面和屋顶上进行焊接、钻孔等施工作业。确需施工作业的，应采取可靠的防火保护措施，并应在施工完成后，及时将裸露的外保温材料进行防护处理。

(4) 电气线路不应穿过可燃外保温材料。确需穿过时，应采取穿管等防火保护措施。

五、内装修及外墙和屋顶外保温系统的检查方法与合格要求

(一) 内装修防火的检查

1. 疏散通道装修材料的检查

(1) 检查方法：查看疏散通道的装修材料。

(2) 合格要求：防烟楼梯间、封闭楼梯间以及无自然采光的楼梯间的顶棚、墙面和地面的装修材料的燃烧性能等级应为 A 级；地上建筑的水平疏散走道和安全出口的门厅的顶棚装修材料的燃烧性能等级为 A 级，墙面和地面的装修材料的燃烧性能等级不低于 B_1级；地

下建筑的疏散走道和安全出口的门厅，其顶棚、墙面以及地面装修材料的燃烧性能等级为A级。

2. 重点部位装修材料的检查

（1）检查方法：查看人员密集场所的房间、走道的顶棚、墙面以及地面的装修材料。

（2）合格要求：顶棚、墙面以及地面的装修材料的燃烧性能等级符合相关规范的要求。

（二）外墙和屋顶外保温系统的检查

（1）检查方法：查看外墙和屋顶保温系统的构造与材料；查看楼板与外保温系统之间的防火分隔或封堵情况，外墙及屋顶最外保护层材料；查看动火管理制度及火灾防范措施。

（2）合格要求：建筑外墙和屋顶保温系统材料的燃烧性能及防火构造措施符合相关规范要求；楼板与外保温系统之间的防火分隔或封堵构造符合相关规范要求；外墙及屋顶最外保护层的燃烧性能符合相关规范要求；具有严格的动火管理制度及严密的火灾防范措施。

第二节　钢结构耐火性能化设计

一、钢材的高温性能

（一）钢材在高温下的强度

建筑钢材可分为钢结构用钢材与钢筋混凝土结构用钢筋两类。它是在严格的技术控制下生产的材料，具有强度大、塑性和韧性好以及制成的钢结构重量轻等优点。钢材在高温下的物理力学性能钢材属于不燃烧材料，可是在火灾条件下，裸露的钢结构会在十几分钟内发生倒塌破坏。所以，为了提高钢结构耐火性能，必须研究钢材在高温下的性能。

如图 2－1 所示为在建筑结构中广泛使用的普通低碳钢在高温下的性能。抗拉强度在 250～300℃时达到最大值；温度超过 350℃，抗拉强度开始大幅度下降，在500％时约是常温时的 1/2，600℃时约为常温时的 1/3。屈服强度在 500％时约为常温的 1/2。由此可见，钢材在高温下强度降低很快。

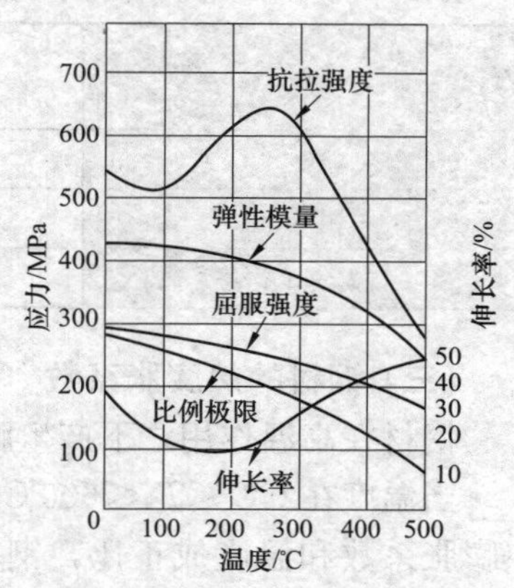

图 2－1　普通低碳钢高温力学性能

普通低合金钢是在普通碳素钢中加入一定量的合金元素冶炼成的。这种钢材在高温下的强度变化基本相同于普通碳素钢，在 200～300℃的温度范围内极限强度增加，当温度超过 300℃之后，强度逐渐降低。

冷加工钢筋是普通钢筋经过冷拉、冷拔以及冷轧等加工强化过程得到的钢材，其内部晶格构架发生畸变，强度增加而塑性降低。这种钢材在高温下，内部晶格的畸变随着温度升高而逐渐恢复正常，冷加工所提高的强度也逐渐减少和消失，塑性得到一定恢复。所以，在相同的温度下，冷加工钢筋强度降低值比未加工钢筋大很多。当温度达到 300℃时，冷加工钢筋强度约是常温时的 1/3；400℃时强度急剧下降，约是常温时的 1/2；500℃左右时，其屈服强度接近甚至小于未冷加工钢筋在相应温度下的强度。

高强钢丝用于预应力混凝土结构。它属于硬钢，无明显的屈服极限。在高温下，高强钢丝的抗拉强度的降低比其他钢筋更快。当温度在150℃以内时，强度不降低；温度达350℃时，强度降低约是常温时的1/2；400℃时强度约是常温时的1/3；而500℃时强度不足常温时的1/5。

预应力混凝土构件，因为所用的冷加工钢筋和高强钢丝在火灾高温下强度下降明显大于普通低碳钢筋和低合金钢筋，所以耐火性能远低于非预应力钢筋混凝土构件。

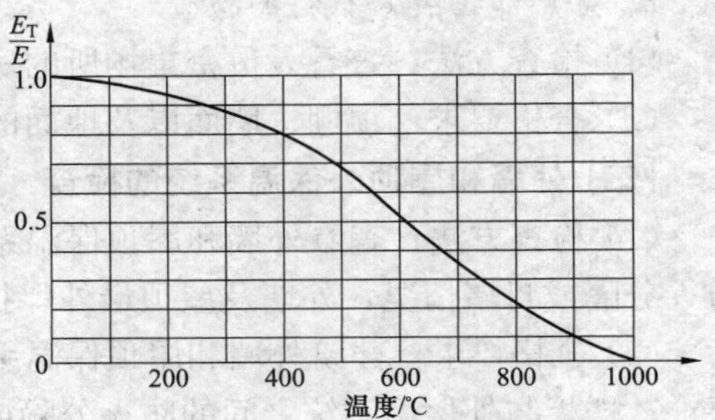

图2-2 钢材弹性系数与受热温度的关系

(二) 钢材的弹性模量

钢材的弹性模量随温度升高而连续地下降，如图2-2所示。

在0～1000℃这个温度范围内，钢材弹性模量的变化可以用两个方程式描述，其中600℃之前为第一段，600～1000℃为第二段。

当温度0℃$<T\leqslant$600℃时，热弹性模量E_T与普通弹性模量E的比值方程为

$$\frac{E_T}{E}=1.0+\frac{T}{2000\log e}\left(\frac{T}{1100}\right)$$

当温度600℃$<T<$1000℃时，方程为

$$\frac{E_T}{E}=\frac{690-0.69T}{T-53.5}$$

常用建筑钢材在高温下弹性模量的降低系数见表2-5。

表2-5 A_3、16Mn、25MnSi在高温下弹性模量的降低系数

钢材品种 \ 温度/℃	100	200	300	400	500
A_3	0.98	0.95	0.91	0.83	0.68
16Mn	1.00	0.94	0.95	0.83	0.65
25MnSi	0.97	0.93	0.93	0.83	0.68

(三) 钢材的热膨胀系数

钢材在高温作用之下产生膨胀，如图2-3所示。

当温度在0℃$\leqslant T_s\leqslant$600℃时，钢材的热膨胀系数和温度成正比，钢材的热膨胀系数α_s［m/(m·℃)］可采用如下常数

$$\alpha_s=1.4\times10^{-5}$$

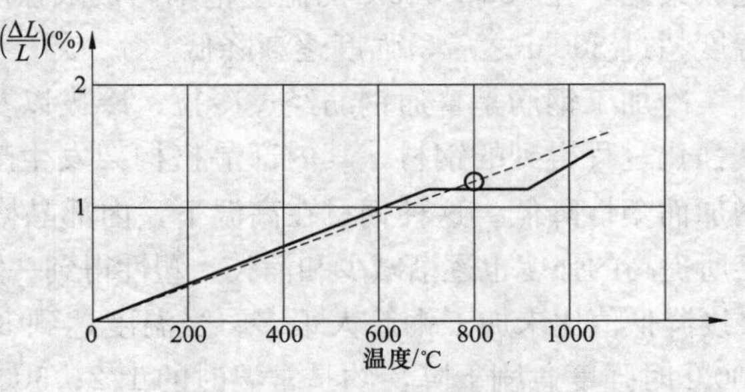

图2-3 钢材的热膨胀

(四) 钢材在高温下的变形

钢材在一定温度和应力作用下，随时间的推移，会发生缓慢塑性变形，也就是蠕变。蠕变在较低温度时就会产生，在温度高于一定值时较为明显，对于普通低碳

钢这一温度为 300～350℃，对于合金钢为 400～450℃，温度越高，蠕变现象越明显。蠕变不仅受温度的影响，而且也受应力大小影响，如果应力超过了钢材在某一温度下屈服强度时，蠕变会明显增大。

高温下钢材塑性增大，易于产生变形。

钢材在高温下强度降低很快，塑性增大，加之其热导率大是导致钢结构在火灾条件下极易在短时间内破坏的主要原因。为了提高钢结构的耐火性能，一般可采用防火隔热材料（如钢丝网抹灰、浇筑混凝土、砌砖块、泡沫混凝土块）包覆以及喷涂钢结构防火涂料等方法对钢结构进行保护。

二、钢结构防火保护措施

1．钢结构防火构造

(1) 采用外包混凝土或砌筑砌体的钢结构防火保护构造宜按图 2－4 选用。采用外包混凝土的防火保护宜配构造钢筋。

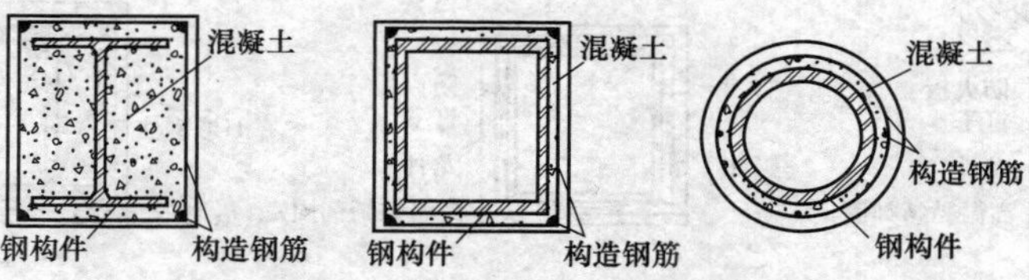

图 2－4　采用外包混凝土的防火保护构造

(2) 采用防火涂料的钢结构防火保护构造宜按图 2－5 选用。当钢结构采用非膨胀型防火涂料进行防火保护且有下列情形之一时，涂层内应设置与钢构件相连接的钢丝网：

1）承受冲击、振动荷载的构件。

2）涂层厚度不小于 300m 的构件。

3）黏结强度不大于 0.05MPa 的钢结构防火涂料。

4）腹板高度超过 500mm 的构件。

5）涂层幅面较大且长期暴露在室外。

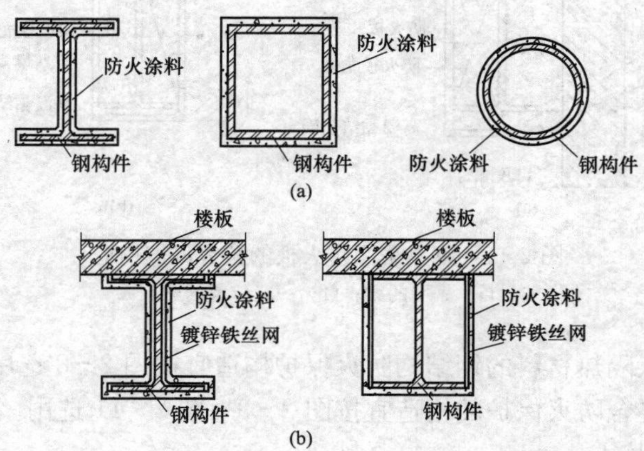

图 2－5　采用防火涂料的防火保护构造

(a) 不加钢丝网的防火涂料保护；(b) 加钢丝网的防火涂料保护

(3) 采用防火板的钢结构防火保护构造宜按图 2-6 和图 2-7 选用。

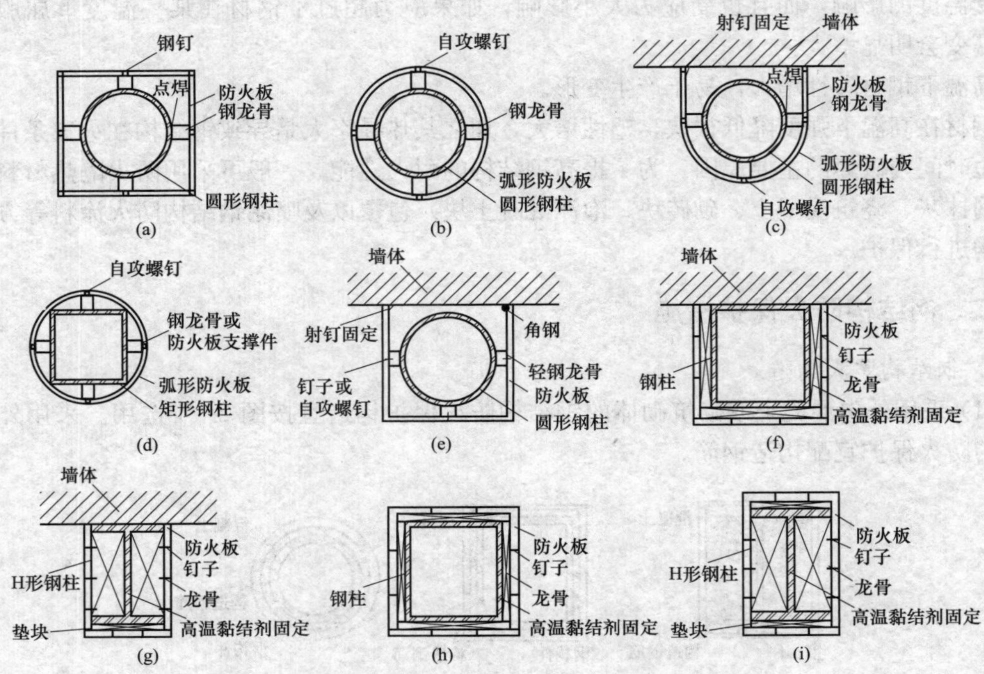

图 2-6　钢柱采用防火板的防火保护构造

(a) 圆柱包矩形防火板；(b) 圆柱包圆弧形防火板；(c) 靠墙圆柱包弧形防火板；
(d) 矩形柱包圆弧防火板；(e) 靠墙圆柱包矩形防火板；(f) 靠墙矩形柱包矩形防火板；
(g) 靠墙 H 形柱包柱形防火板；(h) 独立矩形柱包矩形防火板；(i) 独立 H 形柱包矩形防火板

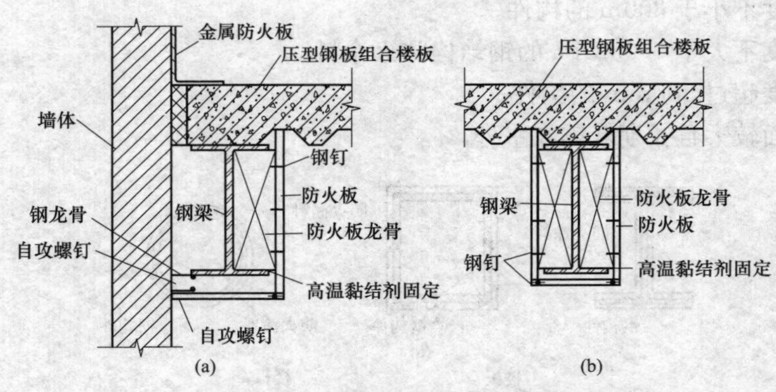

图 2-7　钢梁采用防火板的防火保护构造

(a) 靠墙的梁；(b) 一般位置的梁

(4) 采用柔性毡状隔热材料的钢结构防火保护构造宜按图 2-8 选用。

(5) 钢结构采用复合防火保护的构造宜按图 2-9～图 2-11 选用。

2. 钢结构防火保护方法

(1) 现浇法。通常用普通混凝土、轻质混凝土或加气混凝土，是最可靠的钢结构防火方

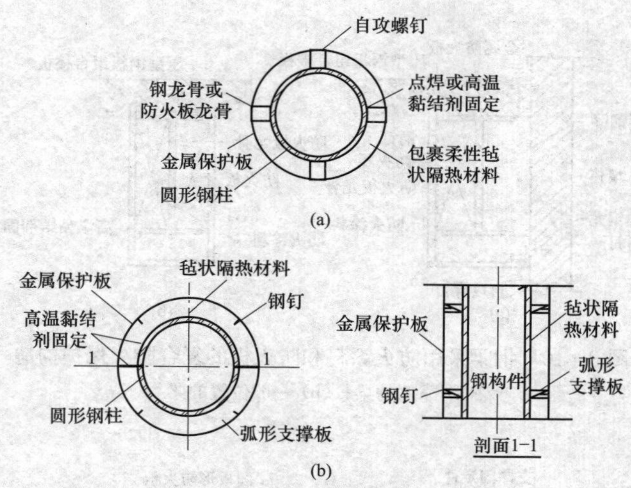

图 2-8　采用柔性毡状隔热材料的防火保护构造

(a) 用钢龙骨支撑；(b) 用圆弧形防火板支撑

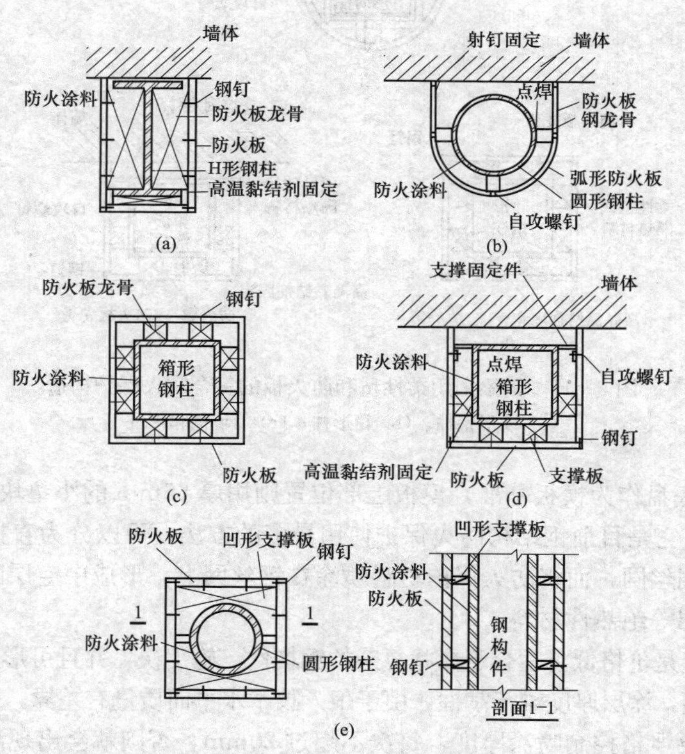

图 2-9　钢柱采用防火涂料和防火板的复合防火保护构造

(a) 靠墙的 H 形柱；(b) 靠墙的圆柱；(c) 一般位置的箱形柱；(d) 靠墙的箱形柱；(e) 一般位置的圆柱

法。其优点是防护材料费低，而且具有一定的防锈作用，无接缝，表面装饰方便，耐冲击，可预制。其缺点是支模、浇筑以及养护等施工周期长，用普通混凝土时，自重较大。

现浇施工采用组合钢模，用钢管加扣件。浇灌时每隔 1.5～2m 设一道门子板，利用振动棒振实。为确保混凝土层断面尺寸的准确，先在柱脚四周地坪上弹出保护层外边线，浇灌

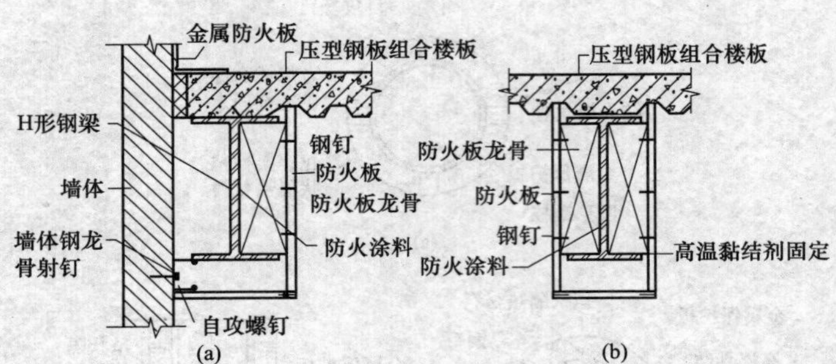

图 2-10　钢梁采用防火涂料和防火板的复合防火保护构造

(a) 靠墙的梁；(b) 一般位置的梁

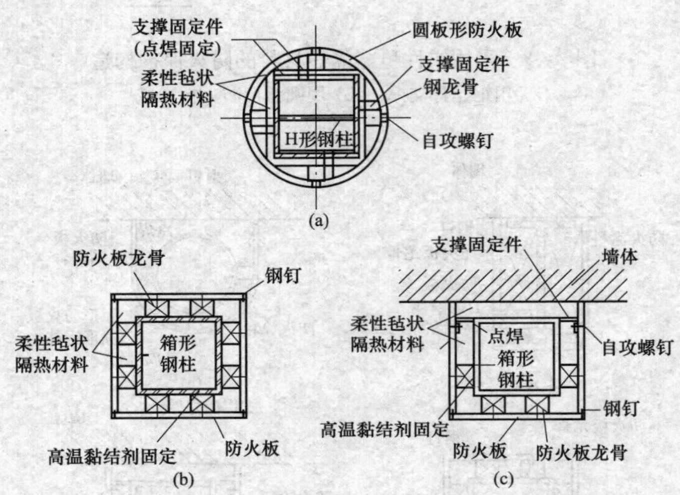

图 2-11　钢梁采用柔性毡和防火板的复合防火保护构造

(a) H 形钢柱；(b) 箱形柱；(c) 靠墙的箱形柱

高 50mm 的定位底盘作为模板基准，模板上部位置则用厚 65mm 的小垫块控制。

(2) 喷涂法。它是目前钢结构防火保护使用最多的方法，可以分为直接喷涂和先在工字型钢构件上焊接钢丝网，而将防火保护材料喷涂在钢丝网上，形成中空层的方法，喷涂材料通常用岩棉、矿棉等绝热性材料。

喷涂法的优点是价格低，适合于形状复杂的钢构件，施工快，并且可形成装饰层。其缺点是养护、清扫麻烦，涂层厚度难于掌握，由于工人技术水平而质量有差异，表面较粗糙。

喷涂法首先要严格控制喷涂厚度，每次不超过 20mm，否则就会出现滑落或剥落；其次是在一周之内不得使喷涂结构发生振动，否则会发生剥落或者造成日后剥落。

当遇到下列情况之一时，涂层内应设置与构件连接的钢丝网，以保证涂层牢固：

1) 设计涂层厚度大于 40mm 时。

2) 承受冲击振动的梁。

3) 涂料黏结强度小于 0.05MPa。

4) 腹板高度大于 1.5m 的梁。

(3) 包封法。它是用防火材料把构件包裹起来。包封材料有防火板、混凝土或者砖、钢丝网抹耐火砂浆等。图 2-12 所示为梁的板材包封示意图。图 2-13 所示为压型钢板楼板包封示意图。

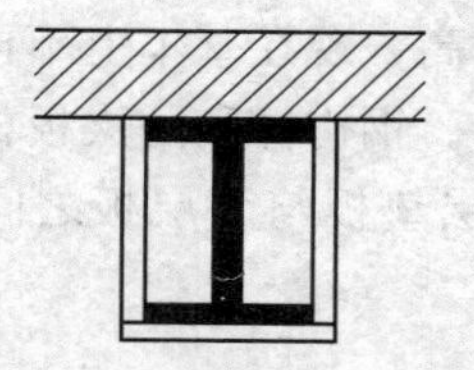

图 2-12 梁的板材包封示意图

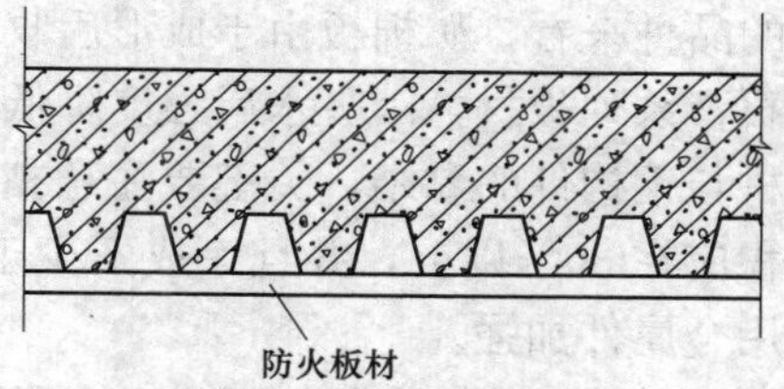

图 2-13 压型钢板楼板包封示意图

对于柱，也可采用混凝土（图 2-14）或者砖包封。当采用混凝土包封时，混凝土中布置一些细钢筋或钢网片以防爆裂。对梁或柱，也可以用钢丝网外抹耐火砂浆进行保护，如图 2-15所示。

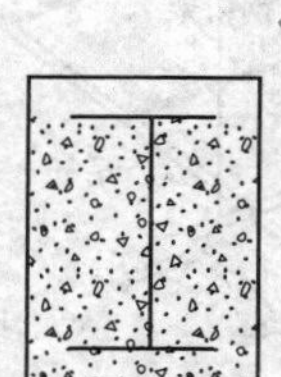

图 2-14 混凝土包封

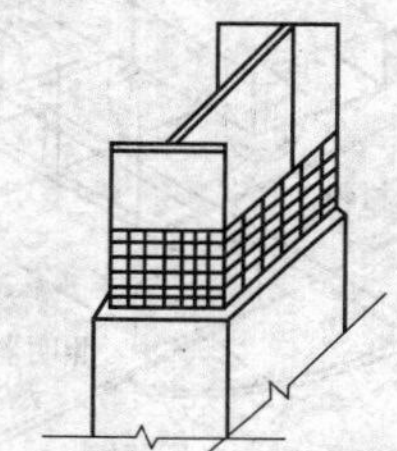

图 2-15 钢丝网抹耐火砂浆

板材包封法适合于梁、柱以及压型钢板楼板的保护。

(4) 粘贴法。粘贴法示意图如图 2-16 所示。

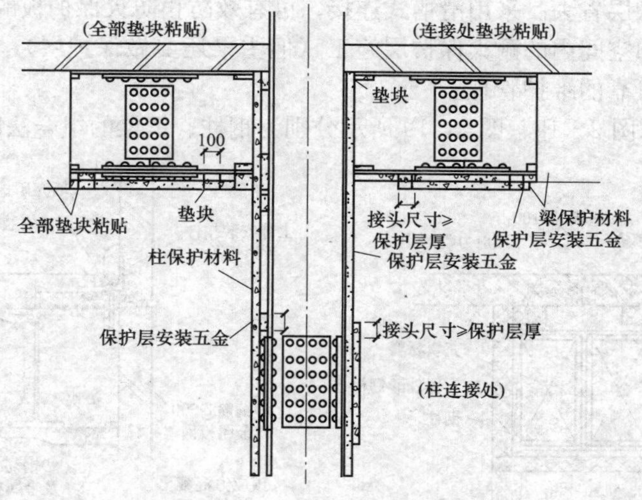

图 2-16 粘贴法示意图

先将石棉硅酸钙、矿棉以及轻质石膏等防火保护材料预制成板材，用黏结剂粘贴在钢结构构件上，当构件的结合部有螺栓、铆钉等不平整时，可以先在螺栓、铆钉等附近粘垫衬板材，然后将保护板材再粘到在垫衬板材上。粘贴法的优点是材质、厚度等容易掌握，对周围无污染，容易修复，对于质地好的石棉硅酸钙板，可直接用作装饰层。其缺点就是这种成形板材不耐撞击，易受潮吸水，降低黏结剂的黏结强度。

从板材的品种来看，矿棉板由于成形后收缩大，结合部会出现缝隙，且强度较低，最近较少使用。石膏系列板材，因吸水后强度降低比较多，破损率高，现在基本上不再使用。

防火板材与钢构件的黏结，关键要注意黏结剂的涂刷方法。钢构件和防火板材之间的黏结剂涂刷面积应在30%以上，并且涂成不少于3条带状，下层垫板与上层板之间应全面涂刷，不应采用金属件加强。

(5) 吊顶法。吊顶法示意图如图2－17所示。

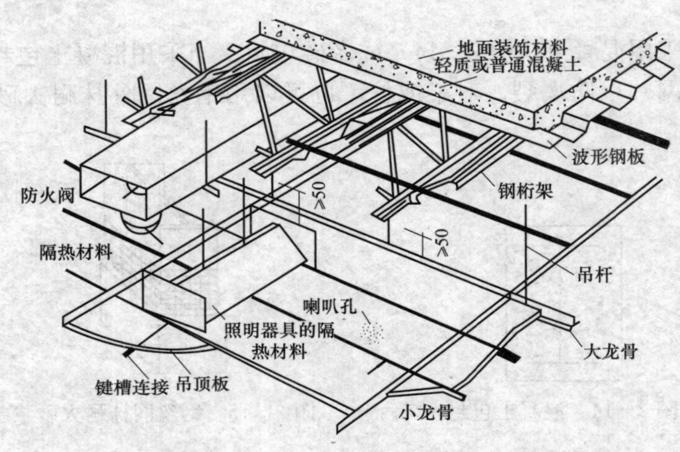

图2－17　吊顶法示意图

用轻质、薄型、耐火的材料，制作吊顶，使吊顶具有防火性能，而将钢桁架、钢网架、钢屋面等的防火保护层省去。采用滑槽式连接，可有效防止防火保护板的热变形。吊顶法的优点是，省略了吊顶空间内的耐火保护层施工（但主梁还要做保护层），施工速度快。缺点就是，竣工后要有可靠的维护管理。

(6) 组合法。如图2－18、图2－19所示分别为钢柱、钢梁的组合法防火保护示意图。

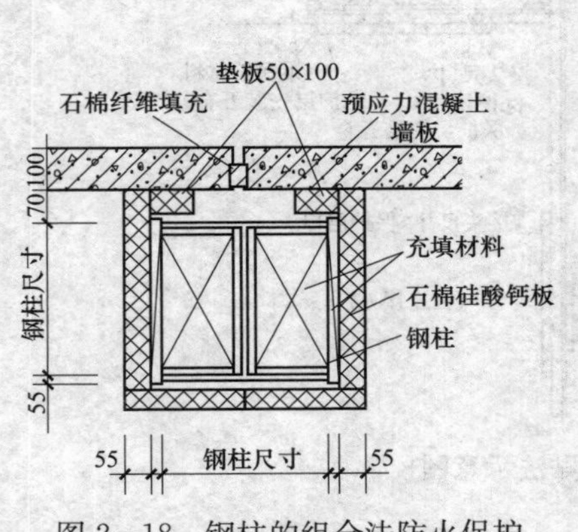

图2－18　钢柱的组合法防火保护

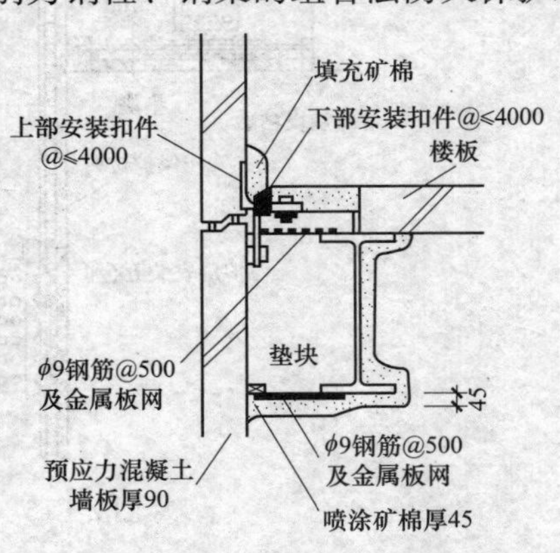

图2－19　钢梁的组合法防火保护

用两种以上的防火保护材料组合成的防火方法。把预应力混凝土幕墙及蒸压轻质混凝土板作为防火保护材料的一部分加以利用，从而可加快工期，减少费用。

组合法防火保护，对于高度很大的超高层建筑物，可减少较危险的外部作业，并且可减少粉尘等飞散在高空，有利于环境保护。

(7) 疏导法。与截流法不同，疏导法允许热流量传到构件上，然后设法将热量导走或消耗掉，同样可使构件温度升高不至于大于其临界温度，从而起到保护作用。

疏导法目前仅有充水冷却保护这一种方法。该方法是在空心封闭截面中（主要为柱）充满水，火灾时构件把从火场中吸收的热量传给水，借助水的蒸发消耗热量或通过循环把热量导走，构件温度便可维持在100℃左右。从理论上来说，这是钢结构耐火保护最有效的方法。该系统工作时，构件相当于盛满水被加热的容器，像烧水锅一样工作。只要补充水源，维持足够水位，因为水的热容和气化热均较大，构件吸收的热量将源源不断地被耗掉或导走。

柱充水保护如图2-20所示，冷却水可以由高位水箱或供水管网提供，也可由消防车补充。水蒸气由排气口排出。当柱高度较大时，可分成几个循环系统，以防止水压过大。为避免锈蚀或水的冻结，水中应添加阻锈剂和防冻剂。

水冷却法既可单根柱自成系统，又可多根柱连通。前者仅借助水的蒸发耗热，后者既能蒸发耗热，又能借水的温差形成循环，将热量导向非火灾区温度较低的柱内。

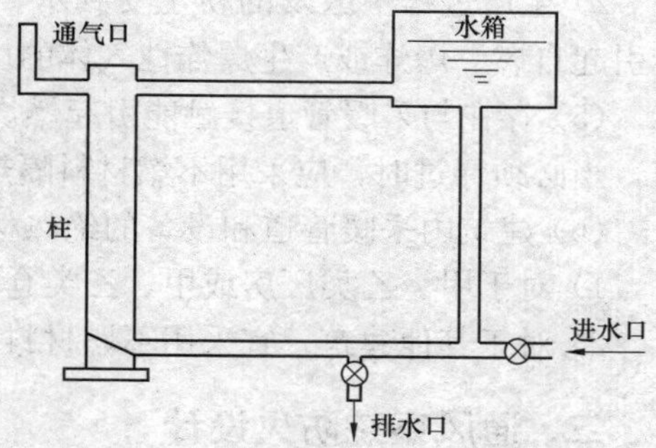

图2-20　柱充水保护示意图

第三节　建筑采暖、通风系统的防火设计

一、采暖系统防火设计

1. 采暖装置的选用原则

(1) 甲、乙类厂房和甲、乙类仓库内禁止采用明火和电热散热器采暖。因为甲、乙类厂房（仓库）内存有大量的易燃、易爆物质，如果遇明火就可能发生火灾爆炸事故。

(2) 下列厂房应采用不循环使用的热风采暖：

1) 生产过程中散发的可燃气体、可燃蒸气、可燃粉尘、可燃纤维与采暖管道、散热器表面接触能引起燃烧的厂房。

2) 生产过程中散发的粉尘受到水、水蒸气的作用能引起自燃、爆炸或产生爆炸性气体的厂房。

(3) 在散发可燃粉尘、纤维的厂房内，散热器表面平均温度不应超过82.5℃。输煤廊的散热器表面温度不应超过130℃。

2. 采暖设施的防火设计

(1) 采暖管道要与建筑物的可燃构件保持一定的距离。采暖管道通过可燃构件时，要用不燃烧材料隔开绝热；或根据管道外壁的温度，在管道和可燃构件之间保持适当的距离。当管道温度大于100℃时，距离不小于100mm或者采用不燃材料隔热；当温度小于或等于100℃时，距离不小于50mm，如图2-21所示。

(2) 在散发可燃粉尘、纤维的厂房内，散热器表面平均温度不应超过82.5℃。输煤廊的散热器表面温度不应超过130℃。

(3) 甲、乙类厂房和甲、乙类仓库内严禁采用明火和电热散热器采暖。

(4) 以下厂房应采用不循环使用的热风采暖：

1) 生产过程中散发的可燃气体、可燃蒸气、可燃粉尘、可燃纤维与采暖管道、散热器表面接触能引起燃烧的厂房。

2) 生产过程中散发的粉尘受到水、水蒸气的作用能引起自燃、爆炸或产生爆炸性气体的厂房。

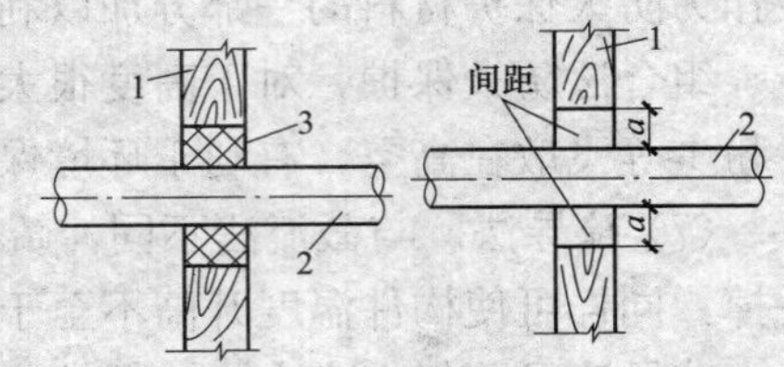

当管道温度>100℃时，a≮10cm;
当管道温度<100℃时，a≮5cm

图2-21　采暖管道穿过可燃构件时的要求

1—可燃构件；2—采暖管道；3—非燃烧体隔热材料

(5) 存在与采暖管道接触能引起燃烧爆炸的气体、蒸气或粉尘的房间内不应穿过采暖管道，当必须穿过时，应采用不燃材料隔热。

(6) 建筑内采暖管道和设备的绝热材料应符合下列规定：

1) 对于甲、乙类厂房或甲、乙类仓库，应采用不燃材料。

2) 对于其他建筑，宜采用不燃材料，不得采用可燃材料。

二、通风系统防火设计

1. 通风和空调系统的设置

(1) 甲、乙类生产厂房中排出的空气不应循环使用，以避免排出的含有可燃物质的空气重新进入厂房，增加火灾危险性。丙类生产厂房中排出的空气，比如含有燃烧或爆炸危险的粉尘、纤维（如纺织厂、亚麻厂），易导致火灾的迅速蔓延，应在通风机前设滤尘器对空气进行净化处理，并应使空气中的含尘浓度低于其爆炸下限的25%后，再循环使用。

(2) 甲、乙类生产厂房用的送风与排风设备不应布置在同一通风机房内，且其排风设备也不应和其他房间的送、排风设备布置在一起。由于甲、乙类生产厂房排出的空气中常常含有可燃气体、蒸气和粉尘，若将排风设备与送风设备或与其他房间的送、排风设备布置在一起，一旦发生设备事故或起火爆炸事故，这些可燃物质将会沿管道迅速传播，扩大灾害损失。

(3) 通风和空气调节系统的管道布置，横向宜按照防火分区设置，竖向不宜超过5层，以构成一个完整的建筑防火体系，防止及控制火灾的横向、竖向蔓延。当管道在防火分隔处设置防止回流设施或者防火阀，且高层建筑的各层设有自动喷水灭火系统时，能够有效地控制火灾蔓延，其管道布置可不受此限制。穿过楼层的垂直风管要求设在管井内。

排风管道避免回流的措施如下：

1) 将各层垂直排风支管的高度增加，使各层排风支管穿越两层楼板。

2) 将排风支管顺气流方向插入竖风道，并且支管到支管出口的高度不小于600mm。

3) 把排风竖管大小两个管道，总竖管直通屋面，小的排风支管分层和总竖管连通。

4) 在支管上安装止回阀。

(4) 有爆炸危险的厂房内的排风管道，禁止穿过防火墙和有爆炸危险的车间隔墙等防火分隔物，以避免火灾通过风管道蔓延扩大到建筑的其他部分。

(5) 民用建筑内存放容易起火或者爆炸物质的房间（如容易放出可燃气体氢气的蓄电池室、电影放映室、化学实验室、化验室以及易燃化学药品库等），设置排风设备时应采用独立的排风系统，且其空气不应循环使用，以避免易燃易爆物质或发生的火灾通过风道扩散到其他房间。

(6) 排风口设置的位置应依据可燃气体、蒸气的密度不同而有所区别。比空气轻者，应设在房间的顶部；比空气重者，则应设在房间的下部，以利及时排出易燃易爆气体。进风口的位置应布置在上风方向，并尽可能远离排气口，确保吸入的新鲜空气中，不再含有从房间排出的易燃、易爆气体或物质。

(7) 将含有比空气轻的可燃气体的与空气的混合物排除时，其排风管道应顺气流方向向上坡度敷设，以防在管道内局部积聚而形成有爆炸危险的高浓度气体。

(8) 可燃气体管道和甲、乙、丙类液体管道不应穿过通风管道及通风机房，也不应沿通风管道的外壁敷设，防止甲、乙、丙类液体管道一旦发生火灾事故沿着通风管道蔓延扩散。

(9) 含有爆炸危险粉尘的空气，在进入排风机前应先进行净化处理，防止浓度较高的爆炸危险粉尘直接进入排风机，遇到火花发生事故；或在排风管道内逐渐沉积下来自燃起火和助长火势蔓延。

(10) 净化有爆炸危险粉尘的干式除尘器与过滤器，宜布置在厂房之外的独立建筑内，且与所属厂房的防火间距不应小于10m，以免粉尘一旦爆炸波及厂房扩大灾害损失。符合以下条件之一的干式除尘器和过滤器，可布置在厂房的单独房间内，但是应采用耐火极限分别不低于3.00h的隔墙和1.50h的楼板与其他部位分隔。

1) 有连续清尘设备。

2) 风量不超过15 000m^3/h，并且集尘斗的储尘量小于60kg的定期清灰的除尘器和过滤器。

(11) 有爆炸危险粉尘的排风机及除尘器应与其他一般风机、除尘器分开设置，且应按单一粉尘分组布置，这是由于不同性质的粉尘在一个系统中，容易发生火灾爆炸事故。比如硫黄与过氧化铅、氯酸盐混合能发生爆炸；炭黑混入氧化剂自燃点会降低。

(12) 甲、乙、丙类生产厂房的送、排风管道宜分层设置，以避免火灾从起火层通过管道向相邻层蔓延扩散。但进入厂房的水平或者垂直送风管设有防火阀时，各层的水平或垂直送风管可合用一个送风系统。

(13) 排除有燃烧、爆炸危险的气体、蒸气以及粉尘的排风管道应采用易于导除静电的金属管道，应明装不应暗设，不得穿越其他房间，并且应直接通到室外的安全处，尽量远离明火和人员通过或停留的地方，以避免管道渗漏发生事故时造成更大影响。

(14) 有爆炸危险的粉尘和碎屑的除尘器、过滤器以及管道，均应设有泄压装置，以防一旦发生爆炸造成更大的损害。

净化有爆炸危险的粉尘的干式除尘器与过滤器，应布置在系统的负压段上，以避免其在正压段上漏风而造成事故。

(15) 通风管道不宜穿过防火墙与不燃烧体楼板等防火分隔物。如必须穿过时，应在穿过处设防火阀；在防火墙两侧各2m范围内的风管保温材料应采用不燃烧材料；并且在穿过处的空隙用不燃烧材料填塞，以防火灾蔓延。

2. 通风和空调系统的设计

(1) 空气中含有容易起火或爆炸物质的房间，其送、排风系统应采用防爆型的通风设备及不会发生火花的材料。送风机如设在单独隔开的通风机房内，并且送风干管上设有止回阀时，容易起火或容易爆炸的物质不易进入通风机房内，可以采用普通型的通风设备，如图 2-22 所示。

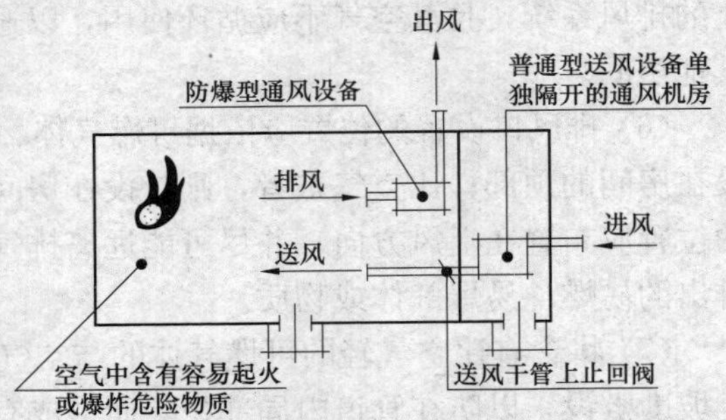

图 2-22　易燃易爆物质房间通风设备的布置

(2) 含有易燃、易爆粉尘的空气，在进入排风机之前，应采用不产生火花的除尘器进行处理，以防止除尘器工作过程中产生火花引起粉尘、碎屑燃烧或者爆炸事故。对于遇湿可能形成爆炸的粉尘，严禁采用湿式除尘器。

(3) 排除、输送有燃烧、爆炸危险的气体、蒸气以及粉尘的排风系统，应采用不燃材料并设有导除静电的接地装置。其排风设备不应布置在地下、半地下建筑（室）内，以避免有爆炸危险的蒸气和粉尘等物质的积聚。

(4) 排除、输送温度超过 80℃的空气或者其他气体以及容易起火的碎屑的管道，与可燃或难燃物体之间应保持不小于 150mm 的间隙，或者采用厚度不小于 50mm 的不燃材料隔热，以防止填塞物与构件由于受这些高温管道的影响而导致火灾。当管道互为上下布置时，表面温度较高者应布置在上面。

(5) 下列任一情况下的通风、空气调节系统的送、回风管道上应设防火阀，如图 2-23所示。

1) 送、回风总管穿越防火分区的隔墙处。主要避免防火分区或不同防火单元之间的火灾蔓延扩散。

2) 多层建筑和高层建筑垂直风管与每层水平风管交接处的水平管段上。防止火灾穿过楼板蔓延扩大。但是当建筑内每个防火分区的通风、空气调节系统均独立设置时，该防火分区内的水平风管与垂直总管的交接处可不设置防火阀。

3) 穿越通风、空气调节机房及重要的房间或者火灾危险性大的房间隔墙及楼板处的送、回风管道。以防机房的火灾利用风管蔓延到建筑物的其他房间，或者防止火灾危险性大的房间发生火灾时经通风管道蔓延到机房或其他部位。

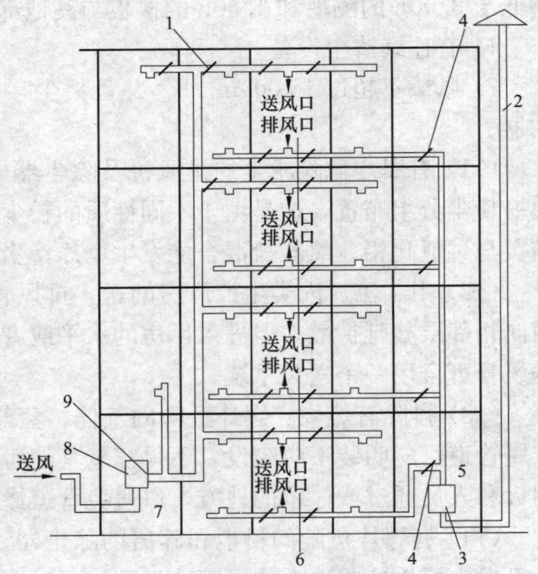

图 2-23　送、回风管设置防火阀示意图

1—送风水平管上的防火阀；2—排风管；
3—排风机；4—排风水平管上的防火阀；5—排风机房；
6—重要的或火灾危险性大的房间；7—送风机房；
8—送风机；9—送风总管上的防火阀

4) 在穿越变形缝的两侧风管上。以使防

火阀在一定时间之内达到耐火完整性和耐火稳定性要求，起到有效隔烟阻火的作用。

(6) 防火阀的设置应符合以下规定：

1) 防火阀宜靠近防火分隔处设置。

2) 有熔断器的防火阀，其动作温度宜为 70℃。

3) 防火阀安装时，可明装也可以暗装。当防火阀暗装时，应在安装部位设置方便检修的检修口。

4) 为确保防火阀能在火灾条件下发挥作用，穿过防火墙两侧 2m 范围内的风管绝热材料应采用不燃烧材料且具备足够的刚性和抗变形能力，穿越处的空隙应用不燃烧材料或者防火封堵材料严密填实。

(7) 防火阀的易熔片或者其他感温、感烟等控制设备一经作用，应能顺气流方向自行严密关闭，并应设有单独支吊架等避免风管变形而影响关闭的措施。

易熔片及其他感温元件应安装在容易感温的部位，其作用温度应较通风系统正常工作时的最高温度约高 25℃，通常可采用 70℃，如图 2-24 所示。

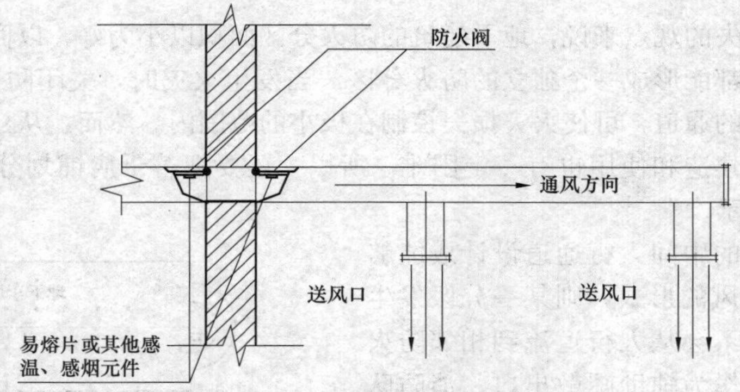

图 2-24　易熔片及其他感温元件的安装

(8) 通风、空气调节系统的风管、风机等设备应采用不燃烧材料制作，但是接触腐蚀性介质的风管和柔性接头，可以采用难燃材料。展览馆、体育馆、候机（车、船）楼（厅）等大空间建筑、办公楼和丙、丁、戊类厂房内的通风、空气调节系统，当风管按照防火分区设置且安装了防烟防火阀时，可采用燃烧产物毒性较小，并且烟密度等级小于等于 25 的难燃材料。

(9) 公共建筑的厨房、浴室以及卫生间的垂直排风管道，应采取防止回流设施或在支管上设置防火阀。公共建筑的厨房的排油烟管道宜按防火分区设置，并且在与垂直排风管连接的支管处应设置动作温度为 150℃的防火阀，以免影响平时厨房操作中的排风。

(10) 风管与设备的保温材料、用于加湿器的加湿材料、消声材料及其黏结剂，宜采用不燃烧材料，当确有困难时，可以采用燃烧产物毒性较小且烟密度等级小于或等于 50 的难燃烧材料，以防止火灾蔓延。

风管内设有电加热器时，电加热器的开关和电源开关应与风机的起停连锁控制，以避免通风机已停止工作，而电加热器仍继续加热导致过热起火，电加热器前后各 0.8m 范围内的风管及穿过设有火源等容易起火房间的风管，均必须采用不燃烧保温材料，以防电加热器过热造成火灾。

(11) 燃油、燃气锅炉房在使用过程中存在逸漏或者挥发的可燃性气体，要在燃油、燃气锅炉房内保持良好的通风条件，使逸漏或者挥发的可燃性气体与空气混合物的浓度能很快稀释到爆炸下限值的25%以下。燃气锅炉房应选用防爆型的事故排风机。可以采用自然通风或机械通风，当设置机械通风设施时，该机械通风设备应设置导除静电的接地装置，通风量应符合以下规定：

1）燃油锅炉房的正常通风量按换气次数不少于3次/h确定。

2）燃气锅炉房的正常通风量按换气次数不少于6次/h确定，事故通风量是正常通风量的2倍。

第四节 地下建筑消防设计

1. 防火分区设计

对于大型地下建筑，由于人员密集，可燃物较多或火灾危险性较大，应该划分成为若干个防火分区，对于防止火灾的扩大和蔓延是十分必要的，一旦发生火灾，能使火灾限制在一定的范围内。

从减少火灾损失的观点来说，地下建筑的防火分区面积以小为好，以商业性地下建筑为例，比如每个店铺都能形成一个独立的防火分区，当发生火灾时，关闭防火门或防火卷帘，避免烟火涌向中间的通道，可使火灾损失控制在极小的范围内。然而，从建设费用来看，造价就要提高，实际建造和使用也有一定困难。所以，还要把若干店铺划分在一个防火分区内，如图2-25所示。

若把地下建筑的中间人行通道设计成能够从相邻防火分区进风的形式，则某一分区发生火灾，烟及热气就不会从人行道流到相邻防火分区内，并且可以作为辅助疏散出口、消防队员入口等。为此，要尽可能把防火分隔部位的通道设窄一些，并在其上设置挡烟垂壁，只留出人们能够通行的高度。例如，可以从分隔走道的防火墙两侧各设置一扇折叠式防火门，中间部分用防火卷帘加水幕分隔，防火卷帘平时放下到距地板面1.8m高处，使人员能够正常通行，要具有一定的耐火能力，店铺面向人行道时，宜设防火卷帘，并且最好能有水幕保护。

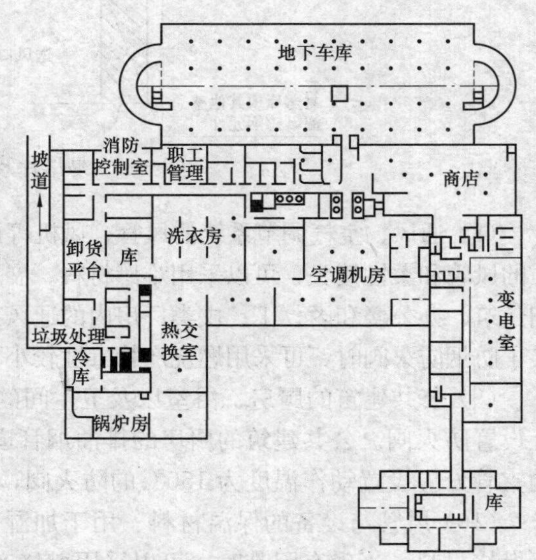

图2-25 地下建筑的防火分区设计示意图

地下建筑防火分区的划分，应比地面建筑要求严些。视建筑的功能，防火分区面积通常不宜大于500m²，但设有可靠的防火灭火设施，如自动喷水灭火系统时，可以放宽，但是不宜大于1000m²，而对于商业营业厅、展览厅等特殊用途的地下建筑，可达到2000m²。

2. 防排烟设计

在地下建筑火灾中，烟气对人的危害更为严重。许多案例表明，地下建筑火灾中死亡人员基本上全部是因烟导致的。为了充分保证人员的安全疏散和火灾扑救，在地下建筑中必须设置烟气控制系统，以阻止烟气四处蔓延，并将其迅速排出。设置防烟帘及蓄烟池等方法也有助于限制烟气蔓延。

负压排烟是地下建筑的主要排烟方式，这样可在以人员进出口处形成正压进风条件。排烟口应设在走道、楼梯间及较大的房间内。为了保证楼梯前室及主要楼梯通道内没有烟气侵入，还可进行正压送风。对设有采光窗的地下建筑，亦可通过正压送风实现采光窗自然排烟。但是采光窗应有足够大的面积，当其面积与室内平面面积之比小于1/50，还应当增设负压排烟方式。对于掩埋很深或者多层的地下建筑，应当专门设置防烟楼梯间，在其中安置独立的进风与排烟系统。

当排烟口的面积较大，占地下建筑面积的1/50以上，而且能够直接通向大气时，可采用自然排烟的方式。设置自然排烟设施，必须防止地面的风从排烟口倒灌到地下建筑内，所以，排烟口应高出地表面，以增加拔烟效应，同时要做成不受外界风力影响的形状。尤其是安全出口，一定要确保火灾时无烟。安全出口的自然排烟构造如图2-26所示。

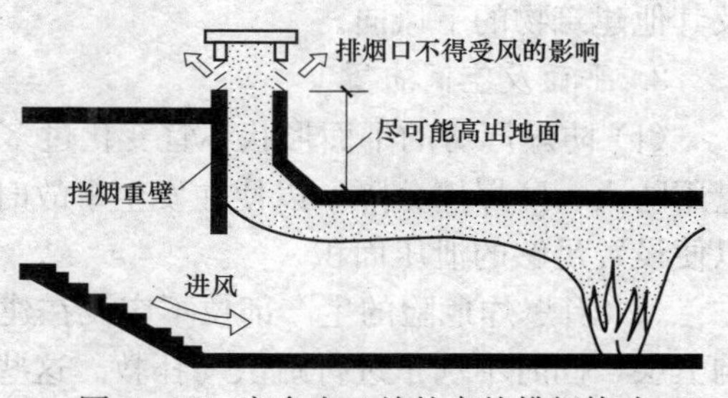

图2-26　安全出口处的自然排烟构造

3. 采用合适的火灾探测与灭火系统

对于地下建筑，应当强调加强其火灾自救能力。探测报警设备的重要性在于能准确预报起火位置，这对扑灭地下建筑火灾格外重要。应针对地下建筑的特点进行火灾探测器选型，例如选用耐潮湿、抗干扰性强的产品。

安装自动喷水灭火系统也是地下建筑物的主要消防手段，不少国家在消防法规上已对此作了相应规定。比如日本要求地下商业街内全部应有自动水喷淋器。现在我国已有不少地下建筑安装了这种系统，但仍不普遍。

对地下建筑火灾中使用的灭火剂应当慎重选择，不许使用毒性大及窒息性强的灭火剂，例如四氯化碳、二氧化碳等。这些灭火剂的密度较大，会沉积在地下建筑物内，不易排出，对人们的生命安全造成严重危害。

4. 安装事故照明及疏散诱导设施

地下建筑的空间形状复杂多样，出入口的位置大都不很规则，而且很多区域无自然采光条件，这也是造成火灾中人员疏散困难的原因。所以在地下建筑中除了正常照明外，还应加强设置事故照明灯具，避免火灾发生时内部一片漆黑。同时应有足够的疏散诱导灯指引通向安全门或者出入口的方向。有条件的建筑还可使用音响和广播系统临时指挥人员合理疏散。

第五节　工业企业建筑防爆设计

一、工业建筑防爆平面设计

1. 总平面布置

(1) 对于有爆炸危险的厂房和仓库，应采取集中分区布置。有爆炸危险的生产界区及仓库应尽可能布置在厂区边缘。界区内建筑物、构筑物以及露天生产设备相互之间应留有足够的防火间距。界区与界区之间也应留有防火间距。有爆炸危险的厂房与库房应远离高层民用建筑。

(2) 有爆炸危险的厂房和仓库的平面主轴线宜与当地全年主导风向垂直，或者夹角不小于45°，以利于用自然风力排除可燃气体、可燃蒸气以及可燃粉尘。其朝向宜避免朝西，以减少阳光照射，避免室温升高。在山区应布置在迎风山坡一面，并应位于自然通风良好的地方。

(3) 按当地全年主导风向，有爆炸危险的厂房和仓库宜布置在明火或者散发火花地点以及其他建筑物的下风向。

2. 平面及空间布置

(1) 防爆厂房的平面形状不宜变化过多，通常应为矩形；面积也不宜过大。厂房内部尽量用防火、防爆墙分隔，以使在发生事故时缩小受灾范围。多层厂房的跨度不宜大于18m，以便设置足够的泄压面积。

(2) 有爆炸危险的生产部位不应设在建筑物的地下室与半地下室内，以免发生事故时影响上层，同时不利于进行疏散与扑救。这些部位应设在单层厂房靠外墙处或者多层厂房最顶层靠外墙处，如有可能，应尽量设在敞开或者半敞开的建筑物内，以利于通风及防爆泄压，减少事故损失。

(3) 易发生爆炸的设备，其上部应为轻质屋盖。设备的周围还应尽量将建筑结构的主要承重构件避开，但如布置有具体困难无法避开时，则对主梁或桁架等结构要加强，以避免发生事故时造成建筑物的倒塌。这样做还能起到阻挡重大设备部件向外飞出的作用。

(4) 防爆厂房内应有良好的自然通风或者机械通风。高大设备应布置在厂房中间，矮小设备可靠窗布置，以避免挡风。易爆生产装置在厂房内应布置在当地全年主导风向的下风侧，并使工人的操作部位处在上风侧，以保障职工的安全。

(5) 防爆厂房内不应设置办公室、休息室以及化验分析室等辅助用房。供本车间使用的辅助用房可在厂房外贴邻，且至多只能两面贴邻。贴邻部分应用耐火极限不小于3h的非燃烧实体墙分隔。

(6) 防爆厂房宜单独设置。如必须与非防爆厂房贴邻时，只能一面贴邻，并且在两者之间用防火墙或防爆墙隔开。相邻两厂房之间不应直接有门相通．如必须互相联系时，可通过外廊或阳台通行；也可在中间的防火墙或防爆墙上做双门斗，门斗内的两个门应错开，以减弱爆炸冲击波的影响。

(7) 几种防爆厂房的平面布置示例，如图2-27～图2-30所示。

根据以上的要求。对防爆厂房的设计及布置，主要可以归纳为敞、侧、单、顶、通五个字。

二、爆炸危险厂房的构造要求

有爆炸危险性的生产厂房，不但应有较高的耐火等级（不低于二级耐火等级），且对它的构造也应使之有利于避免爆炸事故的发生和减轻爆炸事故的危险。

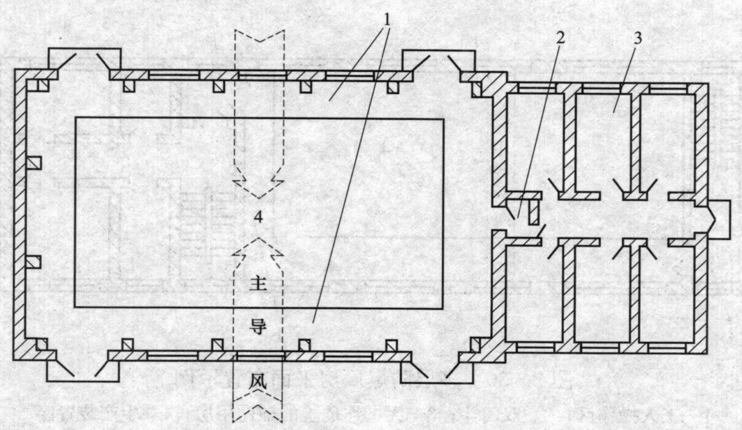

图 2-27　厂房跨度较大，屋顶有天窗时，生产设备可布置在中央

1—工人操作区；2—双门斗；3—无爆炸危险的辅助用房；4—生产设备区

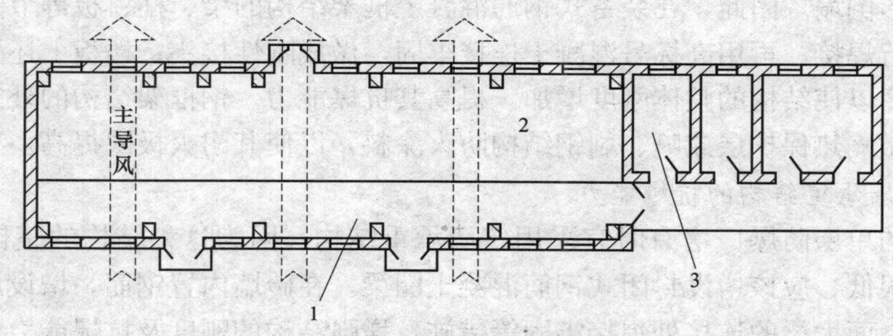

图 2-28　厂房狭长应将生产设备布置在一侧，且处于常年主导风向的下风向

1—工厂操作区；2—生产设备区；3—无爆炸危险的辅助用房

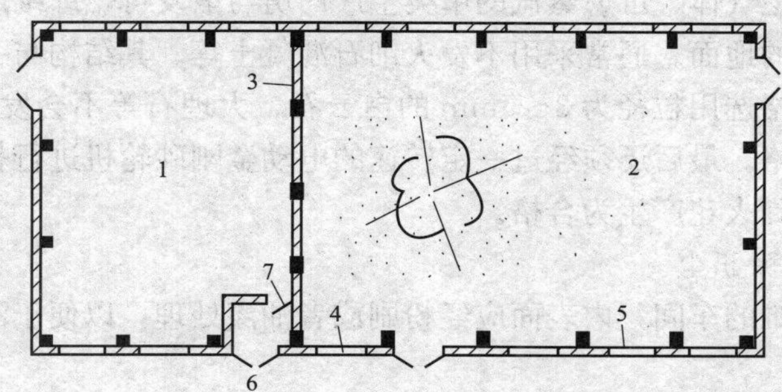

图 2-29　与无爆炸危险生产工序之间设置防爆隔墙

1—无爆炸危险生产工序；2—有爆炸危险生产工序；

3—防爆隔墙；4—防火窗；5—泄压窗；6—弹簧门；7—双门斗

1. 采用框架结构

框架结构有现浇式钢筋混凝土框架结构、装备式钢筋混凝土框架结构以及钢框架结构等形式。现浇式钢筋混凝土框架结构的厂房整体性好，抗爆能力较强。对抗爆能力要求比较高

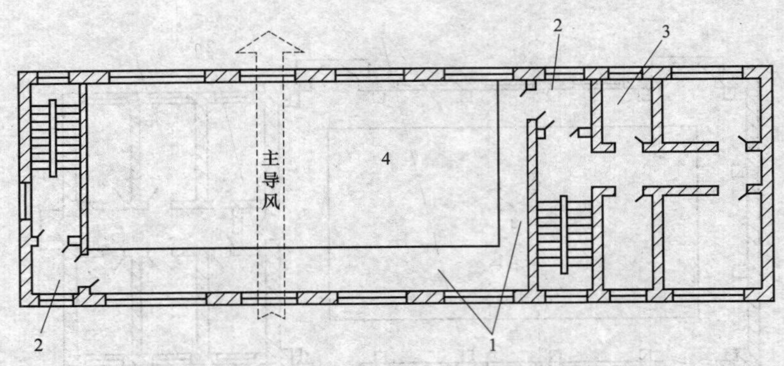

图 2-30 多层防爆厂房平面布置示例

1—工人操作区；2—双门斗；3—无爆炸危险的辅助用房；4—生产装置区

的厂房，宜采用这种结构。装备式钢筋混凝土框架结构由于梁与柱的节点处的刚性比较差，抗爆能力不如现浇钢筋混凝土结构；钢框架结构的抗爆能力虽然比较高，但是耐火极限低，遇到高温会变形倒塌。因此，在装备式钢筋混凝土框架结构的梁、柱、板等节点处，应对留处的钢筋先进行焊接，再用高标号混凝土连接牢固，做成刚性接头；楼板上还要配置钢筋现浇混凝土垫底，以使结构的整体刚度增加，提高其抗爆能力。钢框架结构的外露钢构件，应用非燃材料加做隔热保护层或喷、刷钢结构防火涂料，以使其耐火极限提高。

2. 提高砖墙承重结构的抗爆能力

规模较小的单层防爆厂房有时宜采用砖墙承重结构。因为这种结构的整体稳定性比较差，抗爆能力很低，应该增设封闭式钢筋混凝土圈梁。在砖墙内置钢筋，增设屋架支撑，将檀条与屋架或屋面大梁的连接处焊接牢固等措施，增强结构的刚度及抗爆能力，防止承重构件在爆炸时遭受破坏。

3. 采用不发火地面

散发至空气中可燃气体、可燃蒸汽的甲类生产厂房与散发可燃纤维或粉层的乙类生产厂房，宜采用不发火花的地面。通常采用不发火细石混凝土等。其结构与一般水泥地面的结构相同，只是面层上严格选用粒径为 3～5mm 的白云石、大理石等不会发生火花的细石骨料，并且有铜条或铝条分格。最后还须经过一定转速的电动金刚砂轮机进行打磨试验，应达到在夜间或者暗处，看不到火花产生为合格。

4. 便于内表面清除积尘

有可燃粉尘和纤维的车间，内表面应经粉刷或者油漆处理，以便于清除积尘，防止发生爆炸。

5. 防止门窗玻璃聚光

有爆炸危险性的甲、乙类生产厂房，外窗如用普通平玻璃时易受阳光直射，并且玻璃中的气泡还有可能将阳光聚焦于一点，导致局部高温，产生事故。应使用磨砂玻璃或能吸收紫外光线的蓝色玻璃，有可燃粉尘产生的厂房，若使用磨砂玻璃时，应将光面朝里，以便于清扫。

6. 设置防爆墙

防爆房间内或贴邻之间设置的防爆墙，宜能够抵抗爆炸冲击波的作用，还要具有一定的耐火性能。有防爆钢筋的混凝土墙应用较广泛。如工艺需要在防爆墙上穿过管道传动轴时，穿墙处应有严格的密封设施。当需要在防爆墙上开设防爆观察窗口时，面积不应过大，通常以 0.3m×0.5m 左右为宜；并用角钢框镶嵌夹层玻璃（防弹玻璃或钢化玻璃），也采用双层玻璃窗（木框间用橡胶带密封）。

7. 防止气体积聚

散发比空气轻的可燃气体、可燃蒸汽的甲类生产厂房，应在屋顶最高处设排放气孔，并且不得使屋顶结构形成死角或做天棚闷顶，以避免可燃气体、可燃蒸汽在顶部积聚不散，发生事故。

三、防爆泄压设计

1. 泄压设计的作用

爆炸能够在瞬间释放出大量气体和热量，使室内形成很高的压力。为了避免建筑物的承重构件因强大的爆炸压力遭到破坏，因此将一定面积的建筑构件（如屋盖、非承重外墙等）做成轻体结构，并加大外墙开窗面积（包括易于脱落的门）等，这些面积叫作泄压面积。当发生爆炸时，作为泄压面积的建筑构、配件首先遭到破坏。把爆炸产生的气体及时泄放，使室内形成的爆炸压力骤然下降，从而保全建筑物的主体结构。其中以设置轻质屋盖的泄压效果比较好。

通常来说，等量的同一爆炸介质在密闭的小空间里和在开敞的空地上爆炸，其爆炸威力和破坏强度是不同的。在密闭空间里，爆炸破坏力将大很多，所以，易爆厂房需考虑设置必要的泄压设施。

2. 泄压设施的构造

(1) 泄压轻质屋盖构造。

1) 无保温层和防水层的泄压轻质屋盖构造。其构造与一般波形石棉水泥瓦屋面基本相同，所不同之处是在波形石棉水泥瓦下面增设安全网，避免在发生爆炸时瓦的碎片落下伤人。

安全网通常用 24 号镀锌铁丝绑扎，在有腐蚀气体的厂房，应采用钢筋、扁钢条制作，网孔不宜大于 250mm×250mm，钢筋、扁钢条与檩条的连接应采取焊接固定，并且涂刷防腐蚀的涂料。镀锌铁丝网与檩条的连接可以采用 24 号镀锌铁丝绑扎，网与网之间也应采用 24 号镀锌铁丝缠绕，使之连接成一个整体。

2) 有防水层无保温层轻质泄压屋盖构造。该泄压屋盖适用于要求防水条件比较高的有爆炸危险的厂房和库房。其构造是在波形石棉水泥瓦上面铺设轻质水泥砂浆找平层，然后再铺设油毡沥青防水层。轻质水泥砂浆宜采用蛭石水泥砂浆、珍珠岩水泥砂浆，以将屋盖自重减轻。

3) 有保温层和防水层轻质泄压屋盖构造。该泄压屋盖除适用于寒冷地区有采暖保温要求的有爆炸危险的厂房及库房外，还适用于炎热地区有隔热降温要求的有爆炸危险的厂房与库房。此类屋盖的构造，系在波形石棉水泥瓦上面铺设轻质水泥砂浆找平层和保温层、防水层，因为自重不宜大于 $120kg/m^2$，故保温层必须选用容重较小的保温材料，如泡沫混凝土、加气混凝土、水泥膨胀珍珠岩、水泥膨胀蛭石等。

(2) 泄压墙构造。

1) 无保温轻质泄压外墙构造：没有保温轻质泄压墙适用于无采暖、无保温要求的爆炸危险厂房，常以石棉水泥波形瓦作为墙体材料。它采用预制钢筋混凝土横梁作为骨架，在其上悬挂石棉水泥波形瓦，螺栓柔性连接，在石棉水泥波形瓦的室内表面涂抹石灰水或者白色油漆。在有爆炸危险的多层厂房如设置此类轻质泄压外墙时，在靠近窗、板处应设置保护栏杆，避免碰坏石棉水泥波形瓦或发生意外事故。

2）有保温轻质泄压外墙构造：有保温层的轻质泄压外墙适用于有采暖保温或者隔热降温要求的有爆炸危险的厂房。该墙是在石棉水泥波形瓦的内壁增设保温层。保温层采用难燃烧的木丝板及不燃烧的矿棉板等。

（3）泄压窗构造。泄压窗宜采用木窗，并且可自动弹开。高窗可用轴心偏上的中悬式。泄压窗设置在有爆炸危险厂房及仓库的外墙，应向外开。在发生爆炸瞬时，泄压窗应能在爆炸压力递增稍大于室外风压时自动开启，瞬时释放大量气体及热量，使室内爆炸压力降低，以达到保护承重结构的目的。

3．泄压面积的确定

泄压面积与厂房体积的比值（m^2/m^3）称为泄压比值，它的大小主要取决于爆炸混合物的性质和浓度。泄压比值是确定泄压面积时比较常用的技术参数。

有爆炸危险的甲、乙类厂房，其泄压面积宜按照下式计算，但当厂房的长径比大于 3 时，宜将该建筑物划分为长径比小于或等于 3 的多个计算段，各计算段中的公共截面不得作为泄压面积

$$A=10CV^{\frac{2}{3}}$$

式中：A 为泄压面积，m^2；V 为厂房的容积，m^3；C 为厂房容积为 $1000m^3$ 时的泄压比值。

一般泄压比值采用 0.05～0.10。对于爆炸下限较低、爆炸威力比较强的爆炸混合物，应尽量加大比值，如可采用 0.20。对有丙酮、汽油、甲醇、乙炔以及氢气等爆炸介质的厂房，泄压比更应尽量超过 0.20。对于厂房体积大于 $1000m^3$，开辟泄压面积又有困难时，其泄压比可适当降低，但不应小于 0.03。

4．泄压设施设置要求

有粉尘爆炸危险的筒仓，其顶部盖板应设置必要的泄压设施。粮食筒仓的工作塔及上通廊的泄压面积应按以上有关规定执行。有粉尘爆炸危险的其他粮食储存设施应采取防爆措施。

设置泄压设施时应注意下列问题：

（1）泄压设施的设置应避开人员密集场所及主要交通道路，并宜靠近有爆炸危险的部位。

（2）用门、窗、轻质墙体作为泄压面积时，不应影响相邻车间及其他建筑物的安全。

（3）散发较空气轻的可燃气体、可燃蒸气的甲类厂房，宜采用轻质屋面板的全部或者局部作为泄压设施。顶棚应尽量平整、避免死角，厂房上部空间应通风良好。

（4）消除影响泄压的障碍物。

（5）采取一定的措施避免负压的影响。

（6）设置位置尽可能够避开常年主导风向。

第三章　火灾自动报警与消防联动系统的设计与施工

第一节　火灾自动报警系统

一、火灾自动报警系统重要部件的技术性能

（一）火灾探测器的主要技术性能和要求

发生火灾后，能否准确地向火灾报警控制器发出火警信号，不漏报；处在监视状态下的误报率和故障率是多少，是衡量火灾探测器技术性能的主要标准。所以，火灾探测器必须满足以下技术性能：

（1）工作电压和允差。工作电压指的是火灾探测器处于工作状态时所需供给的电源电压，目前要求火灾探测器的工作电压为DC 24V、DC 12V；允差指的是火灾探测器工作电压的允许波动范围，按国家标准规定，允差为额定工作电压的－15%～10%，有的要求为1V，各种不同产品，因为采用的元器件不同，其电路不同，允差值也不一样，通常允差值越大越好。

（2）响应阈值和灵敏度。响应阈值指的是火灾探测器动作的最小参数值，而灵敏度指的是火灾探测器响应火灾参数的灵敏程度。

（3）监视电流。监视电流指的是火灾探测器处于监视状态时的工作电流。因为工作电流是定值，所以监视电流值代表火灾探测器的运行功耗。火灾探测器的监视电流越小越好，现行产品的监视电流值通常为几十微安或几百微安。

（4）允许的最大报警电流。允许的最大报警电流指火灾探测器处于报警状态时的允许最大工作电流。如果超过此值，火灾探测器会损坏，通常要求该值越大越好，越大表明火灾探测器的负载能力越大。

（5）报警电流。报警电流指火灾探测器处于报警状态时的工作电流。此值通常比允许的最大报警电流值小，报警电流值和允差值一起决定了火灾报警系统中，火灾探测器的最远安装距离，及在某一部位允许并接火灾探测器的数量。

（6）保护面积。一只火灾探测器能够有效探测的面积，它是确定火灾自动报警系统中采用火灾探测器数量的依据。

（7）工作环境适应性。工作环境适应性是决定选用火灾探测器的参数依据，主要包括环境温度、相对湿度、气流流速以及清洁程度等。一般要求火灾探测器工作环境适应性越强越好。

（二）常见火灾探测器性能

（1）感烟火灾探测器。感烟火灾探测器是一种响应燃烧或者热解产生的固体或液体微粒（即烟雾粒子）的火灾探测器。主要用来探测可见或者不可见的燃烧产物，尤其有阴燃阶段，产生大量的烟和少量的热，很少或者没有火焰辐射的初期火灾。它具有能早期发现火灾、灵

敏度高、响应速度快以及使用面较广等特点。感烟火灾探测器可分为点型感烟火灾探测器和线型感烟火灾探测器。

1）离子型。它是借助烟雾粒子改变电离室电流原理的火灾探测器。烟雾是物质燃烧的主要产物之一，是早期火灾的典型特征。离子感烟火灾探测器可灵敏地探测出燃烧产生的可见与不可见烟粒，是一种比较理想的早期火灾报警装置，其应用量也居各类探测器之首。经过实践证明，对于烟粒子直径在 0.01～0.1nm 范围的火灾烟雾，离子式感烟火灾探测器具有最佳探测效果。因为它具有灵敏、可靠和价格低廉、维修方便等一系列优点，进入市场之后，市场占有率有很大提高。离子式感烟火灾探测器广泛应用于宾馆、住宅、机房以及仓库等场所。

离子式感烟火灾探测器是根据烟雾粒子的吸附作用能改变电离室电离电流这一特性来进行火灾探测的。处于电离室的放射源 Am^{241} 产生 α 射线，使空气被电离成正离子与负离子，正、负离子在电场的作用下形成电离电流，当烟粒子进入电离室后，因为烟粒子质量较大而且有吸附作用，吸附导电离子后使原有的离子在电场中的速度大大降低，相应正、负离子复合概率增高，使离子电流减小。当达到一定程度时，形成报警信号。实际的离子感烟火灾探测器，是把两个单极性电离室串联起来，一个作为检测电离室（也称外电离室），结构上做成烟雾容易进入的形式；另一个作为平衡电离室（也称内电离室），做成烟粒子很难进入、而空气又能够缓慢进入的结构形式，如图 3－1 所示。采用内外电离室的目的是为了减少平时环境温度、湿度以及气压等自然条件变化时对电离电流的影响，以提高其工作稳定性和环境适应能力。

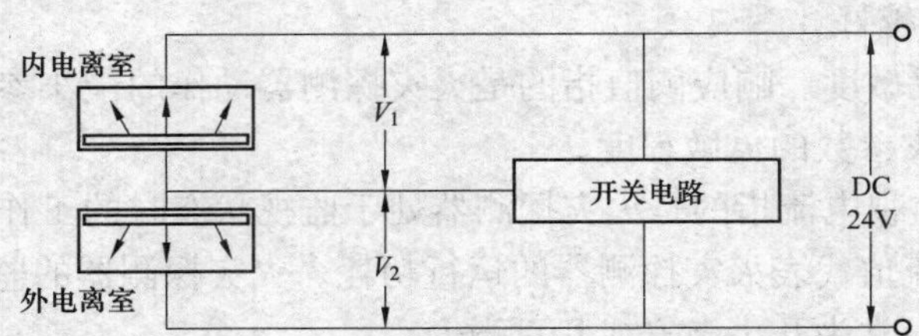

图 3－1　检测电离室和平衡电离室示意图

当有火灾发生时，烟雾粒子进入检测电离室，被电离的部分正离子与负离子吸附到烟雾粒子上。所以，离子在电场中运动速度比原来降低，而且在运动过程中正、负离子互相中和的概率增加，这样就使到达电极的有效离子数更少了；另一方面，因为烟粒子的作用，α 射线被阻挡，电离能力降低了很多，电离室内产生的正、负离子数减少。从这些微观的变化反映在宏观上，就是因为烟雾粒子进入检测电离室后，电离电流减少，相当于检测电离室的空气等效阻抗增加，引起施加在两个电离室两端分压比的变化。当该变化增加到一定值时开关控制电路动作，发出报警信号。并利用导线将此报警信号传输给火灾报警控制器，达到火灾自动报警的目的。

例如，常见离子感烟火灾探测器的技术参数：工作电压为直流电压 24V；工作电流为监视状态：小于 1mA；报警状态：小于 100mA。灵敏度以每米减光率标定是三级，Ⅰ级 10%、Ⅱ级 20%、Ⅲ级 30%。

管座安装间距为 66.5mm；安装方式是天花板外露式。

允许环境条件：温度范围（－10～55)℃，相对湿度小于 90％±3％。最大工作气流为 1m/s；离子源是 Am^{241}；强度 10μCi 以下。

2）散光型光电感烟火灾探测器。当烟雾粒子进入光电感烟火灾探测器的烟雾室时，探测器内的光源发出的光线被烟雾粒子散射，其散射光使处于光路一侧的光敏元件感应，光敏元件的响应和散射光的大小有关，并且由烟雾粒子的浓度所决定。如果探测器感受到的烟浓度超过一定限量时，光敏元件接收到的散射光的能量足以引起探测器动作，从而发出火灾报警信号，如图 3-2 所示为其原理示意。

3）遮光型光电感烟火灾探测器。此种火灾探测器的检测室内装有发光元件及受光元件。在正常情况下，受光元件接收到发光元件发出的一定光量。而在发生火灾时，探测器的检测室内进入了大量烟雾，因为烟雾粒子对光源发出的光产生散射和吸收作用，使受光元件接收到的光量减少，光电流降低，当烟雾粒子浓度上升到某一预定值时，探测器发出火灾报警信号。图 3-3 所示为其原理示意。

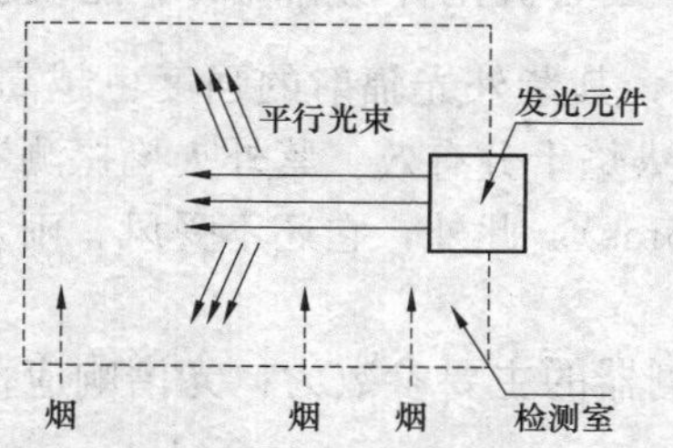

图 3-2　散光型光电感烟火灾探测器原理示意图

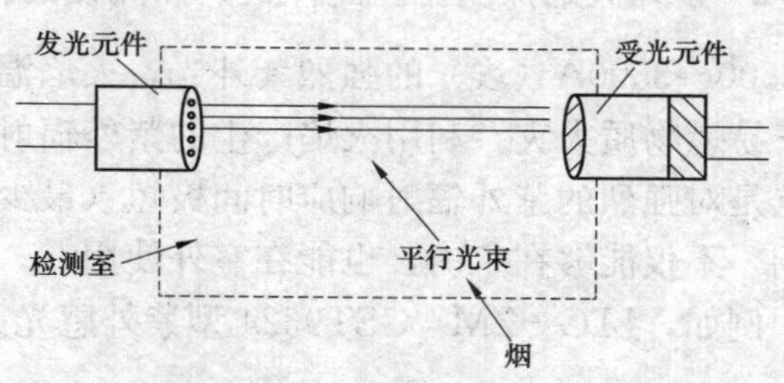

图 3-3　遮光型光电感烟火灾探测器原理示意图

4）红外光束型。这种火灾探测器主要包括一个光源、一套光线照准装置以及一个接收装置，它是应用烟雾粒子吸收或散射红外光束而工作的，通常用于保护大面积开阔地区。常用型号为 JTY-HS 型。

（2）感温火灾探测器。感温火灾探测器是一种通过热敏元件来探测火灾发生的装置。在火灾初期阶段，一方面有大量烟雾产生，另一方面放出热量，使周围环境温度急剧上升。因此，可以根据温度的异常、温升速率与温差现象来探测火灾的发生。对那些经常存在大量粉尘、烟雾及水蒸气而无法使用感烟探测器的场所，使用感温探测器就比较合适。有时，为了提高自动灭火系统的可靠性，将感烟和感温两种探测器同时使用。感温火灾探测器可分为定温式、差温式以及差定温组合式三类。

1）定温式。它是温度达到或者超过预定值时即能响应的火灾探测器，其主要特点是：有较高的可靠性和稳定性；保养维修方便；灵敏度比较低。

根据其工作原理不同，定温式感温探测器还可以分为双金属定温火灾探测器、易熔合金定温火灾探测器、玻璃球定温火灾探测器、热敏电阻定温火灾探测器、缆式线型感温火灾探测器五种。

2）差温式。它是升温速率超过预定值时就能响应的火灾探测器。依据其工作原理，可分为：双金属差温火灾探测器、热敏电阻差温火灾探测器、半导体差温火灾探测器、膜盒差温火灾探测器、空气管线型差温火灾探测器五种。

例如，JTW-ZCD-G3N 型点型感温火灾探测器的主要参数为：工作电压为直流 24V；

监视状态工作电流小于0.8mA，而报警状态的工作电流大于1.8mA。

最大保护面积30m²（安装高度小于8m时）；允许环境条件：温度范围是（－10～50)℃，相对湿度不大于95％。

3）差定温组合式。这种探测器兼有定温探测器与差温探测器的两种功能。根据其工作原理，可分为：膜盒差定温组合式火灾探测器、热敏电阻差定温组合式火灾探测器以及双金属差定温组合式火灾探测器三种。其中常用的是膜盒差定温组合式。

(3）感光火灾探测器。感光火灾探测器是响应火焰辐射出的红外、紫外以及可见光的火灾探测器。主要有红外火焰探测器与紫外火焰探测器两类。

1）红外火焰探测器。因为红外光谱的波长较长，烟粒对其吸收和衰减远比波长较短的紫外光及可见光为弱。所以，此种火灾探测器在有大量烟雾的火场，在距火焰一定距离内仍可使红外光敏元件感应。因此，它具有响应时间快，误报少，抗干扰性能好，电路工作可靠，通用性强的特点。

2）紫外火焰探测器。此种火灾探测器的特点是，当有机化合物燃烧时，能辐射出波长是2500～3500Å（埃）的强烈紫外光，火焰温度越高，其紫外光辐射的强度也越高。所以，对于易燃物质火灾，利用火焰产生的紫外辐射来探测火焰十分有效。紫外火焰探测器的最大特点是对强烈的紫外辐射响应时间极短（最少可达25ms)。此外，它还不受风、雨及高温等影响，不仅能够在室内，也能在室外使用。

例如，JTG－ZM－GST9624型紫外感光火灾探测器的主要参数为：光谱响应范围（紫外）是1850～2450Å（埃）；监视角度80°；使用环境温度是（－10～55)℃，相对湿度不大于95％。

(4）可燃气体探测器。可燃气体探测器是通过测试环境的可燃性气体对气敏元件造成影响（主要是对其欧姆特性的影响）的原理制成的火灾探测器。它主要被应用于易燃易爆场合的可燃性气体检测，例如日常生活中使用的煤气和石油气，在工业生产中产生的氢、氧、烷（甲烷、丙烷等)、醇（乙醇、甲醇等)、醛（丙醛等)、苯（甲苯、二甲苯等)、一氧化碳以及硫化氢等气体，使现场可能泄漏的可燃气体的浓度被监视在爆炸下限的1/4～1/6之间，大于这一浓度时就要发出报警信号，以便采取应急措施。

通常可燃气体探测器由感应器、信号处理器及发送器组成。感应器多数只对某一气体起作用。当感应器接收到有害气体时，信号处理器将此信号转换成为电信号并且发出三级报警：第一级是警告信号（如告知人们有害气体已存在并且浓度高，需注意)；第二级是预报警（如告知人们有害气体已接近对人体有害浓度)；第三级是报警（如告知人们有害气体已接近爆炸浓度)。

(三）火灾报警控制器的技术性能

火灾报警控制器为火灾报警系统中的核心组成部分，担负着为火灾探测器提供稳定的工作电源，监视探测器及系统自身的工作状态，接受、转换以及处理火灾探测器输出的报警信号，进行声光报警，指示报警的具体部位和时间，同时执行相应辅助控制等诸多任务。

目前，国内使用比较多的火灾报警控制器的主要技术参数见表3－1。

表 3-1　　国内常见火灾报警控制器的主要技术参数

项目		型号		
		JB-QB-GST100	JB-QB-GST200	JB-QB-GST500
使用环境	温度/℃	0～40	0～40	0～40
	相对湿度（%）	≤95	≤95	≤95
电源电压/V	主电源	220V+10%-15%	220V+10%-15%	220V+15%-20%
	副电源	24V2.3AH （密封铅酸电池）	12V10AH （密封铅电池）	24V14AH （密封铅电池）
输出	电压/V	24	24	24
	电流/A	1	2	4
功率消耗/W	警戒	≤10		≤55
	最大	≤15	≤25	≤70
报警容量	最大容量	128 个总线设备	242 点	484 点
辅助功能		8 个警报器	6 路盲接榨制输出	10 路直接连接点

二、火灾自动报警系统的设计

火灾自动报警系统的设计，应按照国家现行有关建筑设计防火规范的规定执行。设备应选用经国家有关产品质量监督检测单位检验合格的产品，并且应设置自动和手动两种触发装置。

(一) 应当设置火灾自动报警系统的建筑或场所

为了加强对重要场所的监控，及时发现和扑救火灾，下列重要的建筑或场所应当设置火灾自动报警系统。

(1) 任一层建筑面积大于 1500m² 或总建筑面积大于 3000m² 的制鞋、制衣、玩具、电子等厂房。

(2) 每座占地面积大于 1000m² 的棉、毛、丝、麻、化纤及其织物的库房，占地面积超过 500m² 或总建筑面积超过 1000m² 的卷烟库房。

(3) 高层公共建筑，建筑高度大于 100m 的住宅建筑，其他高层住宅建筑的公共部位及电梯机房。

(4) 任一层建筑面积大于 1500m² 或总建筑面积大于 3000m² 的商店、展览建筑、财贸金融建筑、客运和货运建筑等，建筑面积大于 500m² 的地下、半地下商店。

(5) 图书、文物珍藏库，每座藏书超过 50 万册的图书馆，重要的档案馆。

(6) 地市级及以上广播电视建筑、邮政建筑、电信建筑，城市或区域性电力、交通和防灾救灾指挥调度等建筑。

(7) 特等、甲等剧院或座位数超过 1500 个的其他等级的剧院、电影院，座位数超过 2000 个的会堂或礼堂，座位数超过 3000 个的体育馆。

(8) 老年人建筑、任一楼层建筑面积大于 1500m² 或总建筑面积大于 3000m² 的旅馆建筑、疗养院的病房楼、儿童活动场所和不小于 200 床位的医院的门诊楼、病房楼、手术部等。

(9) 设置在地下、半地下或建筑的地上四层及四层以上的歌舞娱乐放映游艺场所。

(10) 净高大于 2.6m 且可燃物较多的技术夹层，净高大于 0.8m 且有可燃物的闷顶或吊顶内。

(11) 大中型电子计算机房及其控制室、记录介质库，特殊贵重或火灾危险性大的机器、仪表、仪器设备室、贵重物品库房，设置有气体灭火系统的房间。

(12) 设置机械排烟系统、预作用自动喷水灭火系统或固定消防水炮灭火系统的场所。

注：中型幼儿园、寄宿小学、旅馆、老年人建筑等宜设独立式感烟火灾探测器，建筑高度大于 54m 的住宅建筑，其套内宜设置家用火灾探测器。

(二) 石油化工企业火灾自动报警系统的设置要求

(1) 石油化工企业的生产区、公用工程及辅助生产设施、全厂性重要设施和区域性重要设施等火灾危险性场所应设置区域性火灾自动报警系统。

(2) 石油化工企业的两套及两套以上的区域性火灾自动报警系统宜通过网络集成为全厂性火灾自动报警系统。

(3) 石油化工企业当生产区有扩音对讲系统时，可以兼作为警报装置；当生产区没有扩音对讲系统时，应设置声光警报器。

(4) 石油化工企业的区域性火灾报警控制器应设置在该区域的控制室内；当该区域无控制室时，应设置在 24h 有人值班的场所，其全部信息应通过网络传输到中央控制室。

(5) 石油化工企业的火灾自动报警系统应当设置可接收电视监视系统（CCTV）的报警信息，重要的火灾报警点应同时设置电视监视系统。

(6) 重要的火灾危险场所应设置消防应急广播。当使用扩音对讲系统作为消防应急广播时，应能切换至消防应急广播状态。

(7) 石油化工企业的全厂性消防控制中心宜设置在中央控制室或生产调度中心，宜配置可显示全厂消防报警平面图的终端。

(8) 石油化工企业的甲、乙类装置区周围和罐组四周道路边应设置手动火灾报警按钮，其间距不宜大于 100m。

(9) 火灾自动报警系统的 220V AC 主电源应优先选择不间断电源（UPS）供电。直流备用电源应采用火灾报警控制器的专用蓄电池，应保证在主电源事故时持续供电时间不少于 8h。

(三) 火灾自动报警系统计算机控制系统的设计

因为火灾自动报警系统常与自动灭火系统结合在一起，组成火灾自动报警灭火系统。所以，在火灾自动报警灭火系统中，计算机的一部分容量用于控制各区域火灾报警控制器与集中火灾报警控制器，以实现集中控制的功能，而计算机的另一部分容量则用来控制卡片提取机和模拟显示盘及驱动各部分的灭火设施。

1. 计算机控制系统的工作原理

计算机控制火灾自动报警系统工作原理如图 3-4 所示。

2. 计算机控制系统的组成

火灾自动报警的计算机控制系统由火灾探测设备、区域火灾报警器和数据采集盘、集中报警器以及火灾指挥中心四部分组成。

(1) 火灾探测设备。主要由探测器、手动报警按钮以及水流开关三部分组成。手动报警

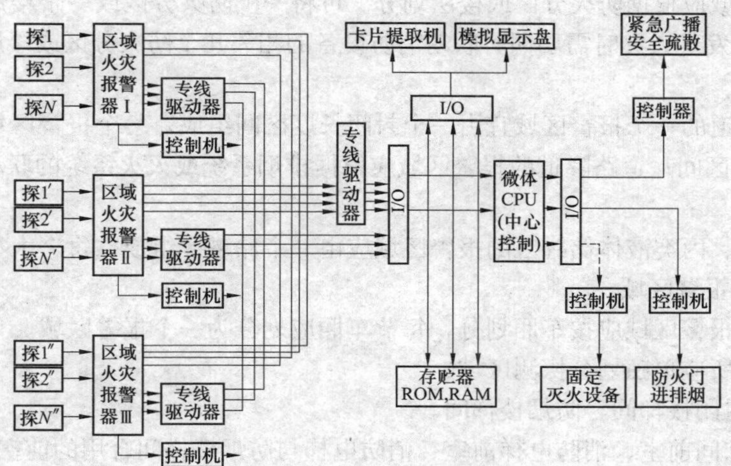

图 3-4　计算机控制的火灾自动报警系统工作原理

按钮设置于每楼层的室内消火栓处，其作用是向消防控制中心发送经过人工确认的火灾信号；水流开关设置在每个水喷淋灭火系统的干管及分区的总管上，其作用就是向消防控制中心发送自动确认的火灾信号。

(2) 区域火灾报警器和数据采集盘。区域火灾报警器的作用是在有火情时，借助声、光报警指示火灾部位。数据采集盘是集中火灾报警器和现场设备之间的接口设备，其作用是接受探测器、手动报警按钮以及水流开关的信号，并传送给集中报警器。同时，它也接受集中报警器发出的各种命令，并把这些命令传输给各个报警设备和消防设备。

(3) 集中报警器。集中报警器是以计算机技术作为基础的设备。其硬件有中央处理机、阴极射线管、程序参照表及存储器等；其软件有专用的消防软件包。其作用是：接收了火灾部位和层号的信号后，等待事故层值班人员的确认。值班人员确认火灾后，可利用该层的紧急电话站向消防控制中心报告火灾消息。消防控制中心人员了解到火情后，立即按动确认按钮，这时，计算机把按照预先编制好的程序，向各种报警设备及消防设备发出命令。

(4) 火灾指挥中心。它一方面可以直接与现场人员进行联络，了解火情，指挥现场；另一方面，也可手动完成上述的报警和消防过程。

(四) 火灾探测报警系统的设计

火灾探测报警系统由火灾报警控制器、火灾探测器、手动火灾报警按钮、消防控制室图形显示装置、火灾显示盘、火灾声和（或）光警报器等全部或部分设备组成，完成火灾探测报警功能。

1. 火灾报警区域和探测区域的划分及要求

火灾报警区域应根据防火分区或楼层划分。一个报警区域宜由一个或同层相邻几个防火分区组成。火灾探测区域的划分应当符合下列要求：

(1) 探测区域应按独立房（套）间划分。一个探测区域的面积不宜超过 500m²；从主要入口能看清其内部，且面积不超过 1000m² 的房间，也可划为一个探测区域。

(2) 红外光束线型感烟火灾探测器的探测区域长度不宜超过 100m，缆式感温火灾探测器的探测区域的长度不宜超过 200m；空气管差温火灾探测器的探测区域长度宜在 20～100m 之间。

(3) 报警区域应根据防火分区或楼层划分。可将一个防火分区或一个楼层划分为一个报警区域，也可将发生火灾时需要同时联动消防设备的相邻几个防火分区或楼层划分为一个报警区域。

(4) 电缆隧道的一个报警区域宜由一个封闭长度区间组成，一个报警区域不应超过相连的3个封闭长度区间；道路隧道的报警区域应根据排烟系统或灭火系统的联动需要确定，且不宜超过150m。

(5) 甲、乙、丙类液体储罐区的报警区域应由一个储罐区组成，每个大型外浮顶储罐应单独划分为一个报警区域。

(6) 列车的报警区域应按车厢划分，每节车厢应划分为一个报警区域。

(7) 以下场所应单独划分探测区域：

1) 敞开或封闭楼梯间、防烟楼梯间。

2) 防烟楼梯间前室、消防电梯前室、消防电梯与防烟楼梯间合用的前室、走道、坡道。

3) 电气管道井、通信管道井、电缆隧道。

4) 建筑物闷顶、夹层。

2. 火灾自动报警系统形式的选择应符合的规定

(1) 仅需要报警，不需要联动自动消防设备的保护对象宜采用区域报警系统。

(2) 不仅需要报警，同时需要联动自动消防设备，且只设置一台具有集中控制功能的火灾报警控制器和消防联动控制器的保护对象，应采用集中报警系统，并应设置一个消防控制室。

(3) 设置两个及以上消防控制室的保护对象，或设置了两个及以上集中报警系统的保护对象，应采用控制中心报警系统。

3. 火灾探测报警系统设计的基本要求

(1) 火灾自动报警系统适用于人员居住和经常有人滞留的场所、存放重要物资或燃烧后产生严重污染需要及时报警的场所。

(2) 火灾自动报警系统应设有自动和手动两种触发装置。

(3) 火灾自动报警系统设备应选择符合国家有关标准和有关准入制度的产品。

(4) 系统中各类设备之间的接口和通信协议的兼容性应满足国家有关标准的要求。

(5) 大型建筑或建筑群应采用分散与集中相结合的控制方式。

(6) 任一台火灾报警控制器所连接的火灾探测器、手动火灾报警按钮和模块等设备总数和地址总数均不应超过3200，其中每一总线回路连接设备的总数不宜超过200，且应留有不少于额定容量10%的余量；任一台消防联动控制器地址总数或火灾报警控制器（联动型）所控制的各类模块总数和不应超过1600，每一联动总线回路连接设备的总数不宜超过100，且应留有不少于额定容量10%的余量。

(7) 系统总线上应设置总线短路隔离器，每只总线短路隔离器保护的火灾探测器、手动火灾报警按钮和模块等消防设备的总数不应超过32；总线穿越防火分区时，应在穿越处设置总线短路隔离器。

(8) 地铁列车上设置的火灾自动报警系统应能通过无线网络等方式将列车上发生火灾的部位传输给消防控制室。

4. 区域报警系统的设计，应符合的规定

(1) 系统应由火灾探测器、手动火灾报警按钮、火灾声光警报器及火灾报警控制器等组成，系统中可以包括消防控制室图形显示装置和指示楼层的区域显示器。

(2) 火灾报警控制器应设置在有人值班的场所。

(3) 系统设置消防控制室图形显示装置时，该装置应具有传输附录A和附录B规定的有关信息的功能；系统未设置消防控制室图形显示装置时，应设置火警传输设备。

5. 集中报警系统的设计要求

(1) 系统应由火灾探测器、手动火灾报警按钮、火灾声光警报器、消防应急广播、消防专用电话、消防控制室图形显示装置、火灾报警控制器、消防联动控制器等组成。

(2) 系统中的火灾报警控制器、消防联动控制器和消防控制室图形显示装置、消防应急广播的控制装置、消防专用电话总机等起集中控制作用的消防设备应设置在消防控制室内。

(3) 系统设置的消防控制室图形显示装置应具有传输附录A和附录B规定的有关信息的功能。

6. 控制中心报警系统的设计要求

(1) 有两个及以上消防控制室时，应确定一个主消防控制室。

(2) 主消防控制室应能显示所有火灾报警信号和联动控制状态信号，并应能控制重要的消防设备；各分消防控制室内消防设备之间可以互相传输、显示状态信息，但不应互相控制。

(3) 系统设置的消防控制室图形显示装置应具有传输附录A和附录B规定的有关信息的功能。

(4) 其他设计应符合集中报警系统的设计要求的规定。

7. 火灾声警报装置的设计要求

(1) 火灾自动报警系统均应设置火灾声警报装置，并在发生火灾时发出警报。

(2) 在环境噪声大于60dB的场所设置火灾警报装置时，其声警报器的声压级应高于背景噪声15dB。

(3) 火灾声警报器单次发出火灾警报时间宜在8～20s之间，同时设有火灾应急广播的火灾自动报警系统中，火灾声警报应与火灾应急广播交替播放，并应设置播放同步控制装置。

8. 可燃气体探测报警系统的设计要求

可燃气体探测报警系统应至少由可燃气体控制器、可燃气体探测器和火灾声警报器组成。可燃气体探测报警系统在设计时应当符合以下要求：

(1) 可燃气体探测器不应接入火灾报警控制器的探测器回路，居住场所使用的独立式可燃气体探测器可接入火灾报警控制器，但在火灾报警控制器上的显示应与其他显示有区别。

(2) 可燃气体探测报警系统保护区域内有联动和警报要求时，可以由可燃气体控制器本身实现，也可以由消防联动控制器实现。

9. 家用火灾报警系统的设计要求

(1) 家用火灾报警系统的分类。根据《家用火灾安全系统》(GB 22370—2008) 标准的规定，家用火灾报警系统按保护对象的具体情况和系统规模，分为A、B、C、D四种类型。

1) A类家用火灾报警系统。指至少由一般工业与民用建筑使用的火灾自动报警系统中的火灾报警控制器、火灾探测器、手动报警开关和火灾声报警器组成；或至少由火灾报警控制器、火灾探测器和手动报警开关等设备组成的具有集中控制和集中管理功能的家用火灾报警系统。该系统适用于有集中物业管理的住宅小区。

2）B类家用火灾报警系统。指至少由控制中心监控设备、家用火灾报警控制器、家用火灾探测器和手动报警开关组成；一般还包括监管报警器和遥控开关等设备的具有集中控制和集中管理功能的家用火灾报警系统。该系统适用于有集中物业管理的住宅小区。

3）C类家用火灾报警系统。指至少由家用火灾报警控制器、家用火灾探测器和手动报警开关组成；一般还包括监管报警器和遥控开关等设备的没有集中控制和集中监管功能的家用火灾报警系统。该系统适用于没有集中物业管理的住宅或已经投入使用的单元住宅。

4）D类家用火灾报警系统。指由独立式感烟火灾探测器和独立式可燃气体火灾探测器等设备组成的没有集中控制和集中监管功能的家用火灾报警系统。该系统主要适用于没有集中物业管理的住宅或已经投入使用的住宅；也可用于别墅式住宅。

（2）家用火灾报警系统的设计要求：

1）A类家用火灾报警系统应首先符合选定的区域火灾报警系统、集中火灾报警系统或控制中心火灾报警系统要求，并应在每户设置火灾声警报装置和手动火灾报警开关，发生火灾时，消防控制室应能及时通知发生火灾的住户及相邻住户（住户内设置家用火灾探测器时可以设置声光报警器）。

2）B类家用火灾报警系统应至少由一台家用火灾报警集中监控器、一台家用火灾报警控制器、家用火灾探测器、家用手动报警开关等设备组成。在集中监控器上应能显示发生火灾的住户。

3）C类家用火灾报警系统应至少由一台家用火灾报警控制器、家用火灾探测器和手动报警开关组成，在发生火灾时，其户外应有相应的声光警报指示。

4）D类家用火灾报警系统一般由家用火灾探测器组成，发生火灾时应发出火灾报警声信号。

第二节　火灾探测器

一、点型火灾探测器的设置数量和布置

1. 探测器的保护范围

感烟探测器、感温探测器的保护面积以及保护半径，应按表3-2确定。

表3-2　感烟探测器、感温探测器的保护面积和保护半径

火焰探测器的种类	地面面积 S/m^2	房间高度 h/m	一只探测器的保护面积 A 和保护半径 R					
			房间坡度 θ					
			$\theta<150°$		$15°<\theta\leqslant30°$		$\theta>30°$	
			A/m^2	R/m	A/m^2	R/m	A/m^2	R/m
感烟探测器	$S\leqslant80$	$h\leqslant12$	80	6.7	80	7.2	80	8.0
	$S>80$	$6<h\leqslant12$	80	6.7	100	8.0	120	9.9
		$h\leqslant6$	60	5.8	80	7.2	100	9.0
感温探测器	$S\leqslant30$	$h\leqslant8$	30	4.4	30	4.9	30	5.5
	$S>30$	$h\leqslant8$	20	3.6	30	4.9	40	6.3

2. 探测器数量确定

在探测区域内的每个房间应至少设置一只火灾探测器、当某探测区域比较大时，探测器的设置数量应依据探测器不同种类、房间高度以及被保护面积的大小而定；另外，若房间顶棚有 0.6m 以上梁隔开时，每个隔开部分应划分一个探测区域，然后再将探测器数量确定。

据探测器监视的房间高度 h、地面面积 S、屋顶坡度 θ 及火灾探测器的类型，由表 3-2 确定不同种类探测器的保护面积和保护半径，由下式可以计算出所需设置的探测器数量

$$N \geqslant \frac{S}{K \cdot A}$$

式中：N 为一个探测区域内所需设置的探测器的数量，取整数，只；S 为探测区域面积，m^2；A 为探测器保护面积，m^2；K 为修正系数，重点保护建筑 0.7～0.9，一般保护建筑 1.0。

3. 火灾探测器的布置

(1) 探测器的安装间距。探测器的安装间距为两只相邻探测器中心之间的水平距离，如图 3-5 所示。当探测器矩形布置时，a 称为横向安装间距，b 为纵向安装间距。在图 3-5 中，1 号探测器的安装间距是指其与之相邻的 2、3、4、5 号探测器之间的距离。

(2) 探测器的平面布置。布置的基本原则是被保护区域均要处于探测器的保护范围之中，一个探测器的保护面积是以它的保护半径 R 为半径的内接正四边形面积，而它的保护区域是一个保护半径为 R 的圆 (图 3-5)，A、R、a、b 之间近似符合如下关系

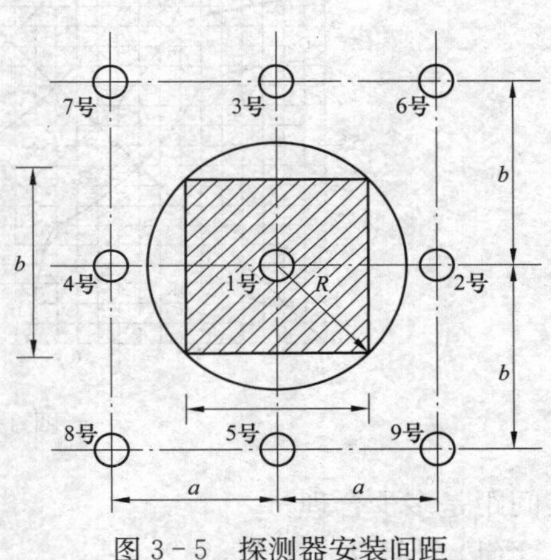

图 3-5　探测器安装间距

$$A = ab$$

$$R = \sqrt{\left(\frac{a}{2}\right)^2 + \left(\frac{b}{2}\right)^2}$$

$$D = 2R$$

工程设计中，为了使探测器布置的工作量减少，常借助于“安装间距 a、b 的极限曲线”(图 3-6) 确定满足 A、R 的安装间距，其中 D 称为保护直径。图 3-6 中的极限曲线 D_1～D_4 与 D_6 适用于感温探测器，极限曲线 D_7～D_{11} 与 D_5 适用于感烟探测器。

当从表 3-2 查得保护面积 A 和保护半径 R 之后，计算保护直径 $D=2R$，根据算得的 D 值和对应的保护面积 A，在图 3-6 上取一点，此点所对应的坐标就是安装距离 a、b。具体布置后，再检验探测器到最远点水平距离是否超过了探测器的保护半径，若超过，则应重新布置或增加探测器的数量。

除了上述依据极限曲线图确定探测器的布置间距外，实际工程中往往用到经验法与查表法对探测器进行布置。

4. 火灾探测器安装实例

某小型影剧院被划为一个探测区域，占地面积是 30m×40m，房顶坡度15°，房间高 10m，试问：设计该影剧院内应选何种类型的探测器、探测器的数量是多少只？探测器的安

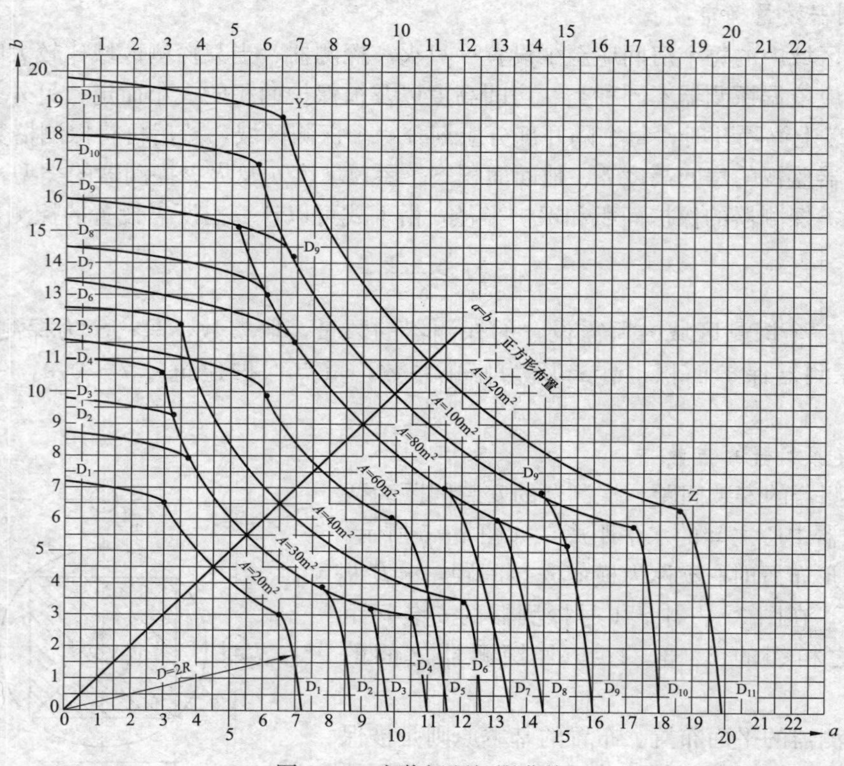

图 3-6 安装间距极限曲线

装间距是多少合理?

(1) 计算法。分析:

1) 根据所用场所可知，该影剧院选感温或者感烟探测器均可。根据表 3-3，因为房间高度 $h=10\text{m}$，$8\text{m}<10\text{m}<12\text{m}$，所以仅能选感烟探测器。

表 3-3　　根据房间高度选用探测器

房间高度 h/m	感烟探测器	感温探测器			火焰探测器
		Ⅰ级	Ⅱ级	Ⅲ级	
$12<h\leqslant20$	不适合	不适合	不适合	不适合	适合
$8<h\leqslant12$	适合	不适合	不适合	不适合	适合
$6<h\leqslant8$	适合	适合	不适合	不适合	适合
$4<h\leqslant6$	适合	适合	适合	不适合	适合
$h\leqslant4$	适合	适合	适合	适合	适合

2) 该建筑 K 值取 1，地面面积 $S=30\text{m}\times40\text{m}=1200\text{m}^2>80\text{m}^2$，房间高度 $h=10\text{m}$，房间坡度 $\theta=15°$，查表 3-2 得，保护面积 $A=80\text{m}^2$，保护半径 $R=6.7\text{m}$。

3) 计算所需探测器设置数量

$$N=\frac{S}{KA}=\frac{1200}{1\times80}=15\ (\text{只})$$

4) 确定探测器的安装间距 a、b。

由保护半径 R，确定保护直径 $D=2R=2\times6.7\text{m}=13.4\text{m}$。由图 3－7 可以确定 $D_i=D_7$，应利用 D_7，极限曲线确定 a 和 b 值，依据现场实际，选取 $a=8\text{m}$（极限曲线两端点间值），得 $b=10\text{m}$，其布置方式如图 3－7 所示。

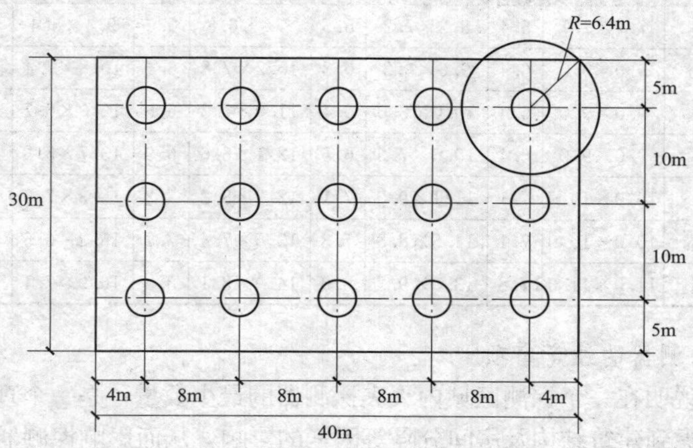

图 3－7　探测器布置

5）验证。依据图 3－7 可得探测器间最远半径 R 应满足

$$R=\sqrt{\left(\frac{a}{2}\right)^2+\left(\frac{b}{2}\right)^2}=\sqrt{\left(\frac{8}{2}\right)^2+\left(\frac{10}{2}\right)^2}\ \text{m}=6.4\text{m}<6.7\text{m}$$

距墙最大距离为 5m，不大于安装间距 10m 的一半，所以该布置方式合理。

（2）经验法。通常情况下，点型探测器的布置为均匀布置法，根据工程实际，可用探测区域的长度处以安装间距个数加一的方法来确定横向与纵向间距，即

$$\text{横/纵向间距}=\frac{\text{探测区域长/宽度}}{\text{安装间距个数}+1}=\frac{\text{该探测区域长/宽度}}{\text{纵向探测器个数}}$$

所以距墙的最大距离为安装间距的一半，两侧墙为 1 个安装间距，故上例中

$$a=\frac{40}{4+1}\text{m}=8\text{m}$$

$$b=\frac{30}{2+1}\text{m}=10\text{m}$$

（3）查表法。根据实际工程经验，也可由保护面积 A（m^2）和保护半径（R）根据表 3－4确定最佳安装间距。

表 3－4　　由保护面积和保护半径决定最佳安装间距选择

探测器种类	保护面积 A/m^2	R 极限值	参照极限曲线	最佳安装间距 a、b 及其保护半径 R 值/m									
				$a\times b$	R	$a\times b$	R	$a\times b$	R	$a\times b$	R	$a\times b$	R
感温探测器	20	3.6	D_1	4.5×4.5	3.2	5.0×4.0	3.2	5.5×3.6	3.3	6.0×3.3	3.4	6.5×3.1	3.6
	30	4.4	D_2	5.5×5.5	3.9	6.1×4.9	3.9	6.7×4.8	4.1	7.3×4.1	4.2	7.9×3.8	4.4
	30	4.9	D_3	5.5×5.5	3.9	6.5×4.6	4.0	7.4×4.1	4.2	8.4×3.6	4.6	9.2×3.2	4.9
	30	5.5	D_4	5.5×5.5	3.9	6.8×4.4	4.0	8.1×3.7	4.5	9.4×3.2	5.0	10.6×2.8	5.5
	40	6.3	D_6	6.5×6.5	4.6	8.0×5.0	4.7	9.4×4.3	5.2	10.9×3.7	5.8	12.2×3.3	6.3

续表

探测器种类	保护面积 A/m^2	R 极限值	参照极限曲线	最佳安装间距 a、b 及其保护半径 R 值/m									
				$a\times b$	R	$a\times b$	R	$a\times b$	R	$a\times b$	R	$a\times b$	R
感烟探测器	60	5.8	D_5	7.7×7.7	5.4	8.3×7.2	5.5	8.8×6.8	5.6	9.4×6.4	5.7	9.9×6.1	5.8
	80	6.7	D_7	9.0×9.0	6.4	9.6×8.3	6.3	10.2×7.8	6.4	10.8×7.4	6.5	11.4×7.0	6.7
	80	7.2	D_8	9.0×9.0	6.4	10.0×8.0	6.4	11.0×7.3	6.6	12.0×6.7	6.9	13.0×6.1	7.2
	80	8.0	D_9	9.0×9.0	6.4	10.6×7.5	6.5	12.1×6.6	6.9	13.7×5.8	7.4	15.4×5.3	8.0
	100	8.0	D'_9	10.0×10.0	7.1	11.1×9.0	7.1	12.2×8.2	7.3	13.3×7.5	7.6	14.4×6.9	8.0
	100	9.0	D_{10}	10.0×10.0	7.1	11.8×8.5	7.3	13.5×7.4	7.7	15.3×6.5	8.3	17.0×5.9	9.0
	120	9.9	D_{11}	11.0×11.0	7.8	13.0×9.2	8.0	14.9×8.1	8.5	16.9×7.1	9.2	18.7×6.4	9.9

5. 安装火灾探测器的注意事项

以上计算仅能说明在一个探测区域内火灾探测器的最少数量，是一个理想化的模型。在工程实际中必须要考虑到建筑结构及房间分隔等因素的影响，从而影响探测器应设置的数量。

(1) 房间梁的影响。在无吊顶棚房间内，如装饰要求不高的房间、车库、地下停车场以及地下设备层的各种机房等处，常有突出顶棚的梁、不同房间高度下的不同梁高，对烟雾和热气流的蔓延影响不同，会给探测器的设置和反应效率带来不同程度的影响。如果梁之间区域面积较小时，梁对热气流或者烟气流除了形成障碍，还会吸收一部分热量，是探测器的保护面积减少。图 3-8 与表 3-5 给出了不同梁间区域对探测器保护面积及不同房间高度下梁高对探测器设置的影响。

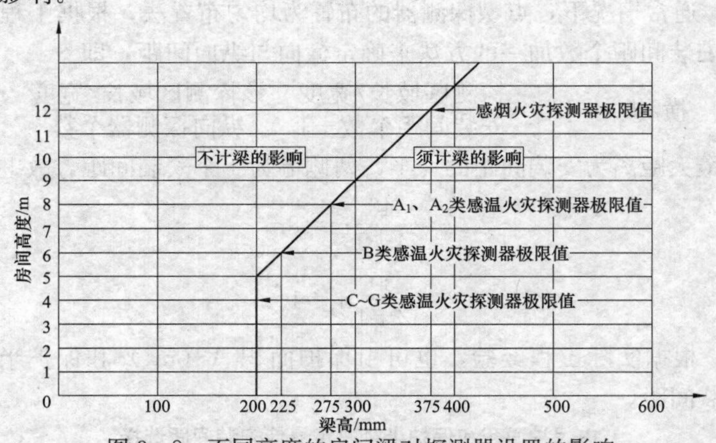

图 3-8　不同高度的房间梁对探测器设置的影响

表 3-5　　按梁间区域面积确定一只探测器保护的梁间区域个数

探测器的保护面积 A/m^2		梁隔断的梁间区域面积 Q/m^2	一只探测器保护的梁间区域个数
感温探测器	20	$Q>12$	1
		$8<Q\leqslant 12$	2
		$6<Q\leqslant 8$	3
		$4<Q\leqslant 6$	4
		$Q\leqslant 4$	5

续表

探测器的保护面积 A/m²		梁隔断的梁间区域面积 Q/m²	一只探测器保护的梁间区域个数
感温探测器	30	Q>18	1
		12<Q≤18	2
		9<Q≤12	3
		6<Q≤9	4
		Q≤6	5
感烟探测器	60	Q>36	1
		24<Q≤36	2
		18<Q≤24	3
		12<Q≤18	4
		Q≤12	5
	80	Q>48	1
		32<Q≤48	2
		24<Q≤32	3
		16<Q≤24	4
		Q≤16	5

在有梁的顶棚上设置感烟探测器、感温探测器时：

1）当房间高度在 5m 以上、梁突出顶棚的高度小于 200mm 时，可以不计梁对探测器保护面积的影响。

2）当房间高度在 5m 以上、梁突出顶棚的高度为 200～600mm 时，应按表 3-5 与图 3-8确定梁对探测器保护面积的影响和一只探测器能保护的梁间区域的个数。

3）当梁突出顶棚的高度超过 600mm 时，被梁隔断的每个梁间区域至少应设一只探测器。

4）当被梁隔断的区域面积大于一只探测器的保护面积时，被隔断的区域视为一个探测区，通过计算以及规范的要求确定探测器的实际安装数量。

5）当梁间净距小于 1m 时，可以不计梁对探测器保护面积的影响。

6）在小于 3m 宽度的内走道顶棚上设置探测器时，宜居中布置、感温探测器的安装间距不应超过 10m；感烟探测器的安装间距不应超过 15m；探测器到端墙的距离，不应大于探测器安装间距的一半，如图 3-9 所示。

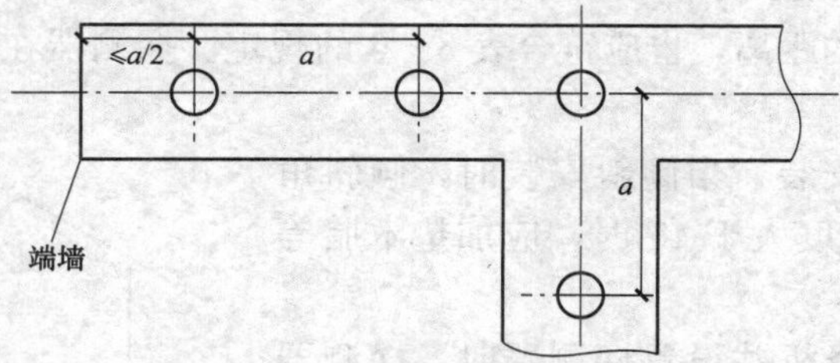

图 3-9　探测器在走道顶棚的安装

7）探测器至墙、梁的水平距离，不应小于 0.5m，如图 3－10 所示。

8）探测器周围 0.5m 内，不应有遮挡物。

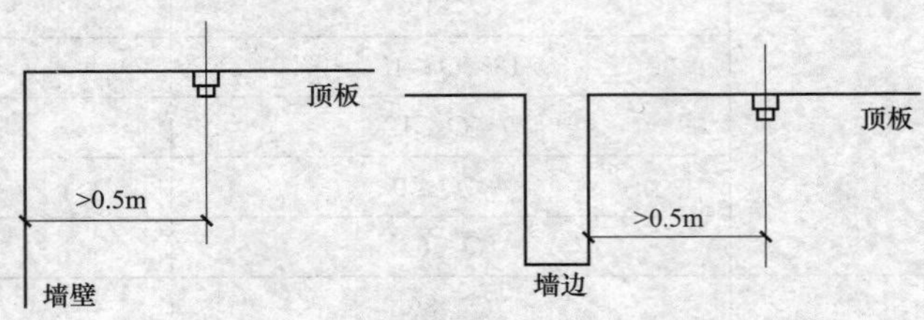

图 3－10　探测器靠墙、梁的安装

9）房间被书架、设备或隔断等分隔，其顶部至顶棚或者梁的距离小于房间净高的 5% 时，每个被隔开的部分至少应安装一只探测器。

10）探测器至空调送风口边的水平距离不应小于 1.5m，并且宜接近回风口安装，探测器至多孔送风顶棚孔口的水平距离不应小于 0.5m，如图 3－11 所示。

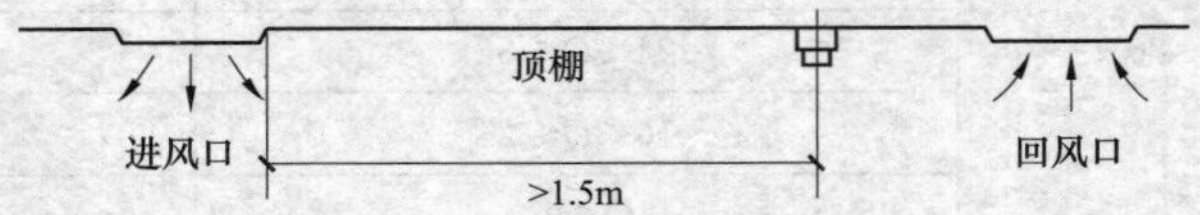

图 3－11　探测器在有空调房间时的布置方式

11）当屋顶有热屏障时，感烟探测器下表面到顶棚或屋顶的距离，应符合表 3－6 的规定。

表 3－6　感烟探测器下表面至顶棚或屋顶的距离

探测器的安装高度 h/m	感烟探测器下表面至顶棚或屋顶的距离 d/mm					
	顶棚或屋顶坡度 θ					
	$\theta \leqslant 15°$		$15° < \theta \leqslant 30°$		$\theta > 30°$	
	最小	最大	最小	最大	最小	最大
$h \leqslant 6$	30	200	200	300	300	500
$6 < h \leqslant 8$	70	250	250	400	400	600
$8 < h \leqslant 10$	100	300	300	500	500	700
$10 < h \leqslant 12$	150	350	350	600	600	800

12）锯齿形屋顶及坡度大于 15°的人字形屋顶，应在每个屋脊处设置一排探测器，探测器下表面至屋顶最高处的距离，也应符合表 3－6 的规定。探测器在不同角度屋顶的安装如图 3－12 所示。

13）探测器宜水平安装、当倾斜安装时，倾斜角应不大于 45°。当屋顶坡度大于 45°时，应加垫木胎等方法安装探测器。

14）在电梯井、升降机井设置探测器时，探测器宜设置在井道上方的机房顶棚上。

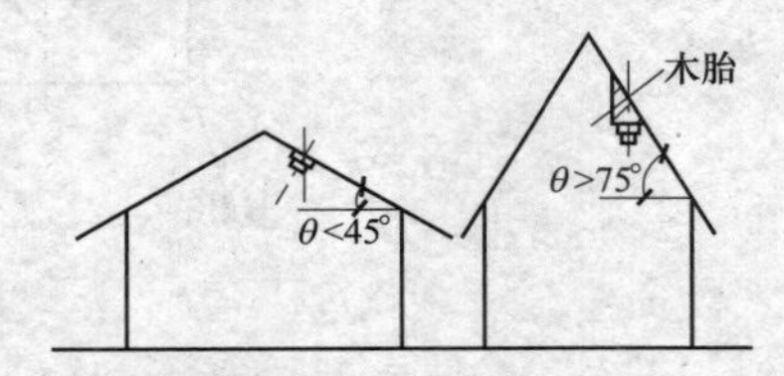

图 3－12　探测器在不同角度屋顶的安装

(2) 房间隔离屋的影响。由于功能需要，一些房间被轻质活动间隔、玻璃或书架、档案架、货架、柜式设备等将房间分隔成若干空间。当各类分隔物的顶部到顶棚或梁的距离小于房间净高的 5%时，会影响烟雾、热气流从一个空间向另一空间扩散，这时应将每一个被隔断的空间当成一个房间对待，但是每一个隔断空间至少应装一个探测器。至于分隔物的宽度无明确规定，可以参考套间门宽的做法。除此之外，一般情况下整个房间应当做一个探测区处理。

二、线型火灾探测器的设置

线型火灾探测器对于点型火灾探测器有特别要求，《火灾自动报警系统设计规范》(GB 50116—2013) 规定。

(1) 红外光束感烟探测器的光束轴线到顶棚的垂直距离宜为 0.3～1.0m，距地高度不宜超过 20m。

(2) 相邻两组红外光束感烟探测器的水平距离应不大于 14m、探测器至侧墙水平距离应不大于 7m，且应不小于 0.5m、探测器的发射器与接收器之间的距离不宜超过 100m。

(3) 缆式线型定温探测器在电缆桥架或者支架上设置时，宜采用接触式布置；在各种皮带输送装置上设置时，宜设置于装置的过热点附近。

(4) 设置在顶棚下方的空气管式线型差温探测器，到顶棚的距离宜为 0.1m；相邻管路之间的水平距离不宜大于 5m；管路到墙壁的距离宜为 1～1.5m。

第三节　手动火灾报警按钮

一、手动报警按钮的布线

手动报警按钮和接线端子如图 3-13 和图 3-14 所示。

图 3-13　手动报警按钮（不带插孔）接线端子

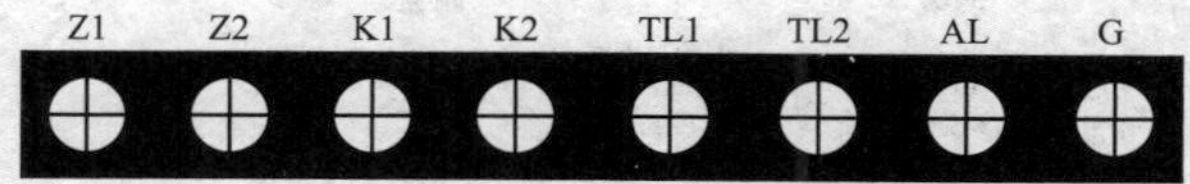

图 3-14　手动报警按钮（带消防电话插孔）接线端子

手动报警按钮各端子的意义见表 3-7。

表 3-7　　手动报警按钮各端子的意义

端子名称	端子的作用	布线要求
Z1、Z2	无极性信号二总线端子	布线时 Z1、Z2 采用 RVS 双绞线，导线截面≥1.0mm²
	与控制器信号弹二总线连接的端子	布线时信号 Z1、Z2 采用 RVS 双绞线，截面积≥1.0mm²

续表

端子名称	端子的作用	布线要求
K1、K2	无源常开输出端子	—
	DC24V 进线端子及控制线输出端子，用于提供直流 24V 开关信号	—
AL、G	与总线制编码电话插孔连接的报警请求线端子	报警请求线 AL、G 采用 BV 线，截面积≥1.0mm^2
TL1、TL2	与总线制编码电话插孔或多线制电话主机连接音频接线端子	消防电话线 TL1、TL2 采用 RVVP 屏蔽线，截面积≥1.0mm^2

二、手动报警按钮的安装

报警区域内每个防火分区，应至少设 1 只手动火灾报警按钮。从 1 个防火分区内的任何位置到最邻近的 1 个手动火灾报警按钮的步行距离，不应大于 30m。手动火灾报警按钮宜设置在公共活动场所的出入口，如大厅、过厅、餐厅以及多功能厅等主要公共场所的出入口；各楼层的电梯间、电梯前室、主要通道等。

手动火灾报警按钮应设置在明显的和便于操作的部位。当安装于墙上时，其底边距地（楼）面高度宜为 1.3～1.5m 处，并且应有明显的标志。

安装时，有的还应有预埋接线盒，手动报警按钮应安装牢固，并且不得倾斜。为了便于调试、维修，手动报警按钮外接导线，应该留有 10cm 以上的余量，且在其端部应有明显标志。手动报警按钮底盒背面和底部各有一个敲落孔，可明装也可暗装，明装时可把底盒装在预埋盒上；暗装时可把底盒装进埋入墙内的预埋盒里，如图 3－15 所示。

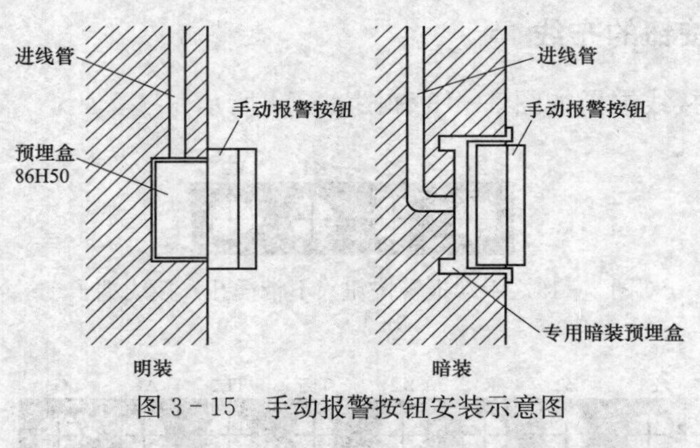

图 3－15　手动报警按钮安装示意图

第四节　火灾报警控制器

一、火灾报警控制器的基本功能

1. 电源功能

(1) 控制器的电源部分应具有主电源和备用电源转换装置。当主电源断电时，能自动转换到备用电源；主电源恢复时，能自动转换到主电源；应有主、备电源工作状态指示，主电源应有过流保护措施主、备电源的转换不应使控制器产生误动作。

(2) 控制器至少一个回路按设计容量连接真实负载，其他回路连接等效负载，主电源容量应能保证控制器在以下条件下连续正常工作 4h：

1) 控制器容量不超过 10 个报警部位时，所有报警部位均处于报警状态。

2) 控制器容量超过 10 个报警部位时，20%的报警部位（不少于 10 个报警部位，但不超过 32 个报警部位）处于报警状态。

3) 控制器至少一个回路按设计容量连接真实负载，其他回路连接等效负载。备用电源在放电至终止电压条件下，充电 24h，其容量应可提供控制器在监视状态下工作 8h 后，在下述条件下工作 30min：

① 控制器容量不超过 10 个报警部位时，所有报警部位均处于报警状态。

② 控制器容量超过 10 个报警部位时，1/15 的报警部位（不少于 10 个报警部位，但不超过 32 个报警部位）处于报警状态。

2. 火灾报警功能

(1) 控制器应能直接或间接地接收来自火灾探测器及其他火灾报警触发器件的火灾报警信号，发出火灾报警声、光信号，指示火灾发生部位，记录火灾报警时间，并予以保持，直至手动复位。

(2) 当有火灾探测器火灾报警信号输入时，控制器应在 10s 内发出火灾报警声、光信号。对来自火灾探测器的火灾报警信号可设置报警延时，其最大延时不应超过 1min，延时期间应有延时光指示，延时设置信息应能通过本机操作查询。

(3) 当有手动火灾报警按钮报警信号输入时，控制器应在 10s 内发出火灾报警声、光信号，并明确指示该报警是手动火灾报警按钮报警。

(4) 控制器应有专用火警总指示灯（器）。控制器处于火灾报警状态时，火警总指示灯（器）应点亮。

(5) 火灾报警声信号应能手动消除，当再有火灾报警信号输入时，应能再次启动。

(6) 控制器采用字母（符）—数字显示时，还应满足以下要求：

1) 应能显示当前火灾报警部位的总数。

2) 应采用以下方法之一显示最先火灾报警部位：用专用显示器持续显示。如果未设专用显示器，应在共用显示器的顶部持续显示。

3) 后续火灾报警部位应按报警时间顺序连续显示。当显示区域不足以显示全部火灾报警部位时，应按顺序循环显示；同时应设手动查询按钮（键），每手动查询一次，只能查询一个火灾报警部位及相关信息。

(7) 控制器需要接收来自同一探测器（区）两个或两个以上火灾报警信号才能确定发出火灾报警信号时，还应满足以下要求：

1) 控制器接收到第一个火灾报警信号时，应发出火灾报警声信号或故障声信号，并指示相应部位，但不能进入火灾报警状态。

2) 接收到第一个火灾报警信号后，控制器在 60s 内接收到要求的后续火灾报警信号时，应发出火灾报警声、光信号，并进入火灾报警状态。

3) 接收到第一个火灾报警信号后，控制器在 30min 内仍未接收到要求的后续火灾报警信号时，应对第一个火灾报警信号自动复位。

(8) 控制器需要接收到不同部位两只火灾探测器的火灾报警信号才能确定发出火灾报警信号时，还应满足以下要求：

1) 控制器接收到第一只火灾探测器的火灾报警信号时，应发出火灾报警声信号或故障声信号，并指示相应部位，但不能进入火灾报警状态。

2) 控制器接收到第一只火灾探测器火灾报警信号后，在规定的时间间隔（不小于5min）内未接收到要求的后续火灾报警信号时，可对第一个火灾报警信号自动复位。

(9) 控制器应设手动复位按钮（键），复位后，仍然存在的状态及相关信息均应保持或在 20s 内重新建立。

(10) 制器火灾报警计时装置的日计时误差不应超过 30s，使用打印机记录火灾报警时间时，应打印出月、日、时、分等信息，但不能仅使用打印机记录火灾报警时间。

(11) 具有火灾报警历史事件记录功能的控制器应至少能记录 999 条相关信息，且在控制器断电后能保持信息 14d。

(12) 通过控制器可改变与其连接的火灾探测器响应阈值时，对探测器设定的响应阈值应能手动查阅。

(13) 除复位操作外，对控制器的任何操作均不应影响控制器接收和发出火灾报警信号。

3. 火灾报警控制功能

(1) 控制器在火灾报警状态下应有火灾声和/或光警报器控制输出。

(2) 控制器可设置其他控制输出（应少于 6 点），用于火灾报警传输设备和消防联动设备等设备的控制，每一控制输出应有对应的手动直接控制按钮（键）。

(3) 控制器在发出火灾报警信号后 3s 内应启动相关的控制输出（有延时要求时除外）。

(4) 控制器应能手动消除和启动火灾声和/或光警报器的声警报信号，消声后，有新的火灾报警信号时，声警报信号应能重新启动。

(5) 具有传输火灾报警信息功能的控制器，在火灾报警信息传输期间应有光指示，并保持至复位，如有反馈信号输入，应有接收显示对于采用独立指示灯（器）作为传输火灾报警信息显示的控制器，如有反馈信号输入，可用该指示灯（器）转为接收显示，并保持至复位。

(6) 控制器发出消防联动设备控制信号时，应发出相应的声光信号指示，该光信号指示不能被覆盖且应保持至手动恢复；在接收到消防联动控制设备反馈信号 10s 内应发出相应的声光信号，并保持至消防联动设备恢复。

(7) 如需要设置控制输出延时，延时应按以下方式设置：

1) 对火灾声和/或光警报器及对消防联动设备控制输出的延时，应通过火灾探测器和/或手动火灾报警按钮和/或特定部位的信号实现。

2) 控制火灾报警信息传输的延时应通过火灾探测器和/或特定部位的信号实现。

3) 延时应不超过 10min，延时时间变化步长不应超过 1min。

4) 在延时期间，应能手动插入或通过手动火灾报警按钮而直接启动输出功能。

5) 任一输出延时均不应影响其他输出功能的正常工作，延时期间应有延时光指示。

(8) 当控制器要求接收来自火灾探测器和/或手动火灾报警按钮的 1 个以上火灾报警信号才能发出控制输出时，当收到第一个火灾报警信号后，在收到要求的后续火灾报警信号前，控制器应进入火灾报警状态；但可设有分别或全部禁止对火灾声和/或光警报器、火灾报警传输设备和消防联动设备输出操作的手段。禁止对某一设备输出操作不应影响对其他设备的输出操作。

(9) 控制器在机箱内设有消防联动控制设备时，即火灾报警控制器（联动型），还应满足《消防联动控制系统》（GB 16806—2006）相关要求，消防联动控制设备故障应不影响控制器的火灾报警功能。

4. 故障报警功能

(1) 控制器应设专用故障总指示灯（器），无论控制器处于何种状态，只要有故障信号存在，该故障总指示灯（器）应点亮。

(2) 当控制器内部、控制器与其连接的部件间发生故障时，控制器应在 100s 内发出与火灾报警信号有明显区别的故障声、光信号，故障声信号应能手动消除，再有故障信号输入时，应能再启动；故障光信号应保持至故障排除。

(3) 控制器应能显示以下故障的部位：

1) 控制器与火灾探测器、手动火灾报警按钮及完成传输火灾报警信号功能部件间连接线的断路、短路（短路时发出火灾报警信号除外）和影响火灾报警功能的接地，探头与底座间连接断路。

2) 控制器与火灾显示盘间连接线的断路、短路和影响功能的接地。

3) 控制器与其控制的火灾声和/或光警报器、火灾报警传输设备和消防联动设备间连接线的断路、短路和影响功能的接地。

其中 a、b 两项故障在有火灾报警信号时可以不显示，c 项故障显示不能受火灾报警信号影响。

(4) 控制器应能显示下述故障的类型：

1) 给备用电源充电的充电器与备用电源间连接线的断路、短路。

2) 备用电源与其负载间连接线的断路、短路。

3) 主电源欠电压。

(5) 控制器应能显示所有故障信息。在不能同时显示所有故障信息时，未显示的故障信息应手动可查。

(6) 当主电源断电，备用电源不能保证控制器正常工作时，控制器应发出故障声信号并能保持 1h 以上。

(7) 对于软件控制实现各项功能的控制器，当程序不能正常运行或存储器内容出错时，控制器应有单独的故障指示灯显示系统故障。

(8) 控制器的故障信号在故障排除后，可以自动或手动复位。复位后，控制器应在 100s 内重新显示尚存在的故障。

(9) 任一故障均不应影响非故障部分的正常工作。

(10) 当控制器采用总线工作方式时，应设有总线短路隔离器。短路隔离器动作时，控制器应能指示出被隔离部件的部位号。当某一总线发生一处短路故障导致短路隔离器动作时，受短路隔离器影响的部件数量不应超过 32 个。

5. 自检功能

控制器应能检查本机的火灾报警功能（以下称自检），控制器在执行自检功能期间，受其控制的外接设备和输出接点均不应动作。控制器自检时间超过 1min 或其不能自动停止自检功能时，控制器的自检功能应不影响非自检部位、探测区和控制器本身的火灾报警功能。

控制器应能手动检查其面板所有指示灯（器）、显示器的功能。

具有能手动检查各部位或探测区火灾报警信号处理和显示功能的控制器，应设专用自检总指示灯（器），只要有部位或探测区处于检查状态，该自检总指示灯（器）均应点亮，并满足下述要求：

(1) 控制器应显示（或手动可查）所有处于自检状态中的部位或探测区。

(2) 每个部位或探测区均应能单独手动启动和解除自检状态。

(3) 处于自检状态的部位或探测区不应影响其他部位或探测区的显示和输出，控制器的所有对外控制输出接点均不应动作（检查声和/或光警报器警报功能时除外）。

6. 信息显示与查询功能

控制器信息显示按火灾报警、监管报警及其他状态顺序由高至低排列信息显示等级，高等级的状态信息应优先显示，低等级状态信息显示不应影响高等级状态信息显示，显示的信息应与对应的状态一致且易于辨识。当控制器处于某一高等级状态显示时，应能通过手动操作查询其他低等级状态信息，各状态信息不应交替显示。

二、火灾报警控制器的接线

对于不同厂家生产的不同型号的火灾报警控制器其线制各异，比如三线制、四线制、两线制、全总线制及二总线制等。传统的有两线制和现代的全总线制、二总线制三种。

1. 两线制

两线制接线配线比较多，自动化程度较低，大多在小系统中应用，目前已经很少使用。两线制接线如图 3-16 所示。

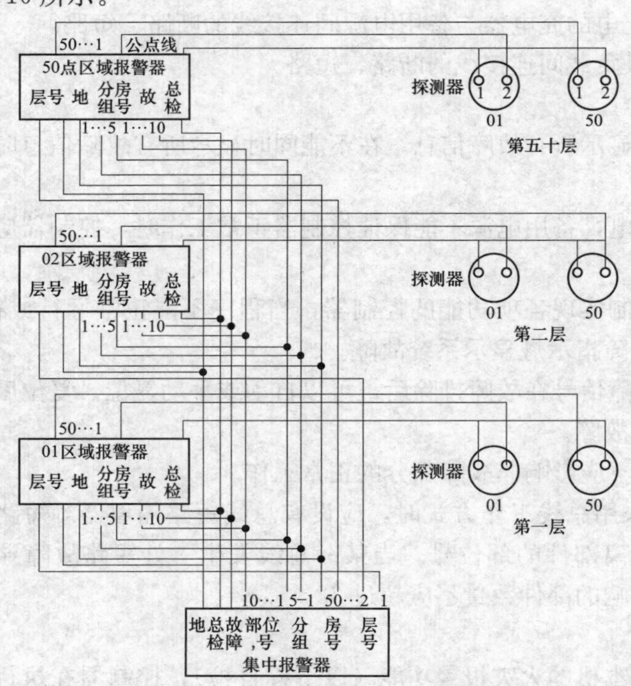

图 3-16 两线制接线

由于生产厂家的不同，其产品型号也不完全相同，两线制的接线计算方法有所区别，以下介绍的计算方法具有一般性。

(1) 区域报警控制器的配线。区域报警控制器既要和其区域内的探测器连接，有可能要与集中报警控制器连接。

区域报警控制器输出导线是指该台区域报警控制器和配套的集中报警控制器之间连接导线的数目。区域报警控制器的输出导线根数为

$$N_0=10+n/10+4$$

式中：10 为与集中报警控制器连接的火警信号线数；$n/10$ 为巡检分组线（取整数），n 为报警回路；4 为层巡线、故障线、地线和总检线各一根。

(2) 集中报警控制器的配线。集中报警控制器配线根数指的是与其监控范围内的各区域报警控制器之间的连接导线。其配线根数为

$$Q_i=10+n/10+m+3$$

式中：Q_i 为集中报警控制器的配线根数；$n/10$ 为巡检分组线；m 为层巡（层号）线；3 为故障信号线 1 根、总检线 1 根、地线 1 根。

2. 二总线制

二总线制（共 2 根导线）其系统连接方式如图 3－17 所示。其中 S－是公共地线；则 S＋同时完成供电、选址、自检以及报警等多种功能的信号传输。其优点是接线简单、用线量较少。现已广泛采用，尤其是目前逐步应用的智能型火灾报警系统更是建立在二总线制的运行机制上。

3. 全总线制

全总线制接线方式大系统中显示出其明显的优势，接线十分简单，大大缩短了施工工期。

区域报警器输入线为 5 根，即 P、S、T、G 及 V 线，也就是电源线、信号线、巡检控制线、回路地线及 DC 24V 线。

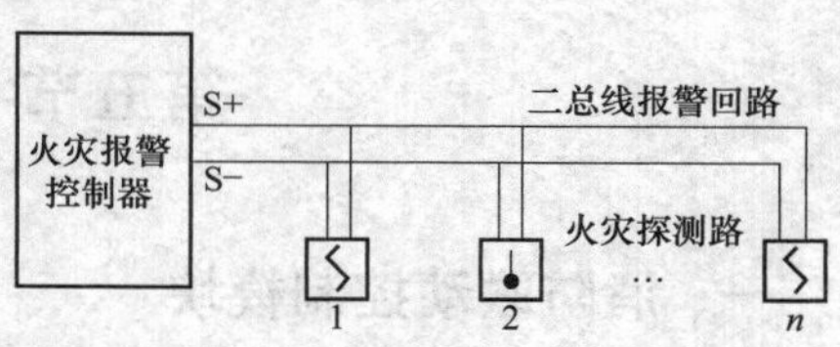

图 3－17 二总线制连接方式

区域报警器输出线数等于集中报警器接出的六条总线，也就是 P_0、S_0、T_0、G_0、C_0、D_0，C_0 为同步线，D_0 为数据线。所以称之为四全总线（或称总线）是由于该系统中所使用的探测器、手动报警按钮等设备均采用 P、S、T、G 四根出线引到区域报警器上，如图 3－18所示。

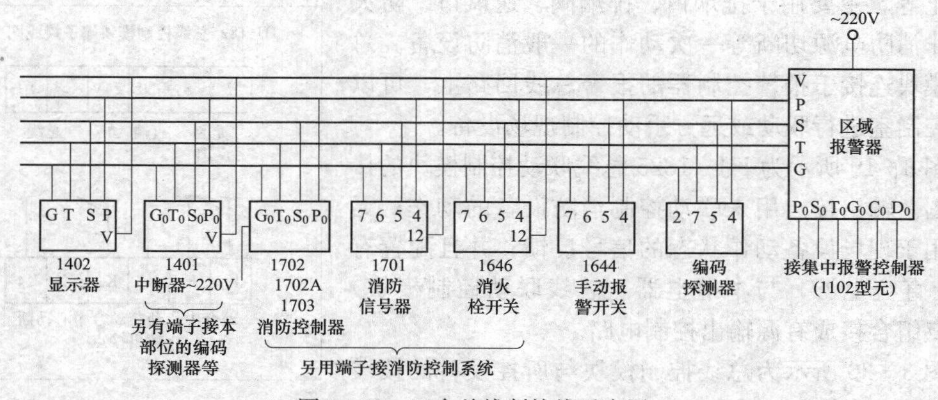

图 3－18 四全总线制接线示意图

三、智能火灾报警控制器

随着技术的不断革新，新一代的火灾报警控制器层出不穷，其功能更加强大、操作也更加简便。

1. 火灾报警控制器的智能化

火灾报警控制器采用大屏幕汉字液晶显示，清晰直观。除可以显示各种报警信息外，还可显示各类图形。报警控制器可直接接收火灾探测器传送的各类状态信号，利用控制器可将现场火灾探测器设置成信号传感器，并且将传感器采集到的现场环境参数信号进行数据及曲线分析，为更准确地判断现场是否发生火灾提供了十分有利的工具。

2. 报警及联动控制一体化

控制器采用内部并行总线设计、积木式结构，容量扩充简单方便。系统可以采用报警和联动共线式布线，也可采用报警和联动分线式布线，比较适用于目前各种报警系统的布线方式，彻底解决了变更产品设计所带来的原设计图纸改动的问题。

3. 数字化总线技术

探测器与控制器采用无极性信号二总线技术，利用数字化总线通信，控制器可方便地设置探测器的灵敏度等工作参数，查阅探测器的运行状态。因为采用二总线，整个报警系统的布线极大简化，便于工程安装、线路维修，使工程造价降低了。系统还设有总线故障报警功能，随时监测总线工作状态，确保系统可靠工作。

第五节　消防联动控制系统

一、消防联动控制模块

联动控制模块是集控制及计算机技术的现场消防设备的监控转换模块，在消防控制中心远方直接手动或联动控制消防设备的启停运行，或者通过输入模块监视消防设备的运行状态。

1. 总线联动控制模块

总线控制模块是采用二总线制方式控制的一次动作的电子继电器，如只控制启动或者只控制停止等。主要用于排烟口、排烟阀、送风口、防火阀以及非消防电源切断等一次动作的一般消防设备。总线控制模块连接于报警控制器的报警总线回路上，可以由消防控制室进行联动或远方手动控制现场设备。

如图 3－19 所示为 HJ－1825 总线联动控制模块的接线端子图。输出接点用来联动控制消防设备的动作；无源反馈用于现场设备动作状态的信号反馈；并且配置有 DC 24V 直流电源，与本继电器（总线联动控制模块）输出接点组合接成有源输出控制电路。

如图 3－20 所示为总线控制模块与所控设备的接线示意图。

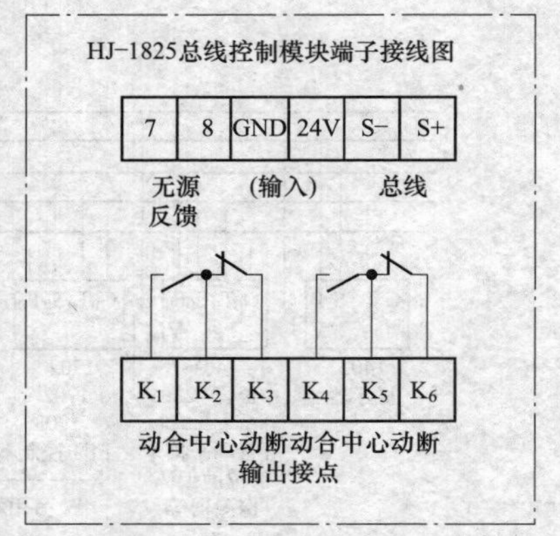

图 3－19　HJ－1825 总线联动控制模块

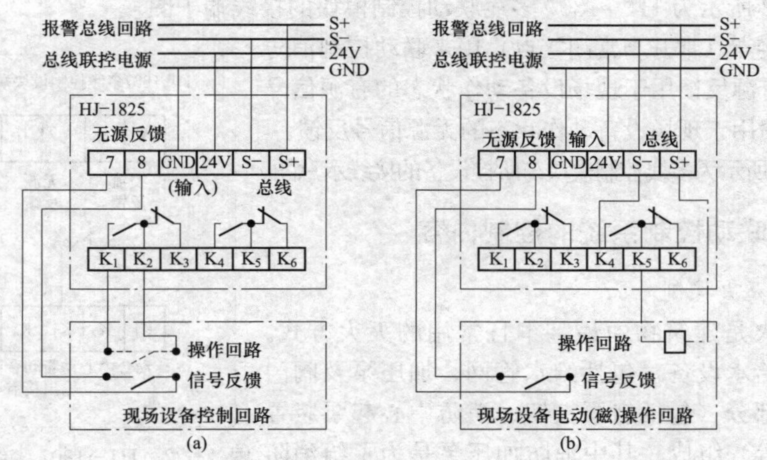

图 3-20　总线控制模块接线示意图

(a) 无源接线控制；(b) 有源接线控制

用 LD-8301 与 LD-8302（非编码型）模块配合使用时，可以实现对大电流（直流）启动设备的控制及交流 220V 设备的转换控制，可避免由于使用 LD-8301 型模块直接控制设备造成将交流电引入控制系统总线的危险，如图 3-21 所示。

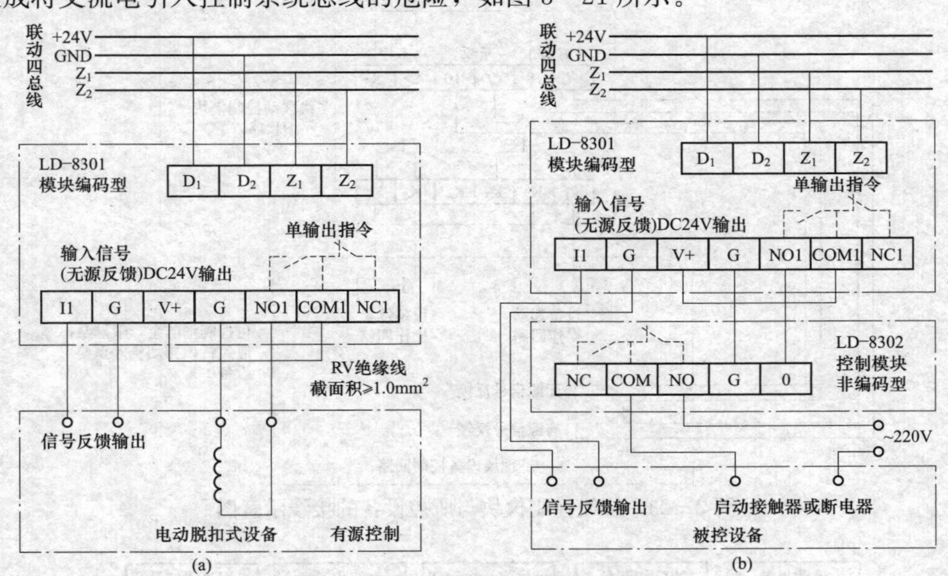

图 3-21　单动作切换控制模块接线示意图

(a) 直流控制；(b) 交流控制

2. 多线联动控制模块

多线控制模块是二次动作的电子继电器，如既控制启动，又控制停止等，因此有时称双动作切换控制模块。主要用于水泵、送风机、排烟机以及排风机等二次动作的重要消防设备。多线控制模块一般连接于报警控制器的多线控制回路上，可以由消防控制室进行联动或远方手动控制现场设备。

如图 3－22 所示为 HJ－1807 多线联动控制模块的接线端子图。

模块输出接点（常开与常闭接点）用来联动控制消防设备的动作；有源反馈用于现场设备动作状态的有源信号反馈；无源反馈用于现场设备动作状态的无源信号反馈。

如图 3－23 所示为多线控制模块与所控设备的接线示意图。

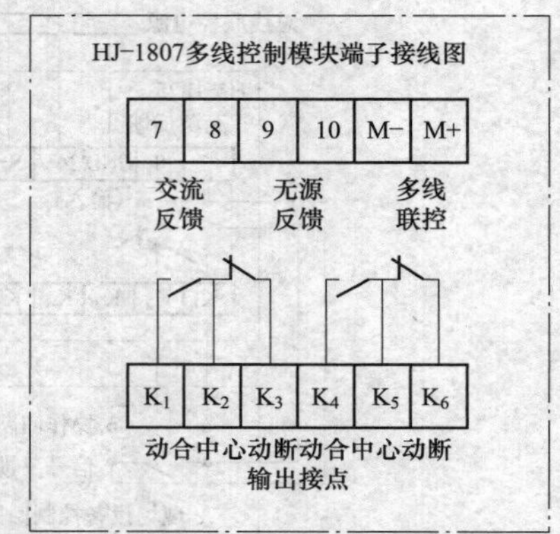

图 3－22　HJ－1807 多线联动控制模块

二、消防联动控制系统的控制内容

1. 消火栓灭火控制

消火栓灭火是建筑物中最基本且常用的灭火方式。此系统由消防给水设备（包括给水管网、加压泵及阀门等）以及电控部分（包括启泵按钮、消防中心起泵装置及消防控制柜等）组成。其中消防加压泵是为了给消防水管加压，以使消火栓中的喷水枪具有相当的水压。消防中心对室内消火栓系统的监控内容包括控制消防水泵的起停、显示起泵按钮的位置以及消防水泵的状态（工作/故障）。如图 3－24 所示消防泵、喷淋泵联动控制原理框图。

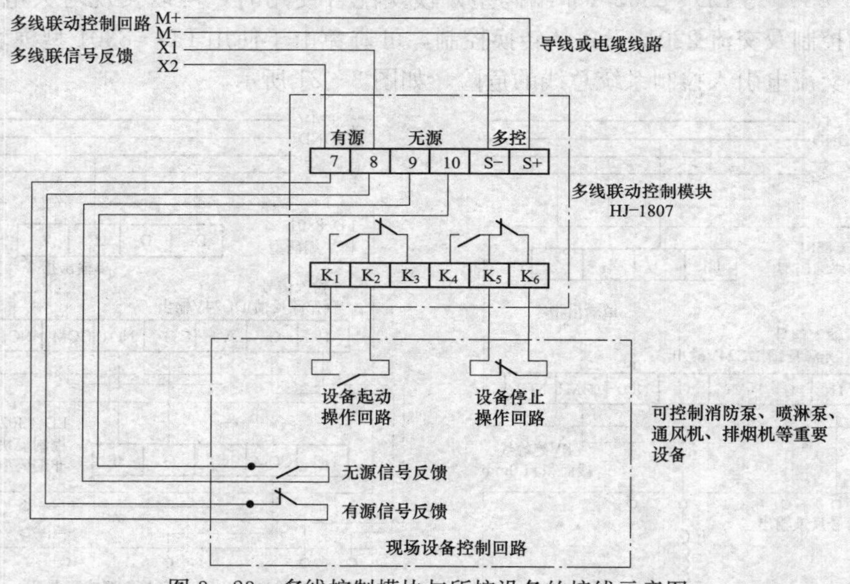

图 3－23　多线控制模块与所控设备的接线示意图

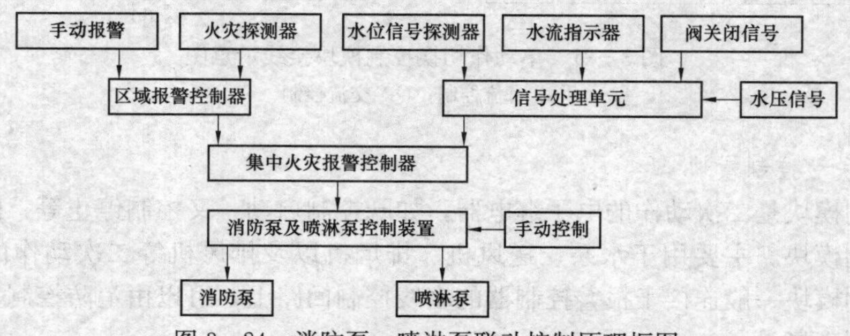

图 3－24　消防泵、喷淋泵联动控制原理框图

2. 自动喷水灭火控制

常用的自动喷水灭火系统按喷水管内是否充水，分为湿式与干式两种。干式系统中喷水管网平时不充水，当火灾发生时，控制主机在收到火警信号之后，立即开阀向管网系统内充水。而湿式系统中管网平时是处于充水状态的，当发生火灾时，着火场所温度迅速上升，当温度上升至一定值，闭式喷头温控件受热破碎，打开喷水口开始喷淋，此时安装于供水管道上的水流指示器动作（水流继电器的常开触点因水流动压力而闭合），消防中心控制室的喷淋报警控制装置接收到信号之后，由报警箱发出声光报警，并显示出喷淋报警部位。喷水后因为水压下降，使压力继电器动作，压力开关信号及消防控制主机在收到水流开关信号后发出的指令均可以启动喷淋泵。目前这种充水的闭式喷淋水系统在高层建筑中获得十分广泛的应用。

3. 气体自动灭火控制

气体自动灭火系统主要用于火灾时不宜用水灭火或者有贵重设备的场所，如配电室、计算机房、可燃气体及易燃液体仓库等。气体自动灭火控制过程如下：探测器探测到火情之后，向控制器发信号，联动控制器收到信号后利用灭火指令控制气体压力容器上的电磁阀，放出灭火气体。

4. 防火门、防火卷帘门控制

防火门平时处于开启状态，火灾时可以通过自动或手动方式关闭。

防火卷帘门通常设置于建筑物中防火分区通道口，可形成门帘式防火隔离。通常在电动防火卷帘两侧设专用的烟感及温感探测器、声光报警器以及手动控制器。火灾发生时，疏散通道上的防火卷帘根据感烟探测器的动作或消防控制中心发出的指令，先使卷帘自动下降一部分（按照现行消防规范规定，当卷帘下降到距地 1.8m 处时，卷帘限位开关动作使卷帘自动停止），以让人疏散，延时一段时间（或借助现场感温探测器的动作信号或消防控制中心的第二次指令），启动卷帘控制装置，使卷帘下降到底，以实现控制火灾蔓延的目的。卷帘也可由现场手动控制。

用作防火分隔的防火卷帘，火灾探测器动作之后，卷帘应下降到底；同时感烟、感温火灾探测器的报警信号及防火卷帘关闭信号应送至消防控制中心，如图 3－25 所示为防火卷帘联动控制原理图。

5. 排烟、正压送风系统控制

火灾产生的烟雾对人的危害非常严重，一方面着火时产生的一氧化碳是导致人员死亡的主要原因，另一方面火灾时产生的浓烟遮挡了人的视线，使人辨不清方向，无法紧急疏散。因此火灾发生后，要迅速排出浓烟，避免浓烟进入非火灾区域。

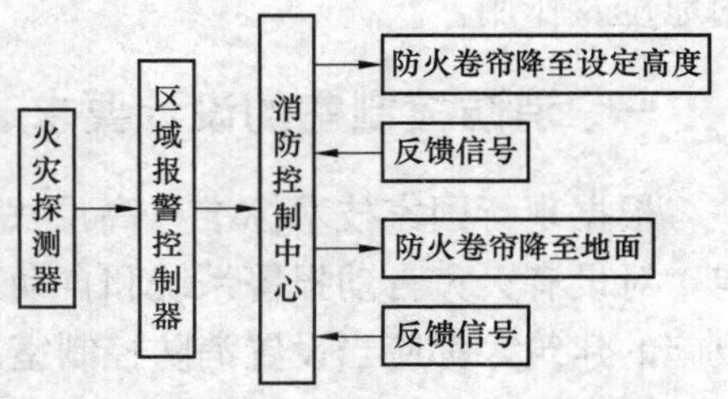

图 3－25 防火卷帘联动控制原理图

排烟、正压送风系统由排烟阀门、排烟风机、送风阀门以及送风机等组成。

排烟阀门通常设在排烟口处，平时处于关闭状态。当火警发生之后，感烟探测器组成的控制电路在现场控制开启排烟阀门及送风阀门，排烟阀门及送风阀门动作后起动相关的排烟风机和送风风机，同时将相关范围内的空调风机及其他送、排风机关闭，以防止火灾蔓延。

在排烟风机吸入口处装设有排烟防火阀，当排烟风机起动时，此阀门同时打开，进行排烟，当排烟温度高达280℃时，装设于阀口上的温度熔断器动作，阀门自动关闭，同时联锁关闭排烟风机。

对于高层建筑，任意一层着火时，均应保持火层及相邻层的排烟阀开启。

6. 照明系统的联动控制

当火灾发生后，应切断正常照明系统，将火灾应急照明打开。火灾应急照明包括备用照明、疏散照明和安全照明。备用照明应用于正常照明失效时，仍需继续工作或暂时继续工作的场合，通常设置在下列部位：疏散楼梯（包括防烟楼梯间前室）、消防电梯及其前室；消防控制室、自备电源室（包括发电机房、UPS室和蓄电池室等）、配电室、消防水泵房和防排烟机房等；宴会厅、观众厅、重要的多功能厅及每层建筑面积超过1500m^2的展览厅、营业厅等；建筑面积大于200m^2的演播室，人员密集建筑面积超过300m^2的地下室；通信机房、大中型计算机房以及BAS中央控制室等重要技术用房；每层人员密集的公共活动场所等；公共建筑内的疏散走道与居住建筑内长度超过20m的内走道。

疏散照明是在火灾情况下，确保人员能从室内安全疏散至室外或某一安全地区而设置的照明，疏散照明通常设置在建筑物的疏散走道和公共出口处。

安全照明应用于火灾时由于正常电源突然中断将导致人员伤亡的潜在危险场所（如医院的重要手术室、急救室等）。

7. 电梯管理

消防电梯管理是指消防控制室对电梯，尤其是消防电梯的运行管理。对电梯的运行管理通常有两种方式：一种方式是在消防控制中心设置电梯控制显示盘，火灾时，消防人员可依据需要直接控制电梯；另一种方式是通过建筑物消防控制中心或者电梯轿厢处的专用开关来控制。火灾时，消防控制中心向电梯发出控制信号，强制电梯降至底层，并将其电源切断。但应急消防电梯除外，应急消防电梯只供给消防人员使用。

第六节　消防控制室

消防控制室是火灾探测报警系统、消防联动控制系统、可燃气体探测报警系统以及电气火灾监控系统等消防设施的信息控制中心，也是火灾时灭火指挥和信息中心，具有十分重要的地位及作用。

一、消防控制室的设计要求

根据现行国家技术标准《高层民用建筑设计防火规范》（GB 50016—2014）的有关规定，对设有火灾自动报警系统和自动灭火系统或者设有火灾自动报警系统和机械防（排）烟设施的建筑，都应当设置消防控制室。

1. 消防控制室设计的一般要求

(1) 消防控制室应至少由火灾报警控制器、消防联动控制器、消防控制室图形显示装置或者其组合设备组成；应能够监控消防系统及相关设备（设施），显示相应设备（设施）的动态信息及消防管理信息，向远程监控中心传输火灾报警及其他相应信息。

(2) 消防系统及其相关设备（设施）应包括火灾探测报警、消防联动控制、自动灭火、消火栓、防烟排烟、通风空调、防火门及防火卷帘、消防应急照明和疏散指示、消防应急广播、消防电话、消防设备电源、电梯、可燃气体探测报警、电气火灾监控等全部或部分系统或设备（设施）。

（3）消防控制室应设有用于火灾报警的外线电话。

（4）消防控制室应有相应的竣工图纸、各分系统控制逻辑关系说明、系统操作规程、设备使用说明书、应急预案、值班制度、维护保养制度及值班记录等。

2. 建筑或建筑群具有两个及两个以上消防控制室时的要求

（1）上一级的消防控制室应能够显示下一级的消防控制室的各类系统的相关状态。

（2）上一级的消防控制室可以对下一级的消防控制室进行控制。

（3）下一级的消防控制室应能把所控制的各类系统相关状态和信息传输到上一级的消防控制室。

（4）相同级别的消防控制室之间可以相互传输、显示状态信息，不应互相控制。

3. 消防控制室的建造要求

（1）消防控制室宜单独建造，其耐火等级应不低于二级。

（2）附设在建筑物内的消防控制室宜设置于建筑物内首层的靠外墙部位，亦可设置在建筑物的地下一层，但均应采用耐火极限不低于 2.00h 的隔墙和 1.50h 的楼板与其他部位隔开，隔墙上的门都应采用乙级防火门，并应设置直通室外的安全出口。

（3）不应设置在电磁场干扰较强及其他可能影响消防控制设备工作的设备用房附近。严禁与消防控制室无关的电气线路和管路穿过。

（4）火灾自动报警系统的设计，应符合现行国家标准《火灾自动报警系统设计规范》（GB 50116—2013）的有关规定。

二、消防控制室的基本功能及要求

1. 消防控制室控制设备应具有的控制和显示功能

（1）控制消防设备的起、停，并且应显示其工作状态。

（2）消防水泵、防烟和排烟风机的起、停，除自动控制外，还应能手动直接控制。显示火灾报警、故障报警部位。

（3）显示保护对象的重点部位、疏散通道和消防设备所在位置的平面图或模拟图。

（4）显示系统供电电源的工作状态等。

2. 消防控制室的控制和显示要求

（1）消防控制室应能够显示建（构）筑物的总平面布局图、建筑消防设施平面布置图、建筑消防系统图及安全出口布置图、重点部位位置图等，并应符合以下要求：

1）消防控制室应能够用同一界面显示周边消防车道、消防登高车操作场地、消防水源位置以及相邻建筑间距、楼层以及使用性质等情况。

2）消防控制室应能够显示火灾自动报警和联动控制系统及其控制的各类消防设备（设施）的名称、物理位置和各消防设备（设施）的动态信息。

（2）显示应至少采用中文标注及中文界面，界面不小于 17in（1in＝2.54cm）。

（3）当有火灾报警信号、监管报警信号、屏蔽信号、反馈信号、故障信号输入时，消防控制室应有相应状态的专用总指示，显示相应部位所对应总平面布局图中的建筑位置、建筑平面图，在建筑平面图上指示相应部位的物理位置，记录时间及部位等信息。火灾报警信号专用总指示不受消防控制室设备复位操作以外的任何操作的影响。

(4) 消防控制室在火灾报警信号、反馈信号输入 10s 之内显示相应状态信息，其他信号输入 100s 内显示相应状态信息。

(5) 消防控制室对火灾探测报警系统的控制和显示应满足以下要求：

1) 显示保护区域内火灾报警控制器、火灾探测器、火灾显示盘以及手动火灾报警按钮的工作状态，包括火灾报警状态、屏蔽状态、故障状态和正常监视状态等相关信息。

2) 显示消防水箱（池）水位及管网压力等监管报警信息。

3) 控制火灾声和/或者光警报器的工作状态。

4) 显示可燃气体探测报警系统、电气火灾监控系统的报警信号和相关的联动反馈信息。

(6) 消防控制室应能显示保护区域内消防联动控制器、模块、消防电气控制装置、消防电动装置等消防设备的动态信息（包括正常工作状态、联动控制状态、屏蔽状态、故障状态）。

(7) 消防控制室应能显示并查询保护区域内消防电话、电梯、消防应急广播系统、传输设备、自动喷水灭火系统、消火栓系统、水喷雾灭火系统、气体灭火系统、泡沫和干粉灭火系统、防烟排烟系统、防火门及卷帘系统以及消防应急照明和疏散指示系统等消防设备或系统的动态信息。

(8) 消防控制室应能控制保护区域内气体灭火控制器、消防设备应急电源、消防电气控制装置、消防应急广播设备、消防电话、传输设备以及消防电动装置等消防设备的控制输出，并显示反馈信号。

(9) 消防控制室应能控制保护区域内消防电气控制装置、消防电动装置所控制的电气设备、电动门窗等，并显示反馈信号。

(10) 消防控制室对自动喷水灭火系统的控制和显示要求。

1) 显示喷淋消防泵电源的工作状态。

2) 显示系统的喷淋消防泵的起、停状态和故障状态，显示水流指示器、报警阀、信号阀、压力开关等设备的正常工作状态、动作状态等信息。

3) 自动和手动控制喷淋消防泵的起、停，并能够接收和显示喷淋消防泵的反馈信号。

(11) 消防控制室对消火栓系统的控制和显示要求。

1) 显示消防水泵电源的工作状态。

2) 显示系统的消防水泵的起、停状态和故障状态，并能够显示消火栓按钮的工作状态、物理位置、消防水箱（池）水位以及管网压力报警等信息。

3) 自动与手动控制消防水泵的起、停，并能接收和显示消防水泵的反馈信号。

(12) 消防控制室对气体灭火系统的控制及显示要求。

1) 显示系统的手动、自动工作状态及故障状态。

2) 显示系统的阀驱动装置的正常状态及动作状态，并能显示防护区域中的防火门窗、防火阀、通风空调等设备的正常工作状态和动作状态。

3) 自动和手动控制系统的起动和停止，并且显示延时状态信号、压力反馈信号和停止信号，显示喷洒各阶段的动作状态。

(13) 消防控制室对水喷雾系统的控制及显示要求。

1) 采用泵起动方式的水喷雾系统应满足自动喷水系统控制和显示的要求。

2）采用压力容器起动方式的水喷雾系统应满足气体灭火系统控制和显示的要求。

（14）消防控制室对泡沫灭火系统的控制及显示要求。

1）显示消防水泵及泡沫液泵电源的工作状态。

2）显示系统的手动、自动工作状态和故障状态。

3）显示消防水泵、泡沫液泵以及管网电磁阀的正常工作状态和动作状态。

4）自动和手动控制消防水泵、泡沫液泵，手动控制停泵，并且接收和显示动作反馈信号。

（15）消防控制室对干粉灭火系统的控制及显示要求。

1）显示系统的手动、自动工作状态和故障状态。

2）显示系统的阀驱动装置的正常状态及动作状态，并能显示防护区域中的防火门窗、防火阀、通风空调等设备的正常工作状态和动作状态。

3）显示干粉气瓶组的压力报警信号。

4）自动和手动控制系统的起动和停止，并且显示延时状态信号、压力反馈信号和停止信号，显示喷洒各阶段的动作状态。

（16）消防控制室对防烟排烟系统的控制及显示要求。

1）显示防烟排烟风机电源的工作状态。

2）显示系统的手动、自动工作状态和系统内的防烟排烟风机、排烟防火阀、常闭送风口、常闭排烟口的动作状态。

3）控制系统的起、停及系统内的防烟排烟风机、常闭送风口、常闭排烟口以及消防电动装置所控制的电动防火阀、电动排烟防火阀、电控挡烟垂壁的开与关，并且显示其反馈信号。

4）停止相关部位正常通风的空调，并接收及显示通风系统内防火阀关闭的反馈信号。

（17）消防控制室对防火门及卷帘系统的控制和显示要求。

1）显示防火卷帘控制器、防火门监控器的工作状态及故障状态等动态信息。

2）显示防火卷帘及用于公共疏散的各类防火门工作状态的动态信息。

3）关闭防火卷帘和常开防火门，并且能接收和显示其反馈信号。

（18）消防控制室对电梯的控制及显示要求。

1）控制所有电梯全部回降于首层开门停用，其中消防电梯开门待用，并且能在发生火灾时显示电梯所在楼层。

2）显示所有电梯的故障状态及停用状态。

（19）消防控制室对消防电话的控制及显示要求。

1）与各消防电话分机通话，并具有插入通话功能。

2）接收来自消防电话插孔的呼叫，并能够通话。

3）有消防电话通话录音功能。

4）显示消防电话的故障状态。

（20）消防控制室对消防应急广播系统的控制及显示要求。

1）显示处于应急广播状态的广播分区、预设广播信息。

2）分别通过手动和按照预设控制逻辑自动控制选择广播分区、启动或者停止应急广播，并在扬声器进行应急广播时自动对广播内容进行录音。

3）显示应急广播的故障状态。

(21) 消防控制室对消防应急照明和疏散指示标志系统的控制及显示要求。

1) 手动控制自带电源型消防应急照明和疏散指示系统的主电工作状态及应急工作状态。

2) 分别利用手动和自动控制集中电源型消防应急照明和疏散指示系统和集中控制型消防应急照明和疏散指示系统从主电工作状态切换至应急工作状态。

3) 显示消防应急照明和疏散指示系统的故障状态与应急工作状态。

(22) 消防控制室应能显示系统内各消防设备的供电电源（包括交流与直流电源）和备用电源工作状态。

3. 消防控制室的信息记录和传输要求

(1) 消防控制室的信息记录要求：

1) 应具有各类消防系统及设备（设施）在火灾发生时与日常检查时的动态信息记录，记录应包括火灾报警的时间和部位、设备动作的时间和部位以及复位操作的时间等信息，存储记录容量不应少于 10 000 条，记录备份后方可被覆盖。日常检查的内容应满足国家相关标准要求。

2) 应具有产品维护保养的内容和时间、系统程序的进入与退出时间、操作人员姓名或代码等内容的记录，存储记录容量不应少于 10 000 条，记录备份之后方可被覆盖。

3) 应具有保护区域中监控对象系统内各个消防设备（设施）的制造商及产品有效期的历史记录功能，存储记录容量应不少于 1000 条，记录备份后方可被覆盖。

4) 应具有接受远程查询历史记录的功能。

5) 应具有记录打印或刻录存盘功能，对历史记录应打印存档或者刻录存盘归档。

(2) 消防控制室的信息传输要求：

1) 消防控制室在接收到系统的火灾报警信号后 10s 内将报警信息按照规定的通信协议格式（表 3-8）传送给监控中心。

表 3-8　消防控制室信息传输通信协议格式

<table>
<tr><th colspan="2">设施名称</th><th>内　容</th></tr>
<tr><td colspan="2">火灾探测报警系统</td><td>火灾报警信息、可燃气体探测报警信息、电气火灾监控报警信息、屏蔽信息、故障信息</td></tr>
<tr><td rowspan="5">消防联动控制系统</td><td>消防联动控制器</td><td>动作状态、屏蔽信息、故障信息</td></tr>
<tr><td>消火栓系统</td><td>消防水泵电源的工作状态，消防水泵的启、停状态和故障状态，消防水箱（池）水位、管网压力报警信息</td></tr>
<tr><td>自动喷水灭火系统、水喷雾灭火系统（泵启动方式）</td><td>喷淋消防泵电源工作状态、启停状态、故障状态，水流指示器、信号阀、报警阀、压力开关的正常状态、动作状态</td></tr>
<tr><td>气体灭火系统、水喷雾灭火系统（压力容器启动方式）</td><td>系统的手动、自动工作状态及故障状态，阀驱动装置的正常状态和动作状态，防护区域中的防火门窗、防火阀、通风空调等设备的正常工作状态和动作状态，系统的启动和停止信息、延时状态信号、压力反馈信号，喷洒各阶段的动作状态</td></tr>
<tr><td>泡沫灭火系统</td><td>消防水泵、泡沫液泵电源的工作状态，系统的手动、自动工作状态及故障状态，消防水泵、泡沫液泵、管网电磁阀的正常工作状态和动作状态</td></tr>
</table>

续表

设施名称		内 容
消防联动控制系统	干粉灭火系统	系统的手动、自动工作状态及故障状态，阀驱动装置的正常状态和动作状态，延时状态信号、压力反馈信号，喷洒各阶段的动作状态
	防烟排烟系统	系统的手动、自动工作状态，防烟排烟风机、排烟防火阀、常闭送风口、常闭排烟口、电动防火阀、电控挡烟垂壁的动作状态防火门及卷帘系统
	防火门及卷帘系统	防火卷帘控制器、防火门监控器的工作状态和故障状态，防火卷帘和用于公共疏散的各类防火门的工作状态等动态信息
	消防电梯	消防电梯的停用和故障状态
	消防应急广播	消防应急广播的启动、停止和故障状态
	消防应急照明和疏散指示系统	消防应急照明和疏散指示系统的故障状态和应急工作状态信息
	消防电源	系统内各消防设备的供电电源（包括交流和直流电源）和备用电源工作状态信息

2）消防控制室在接收到建筑消防设施运行状态信息后 100s 内把相应信息按规定的通信协议格式传送至监控中心。

3）消防控制室应能接收监控中心的查询指令并能够按规定的通信协议格式按表 3－8 要求的内容将相应信息传送至监控中心。

4）消防控制室应有专用的信息传输指示灯，在处理及传输信息时，该指示灯应闪亮，在得到监控中心的正确接收确认后，该指示灯应常亮并保持直到该状态复位。当信息传送失败时应有明确声、光指示。

三、消防控制室的设置

1. 消防控制室内设备布置的要求

(1) 设备面盘前的操作距离：单列布置时应不小于 1.5m；双列布置时应不小于 2m。

(2) 在值班人员经常工作的一面，设备面盘至墙的距离应不小于 3m。

(3) 设备面盘后的维修距离不宜小于 1m。

(4) 设备面盘的排列长度超过 4m 时，其两端应设置宽度不小于 1m 的通道。

(5) 集中火灾报警控制器（火灾报警控制器）安装于墙上时其底边距地高度宜为 1.3～1.5m，其靠近门轴的侧面距墙不应小于 0.5m，正面操作距离应不小于 1.2m。

2. 消防控制室通信设施的设置要求

消防控制室与值班室、消防水泵房、配电室、电梯机房、通风空调机房、区域报警控制器及卤代烷等管网灭火系统应急操作装置处应设固定的对讲电话；手动报警按钮处宜设置对讲电话插孔；消防控制室内应设向当地公安部门直接报警的外线电话。

3. 消防控制室应急程序

(1) 接到火灾警报后，消防控制室必须立即通过最快方式确认。

(2) 火灾确认后，消防控制室必须立即把火灾报警联动控制开关转入自动状态（处于自动状态的除外)，同时拨打“119”报警。

(3) 消防控制室必须立即启动单位内部应急灭火、疏散预案，并且应同时报告单位负责人。

四、消防控制室的管理

1. 消防控制室日常管理

(1) 消防控制室必须实行每日24h专人值班制度，每班不应少于2人。日常管理应符合有关要求。消防控制室应保证火灾自动报警系统和灭火系统处于正常工作状态。

(2) 消防控制室应保证高位消防水箱、消防水池、气压水罐等消防储水设施水量充足；确保消防泵出水管阀门、自动喷水灭火系统管道上的阀门常开；保证消防水泵、防排烟风机、防火卷帘等消防用电设备的配电柜开关处于自动（接通）位置。

2. 消防控制室的安全要求

消防控制室的设置应符合现行国家标准《建筑设计防火规范》(GB 50016—2014) 及有关标准的规定。

(1) 为了避免烟火危及消防控制室工作人员的安全，控制室的门应向疏散方向开启。

(2) 为了方便消防人员扑救时联系工作，控制室应在入口处设置明显的标志。

(3) 消防控制室内应有显示被保护建筑的重点部位、疏散通道和消防设备所在位置的平面图或模拟图等。

(4) 为了确保消防控制室的安全，控制室的送、回风管在其穿墙处应设防火阀。

(5) 为了确保消防控制设备安全运行，便于检查维修，控制室内严禁与其无关的电气线路及管路穿过。

3. 消防控制室的检查方法及要求

(1) 检查方法。查看值班员数量及上岗资格证书；任选火灾报警探测器，通过专用测试工具向其发出模拟火灾报警信号，待火灾报警探测器确认灯启动之后，检查消防控制室值班人员火灾信号确认情况；模拟火灾确认后，检查消防控制室值班人员火灾应急处置情况。

(2) 合格要求。同一时段值班员数量不少于2人，并且持有消防控制室值班员上岗资格证书；接到模拟火灾报警信号，消防控制室值班人员以最快的方式确认发生火灾与否；模拟火灾确认之后，消防控制室值班人员立即把火灾报警联动控制开关转入自动状态（平时已处于自动状态的除外)，启动单位内部应急灭火疏散预案，同时拨打“119”火警电话报警并且报告单位负责人。

第七节　火灾报警及联动控制设备的安装

一、火灾探测器的安装

1. 火灾探测器的安装定位

虽然在设计图样中确定了火灾探测器的型号、数量以及大体的分布情况，但在施工过程中还需要根据现场的具体情况来确定火灾探测器的位置。在确定火灾探测器的安装位置及方向时，首先要考虑功能的需要，另外也应考虑美观，考虑周围灯具、风口以及横梁的布置。

(1) 探测器至墙壁、梁边的水平距离，应不小于0.5m，如图3-26所示。

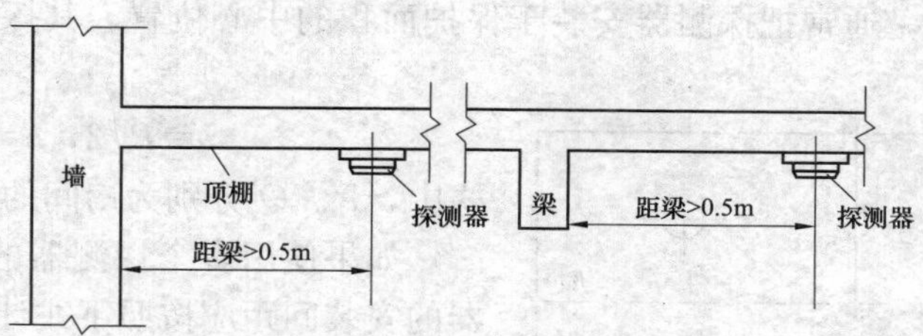

图 3－26　探测器至墙壁、梁边的水平距离

(2) 探测器周围 0.5m 内，应无遮挡物。

(3) 探测器应靠回风口安装，探测器至空调送风口边的水平距离，应不小于 1.5m，如图 3－27 所示。

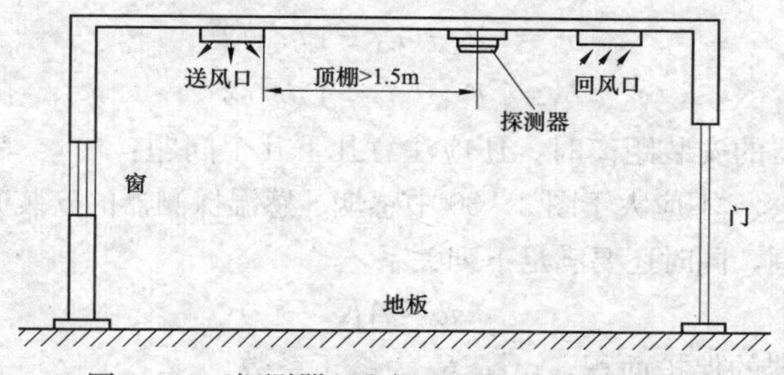

图 3－27　探测器至空调送风口边的水平距离

(4) 在小于 3m 宽度的内走道顶棚上设置探测器时，居中布置。两只感温探测器间的安装间距，不应超过 10m；两只感烟探测器间的安装间距，应不超过 15m。探测器距端墙的距离，不应大于探测器安装间距的一半，如图 3－28 所示。

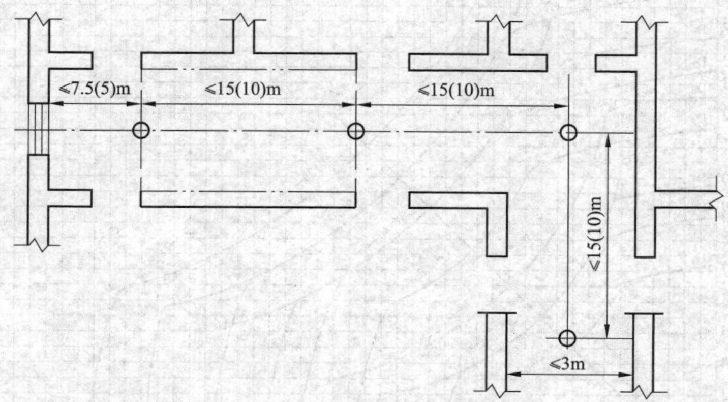

图 3－28　探测器在走道顶棚上安装示意图

2. 探测器安装间距的确定

现代建筑消防工程的设计中应依据建筑、土建及相关工种提供的图样、资料等条件，正确地布置火灾探测器。探测器的安装间距指的是安装的相邻两个火灾探测器之间的水平距离，它由保护面积的 A 和屋顶坡度 θ 决定。

火灾探测器的安装间距如图 3－29 所示，假定由点画线将房间分为相等的小矩形作为一

个探测器的保护面积，通常把探测器安装于保护面积的中心位置。其探测器安装间距 a、b 应按下式计算

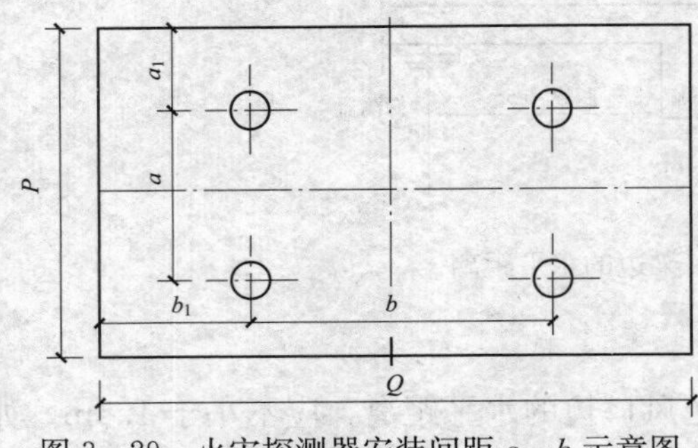

图 3-29　火灾探测器安装间距 a、b 示意图

$$a=P/2,\ b=Q/2$$

式中，P、Q 分别为房间的宽度和长度。

如果使用多个探测器的矩形房间，则探测器的安装间距应按照下式计算

$$a=P/n_1,\ b=Q/n_2$$

式中：n_1 为每列探测器的数目；n_2 为每行探测器的数目。

探测器和相邻墙壁之间的水平距离应按下式计算

$$a_1=[P-(n_1-1)a]/2$$

$$b_1=[P-(n_2-1)b]/2$$

在确定火灾探测器的安装距离时，还应注意几下几个问题：

(1) 但所计算的 a、b 不应大于图 3-30 中感烟、感温探测器的安装间距极限曲线 D_1～D_{11}（含 D'_9）所规定的范围，同时还要满足下列关系

$$ab \leqslant AK$$

式中：A 为一个探测器的保护面积，m^2；K 为修正系数。

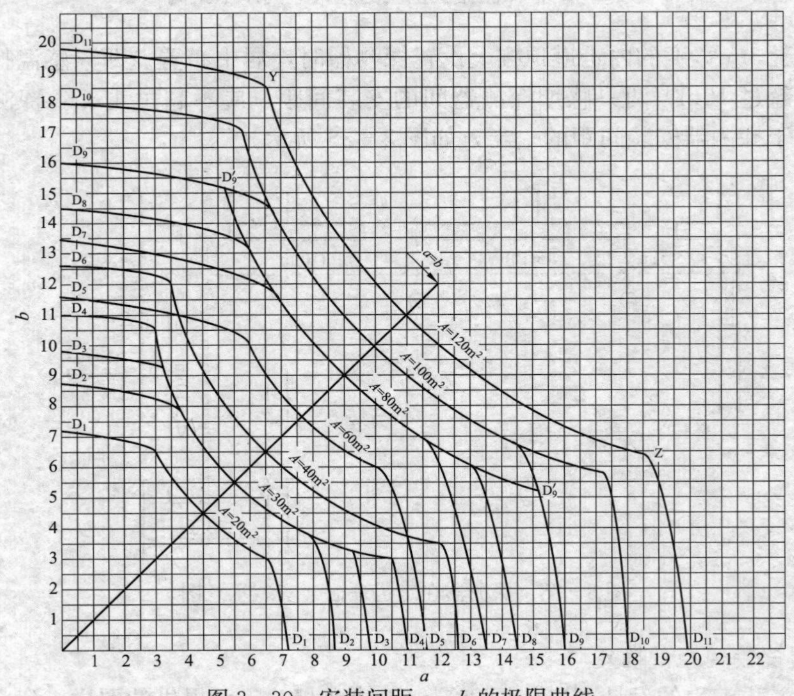

图 3-30　安装间距 a、b 的极限曲线

A—探测器的保护面积（m^2）；a、b—探测器的安装间距（m）；

D_1～D_{11}（含 D'_9）—在不同保护面积 A 和保护半径 R 下确定探测器安装间距 a、b 的极限曲线；

Y、Z—极限曲线的端点（在 Y 和 Z 两点的曲线范围内，保护面积可得到充分利用）

(2) 探测器至墙壁水平距离 a_1、b_1 均应不小于 0.5m。

(3) 对于使用多个探测器的狭长房间，比如宽度小于 3m 的内通道走廊等处，在顶棚设置探测器时，为使装饰美观，宜居中心线布置。可按最大保护半径 R 的 2 倍作为探测器的安装间距，取 $1R$ 为房间两端的探测器距端墙的水平距离。

(4) 通常来说，感温探测器的安装间距不应超过 10m，感烟探测器的安装间距不应超过 15m，且探测器到端墙的水平距离不应大于探测器安装间距的一半。

3. 火灾探测器的固定

探测器由底座与探头两部分组成，属于精密电子仪器，在建筑施工交叉作业时，一定要保护好。在安装探测器时，应先安装探测器底座，当整个火灾报警系统全部安装完毕时，再安装探头并做必要的调整工作。

常用的探测器底座就其结构形式有普通底座、防爆底座、编码型底座、防水底座等专用底座；根据探测器的底座是否明、暗装，又可以区分成直接安装和用预埋盒安装的形式。

探测器的明装底座有的可以直接安装于建筑物室内装饰吊顶的顶板上，如图 3－31 所示。需要与专用盒配套安装或者用 86 系列灯位盒安装的探测器，盒体要和土建工程配合，预埋施工，底座外露于建筑物表面，如图 3－32 所示。使用防水盒安装的探测器，如图 3－33 所示。探测器如果安装在有爆炸危险的场所，应使用防爆底座，做法如图 3－34 所示。如图 3－35 所示于编码型底座的安装，带有探测器锁紧装置，可避免探测器脱落。

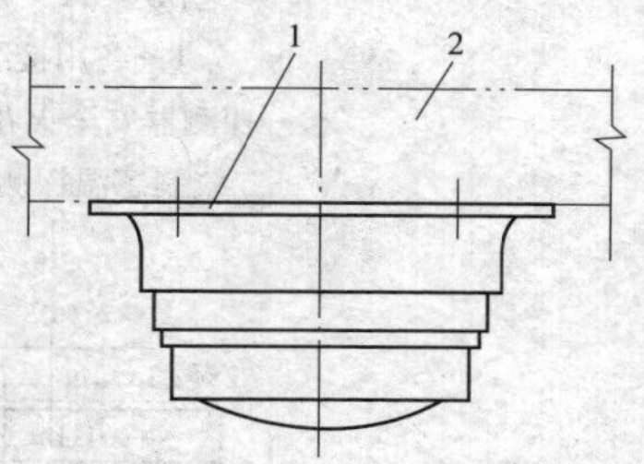

图 3－31　探测器存吊顶顶板上的安装

1—探测器；2—吊顶顶板

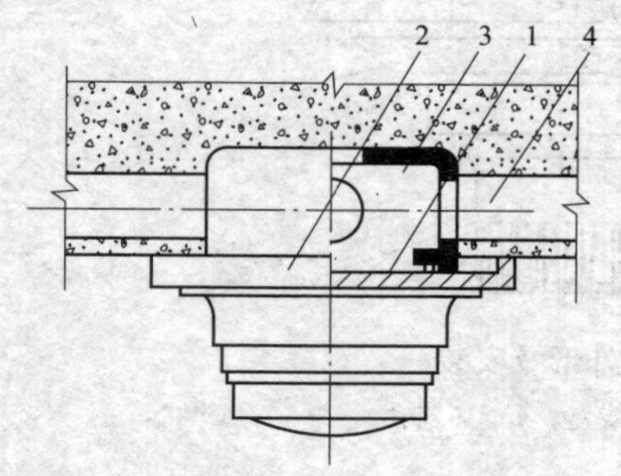

图 3－32　探测器用预埋盒安装

1—探测器；2—底座；3—预埋盒；4—配管

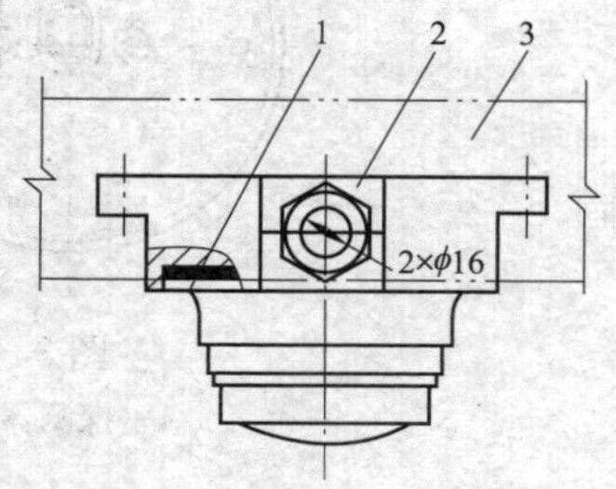

图 3－33　探测器用 FS 型防水盒安装

1—探测器；2—防水盒；3—吊顶或天花板

探测器或底座上的报警确认灯应面向主要入口方向，以便观察。顶埋暗装盒时，应将配管一并埋入，用钢管时应把管路连接成一导电通路。

在吊顶内安装探测器，专用盒、灯位盒应安装于顶板上面，根据探测器的安装位置，先在顶板上钻个小孔，再根据孔的位置，把灯位盒与配管连接好，配至小孔位置，将保护管固定在吊顶的龙骨上或者吊顶内的支、吊架上。灯位盒应紧贴在顶板上面，然后对顶板上的小孔扩大，扩大面积应不大于盒口面积。

由于探测器的型号、规格繁多，其安装方式各异，因此在施工图下发后，应仔细阅读图

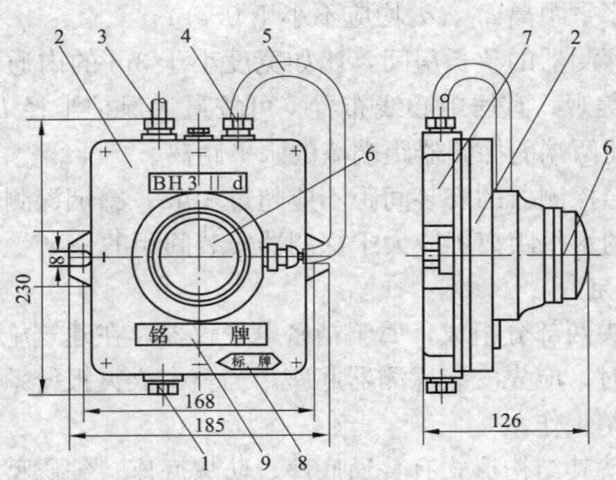

图 3-34　用 BHJW—1 型防爆底座安装感温式探测器

1—备用接线封口螺母；2—壳盖；3—用户自备线路电缆；
4—探测器安全火花电路外接电缆封口螺母；5—安全火花电路外接电缆；
6—二线制感温探测器；7—壳体；8—“断电后才可启盖”标牌；9—铭牌

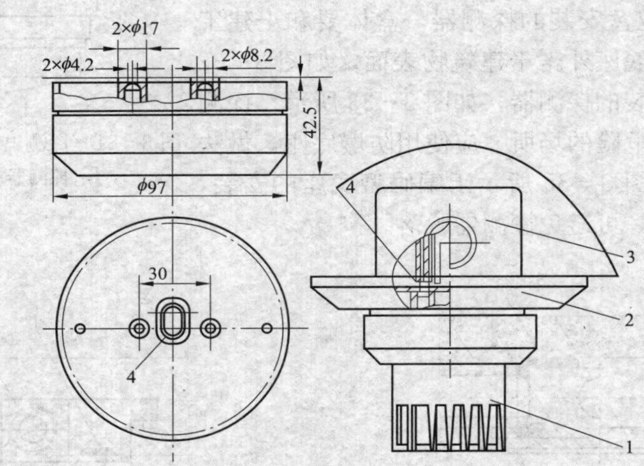

图 3-35　编码型底座的外形及安装

1—探测器；2—装饰圈；3—接线盒；4—穿线孔

纸和产品样本，了解产品的技术说明书，做到正确地安装，实现合理使用的目的。

4. 火灾探测器的接线与安装

探测器的接线其实就是探测器底座的接线，安装探测器底座时，应先把预留在盒内的导线剥出线芯 10～15mm（注意保留线号）。将剥好的线芯连接于探测器底座各对应的接线端子上，需要焊接连接时，导线剥头应焊接焊片，利用焊片接于探测器底座的接线端子上。

不同规格型号的探测器其接线方法也有所不同，一定要按照产品说明书进行接线。接线完毕后，将底座用配套的螺栓固定在预埋盒上，并上好防潮罩。根据设计图检查无误后再拧上。

当房顶坡度 $\theta>15°$时，探测器应在人字坡屋顶下的最高处安装，如图 3-36 所示。

当房顶坡度 $\theta\leqslant45°$时，探测器可直接安装在屋顶板面上，如图 3-37 所示。

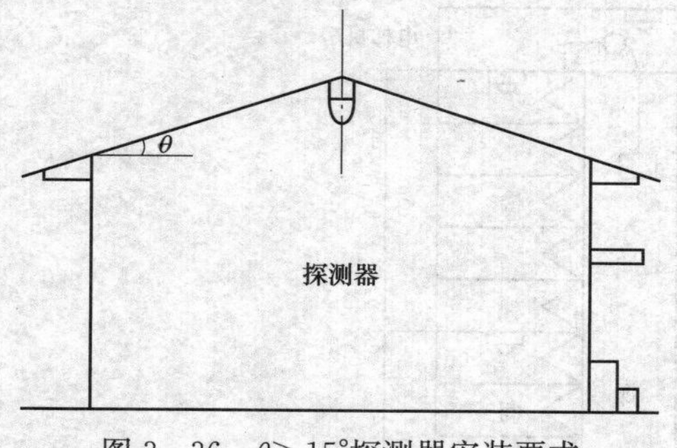

图 3-36　θ>15°探测器安装要求

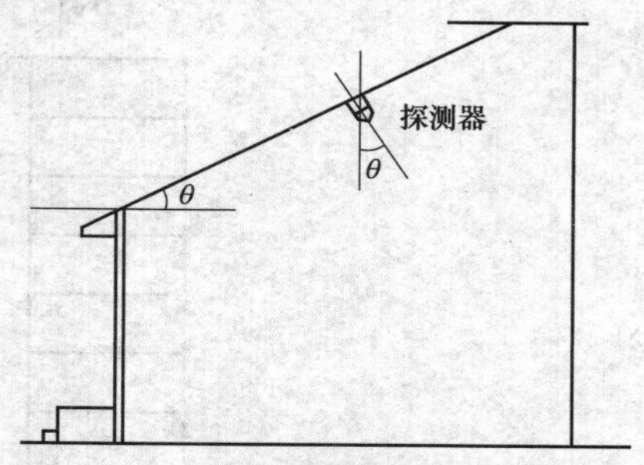

图 3-37　θ≤45°探测器安装要求

锯齿形屋顶，当 θ>15°时，应在每个锯齿屋脊之下安装一排探测器，如图 3-38 所示。当房顶坡度 θ>45°时，探测器应加支架，水平安装，如图 3-39 所示。

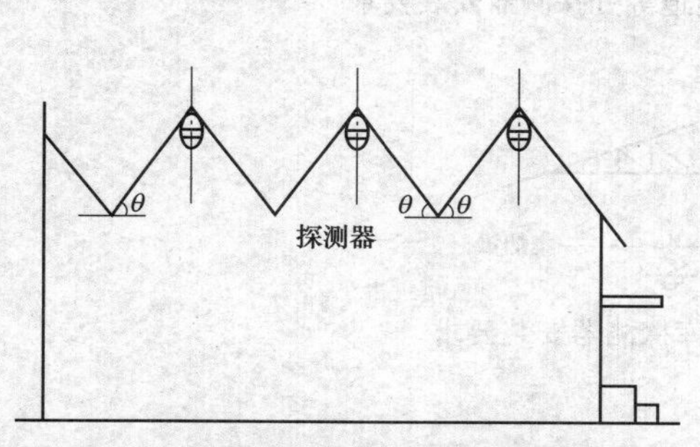

图 3-38　θ>15°锯齿形屋顶探测器安装要求

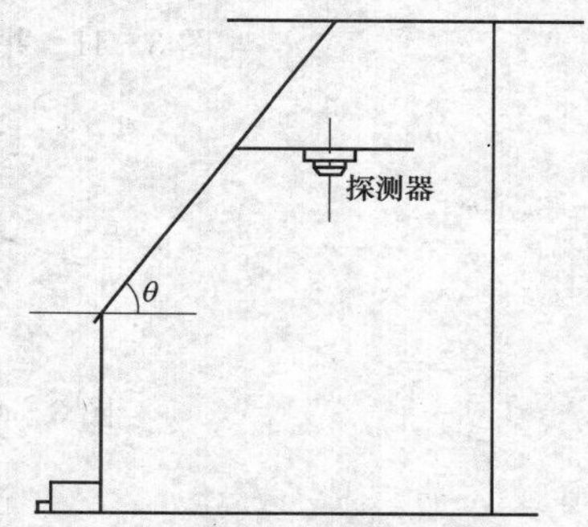

图 3-39　θ>45°探测器安装要求

探测器确认灯，应面向方便人员观测的主要入口方向，如图 3-40 所示。

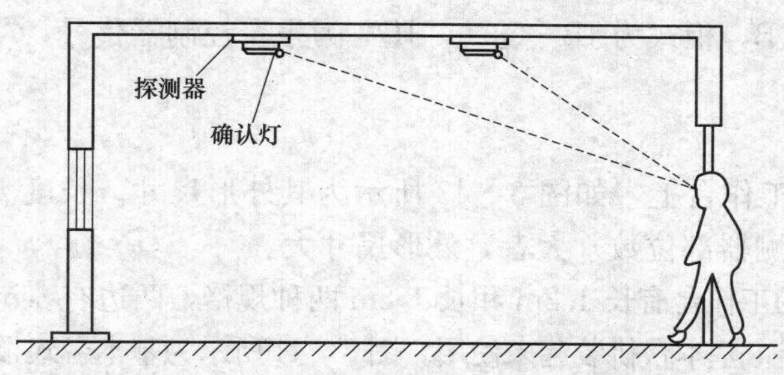

图 3-40　探测器确认灯安装方向要求

在电梯井、管道井以及升降井处，可以只在井道上方的机房顶棚上安装一只感烟探测器。在楼梯间、斜坡式走道处，可以按垂直距离每 15m 高处安装一只探测器，如图 3-41 所示。

在无吊顶的大型桁架结构仓库，应采用管架把探测器悬挂安装，下垂高度应按实际需要选取。在使用烟感探测器时，应该加装集烟罩，如图 3-42 所示。

当房间被书架、设备等物品隔断时，若分隔物顶部至顶棚或梁的距离小于房间净高的 5%，则每个被分割部分至少安装一只探测器。

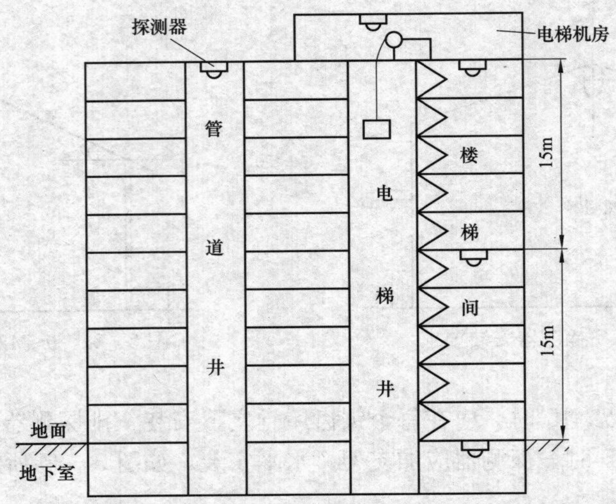

图 3-41　井道、楼梯间、走道等处探测器安装要求

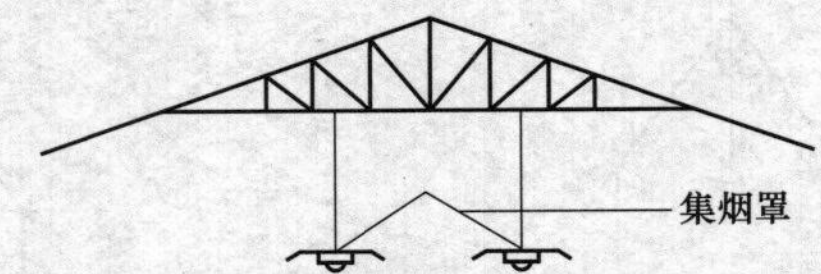

图 3-42　桁架结构仓库探测器安装要求

二、火灾报警控制器的安装

(一) 火灾报警控制器的安装方法

火灾报警控制器可以分为台式、壁挂式以及柜式三种类型。国产台式报警器型号为 JB-QT，壁挂式为 JB-QB，柜式为 JB-QG。“JB” 为报警控制器代号，“T”“B”“G” 分别为台、壁以及柜代号。

1. 台式报警器

台式报警器放在工作台上，如图 3-43 所示为其外形尺寸。长度 L 和宽度 W 为 300～500mm。容量（带探测器部位数）大者，外形尺寸大。

放置台式控制器的工作台有长 1.2m 和长 1.8m 两种规格，两边有 3cm 的侧板，当一个基本台不够用时，可将若干个基本台拼装起来使用。图 3-44 所示为基本台式报警器的安装方法。

2. 壁挂式区域报警器

壁挂式区域报警器是悬挂在墙壁上的。所以它的后箱板应该开有安装孔。报警器的安装尺寸如图 3-45 所示。

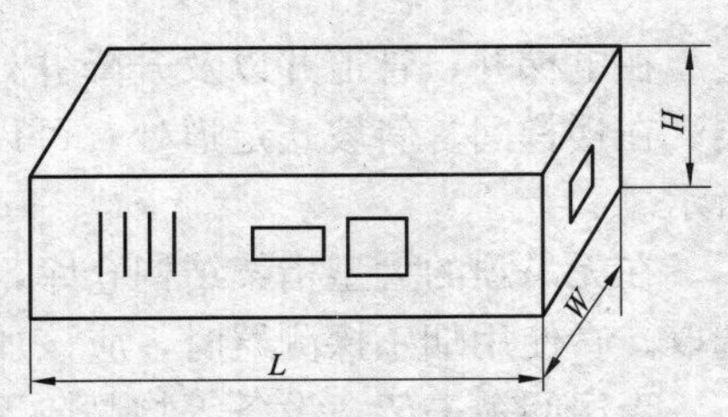

图 3-43　台式报警器外形图

在安装孔处的墙壁上，土建施工时，预先埋好固定铁件（带有安装螺孔），并且预埋好穿线钢管、接线盒等。一般进线孔在报警器上方，因此接线盒位置应在报警器上方，靠近报警器的地方。

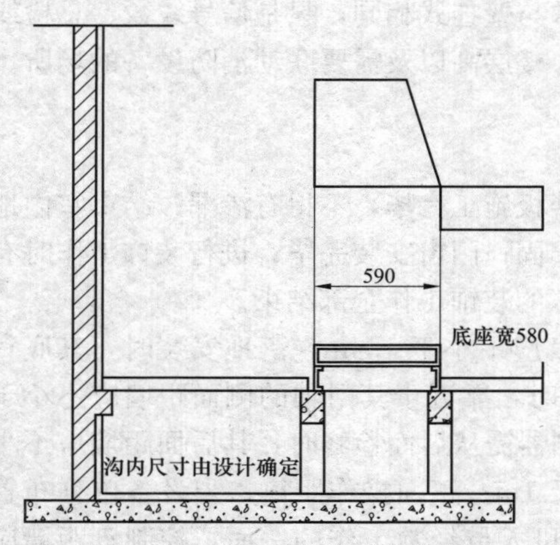

图 3-44 台式报警器的安装方法

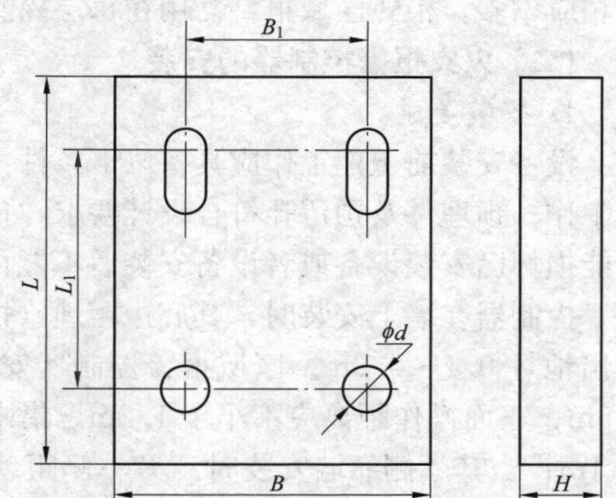

图 3-45 壁挂式区域报警器的安装尺寸

安装报警器时，应先将电缆导线穿好，再将报警器放好，用螺钉将其紧固住，然后按接线要求接线。

一般壁挂式报警器箱长度 L 是 500～800mm，宽度 B 是 400～600mm，B_1 为 300～400mm，孔径 d 为 10～12mm，其具体安装尺寸详见各厂家产品说明书。

3. 柜式区域报警器

如图 3-46 所示为柜式区域报警器外形尺寸。一般长 L 约为 500mm，宽 W 约为 400mm，而高 H 约是 1900mm。孔距 L_1 为 300～320mm，W_1 为 320～370mm，孔径 d 为 12～13mm。柜式区域报警器安装于预制好的电缆沟槽上，底脚孔用螺钉紧固，然后按接线图接线。图 3-47所示为柜式报警器的安装方法。

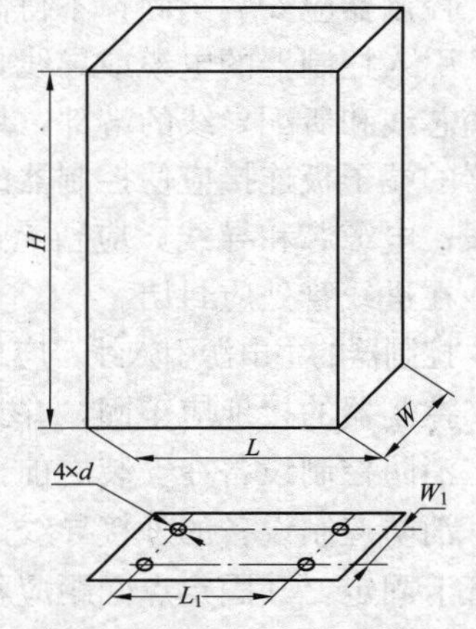

图 3-46 柜式区域报警器外形尺寸

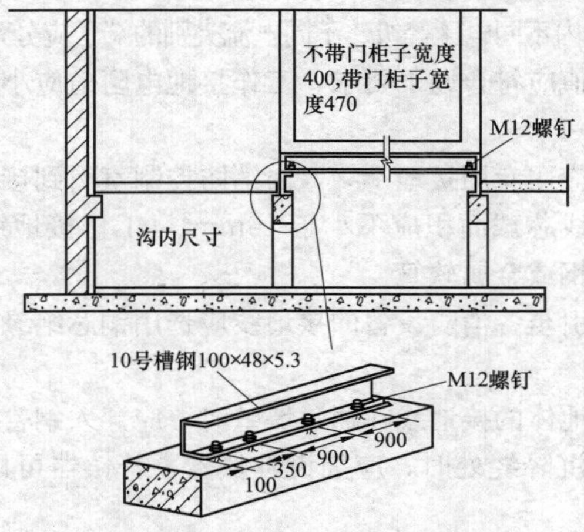

图 3-47 柜式区域报警器的安装方法

柜式区域报警器容量比壁挂式大，接线方式通常与壁挂式相同，只是信号线数、总检线数相应增多。柜式区域报警器用在每层探测部位多、楼层高以及需要联动消防设备的场所。

（二）火灾报警控制器的安装

1. 安装要求

设备安装前土建工作应具备以下条件：屋顶、楼板施工完毕，不得有渗漏；结束室内地面工作；预埋件及预留孔符合设计要求，预埋件应牢固；门窗安装完毕；进行装饰工作时有可能损坏已安装设备或者设备安装后不能再进行施工的装饰工作全部结束。

控制器在墙上安装时，其底边距地（楼）面高度应不小于 1.5m，落地安装时，其底宜高出地坪 0.1～0.2m。区域报警控制器安装于墙上时，靠近于其门轴的侧面距墙应不小于 0.5m；正面操作距离应不小于 1.2m。集中报警控制器需从后面检修时，其后面距墙应不小于 1m；当其一侧靠墙安装时，另一侧距墙应不小于 1m；正面操作距离，当设备单列布置时应不小于 1.5m，双列布置时应不小于 2m；在值班人员经常工作的一面，控制盘距墙应不小于 3m。

控制器应安装牢固，不得倾斜；安装于轻质墙上时，应采取加固措施。

引入控制器的电缆或导线，应符合以下要求：配线应整齐，避免交叉，并应固定牢靠；电缆芯线和所配导线的端部，均应标明编号，并且和图样一致，字迹清晰，不易褪色；与控制器的端子板连接应使控制器的显示操作规则且有序；端子板的每个接线端，接线不得超过两根；电缆芯和导线，应留有不小于 20cm 的余量；导线应绑扎成束；导线引入线穿线之后，在进线管处应封堵。

控制器的主电源引入线，应直接与消防电源连接，禁止使用电源插头，主电源应有明显标志。

控制器的接地应牢固，并且有明显标志。

消防控制设备在安装之前，应进行功能检查，不合格者，不得安装。

消防控制设备的外接导线，当采用金属软管作套管时，其长度不宜大于 2m，并且应采用管卡固定，其固定点间距应不大于 0.5m。金属软管和消防控制设备的接线盒（箱），应采用螺母固定，并应根据配管规定接地。

消防控制设备外接导线的端部，应有明显标志。

消防控制设备盘（柜）内不同电压等级、不同电流类别的端子应分开，并且有明显标志。

消防控制室接地电阻值应符合以下要求：工作接地电阻值应小于 4Ω；采用联合接地时，接地电阻值应小于 1Ω。

当采用联合接地时，应用专用接地干线，由消防控制室引到接地体。专用接地干线应用铜芯绝缘电线或电缆，其线芯截面积应不小于 16mm^2。工作接地线应采用铜芯绝缘导线或者电缆，不得利用镀锌扁钢或金属软管。

由消防控制室接地板引至各消防设备的接地线应选用铜芯绝缘软线，并且其线芯截面积应不小于 4mm^2。

由消防控制室引到接地体的接地线在通过墙壁时，应穿入钢管或其他坚固的保护管。接地线跨越建筑物伸缩缝、沉降缝处时，应加设补偿器，补偿器可以用接地线本身弯成弧状代替。

工作接地线和保护接地线必须分开，保护接地线导体不得用金属软管代替。

接地装置施工完毕之后，应及时作隐蔽工程验收。验收应包括以下内容：测量接地电阻，并作记录；查验应提交的技术文件；审查施工质量。

2. 控制器的接线

报警控制器的接线是指使用线缆把其外接线端子与其他设备连接起来，不同设备的外接线端子会有一些差别，应根据设备的说明书进行接线。下面是以某公司 JB－QG－GST200 型汉字液晶显示火灾报警控制器为例介绍接线方法。

JB－QG－GST200 型汉字液晶显示火灾报警控制器（联动型）为柜式结构设计，如图 3－48所示为其外部接线端子。

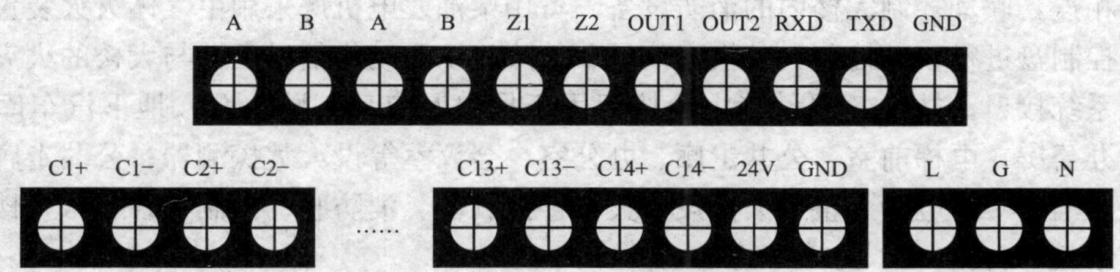

图 3－48　JB－QG－GST200 型火灾报警控制器外部接线端子示意图

其中：

A、B：连接其他各类控制器及火灾显示盘的通信总线端子。

Z1、Z2：无极性信号二总线端子。

OUT1、OUT2：火警报警输出端子（无源常开控制点，报警时闭合）。

RXD、TXD、GND：连接彩色 CRT 系统的接线端子。

CN＋、CN－（N＝1～14）：多线制控制输出端子。

＋24V、GND：DC 24V、6A 供电电源输出端子。

L、G、N：交流 220V 接线端子及交流接地端子。

布线要求：DC 24V、6A 供电电源线在竖井内采用 BV 线，截面积大于或等于 4.0mm^2，在平面采用 BV 线，截面积大于或等于 2.5mm^2，其余线路要求相同于 JB-QB-GST200 型汉字液晶显示火灾报警控制器（联动型）。

3. 火灾报警系统接地装置安装

火灾报警系统应有专用的接地装置。在消防控制室安装专用接地板。当采用专用接地装置时，接地电阻不应小于 4Ω；采用公用接地装置时，接地电阻应不小于 1Ω。火灾自动报警系统应设专用接地干线，它应采用铜芯绝缘导线，其总线截面积应不小于 25mm^2，专用接地干线宜穿管直接连接地体。由消防控制室专用接地极引到各消防电子设备的专用接地线应选用铜芯塑料绝缘导线，其总线截面积应不小于 4mm^2。系统接地装置安装时，工作接地线应采用铜芯绝缘导线或者电缆，由消防控制室引至接地体的工作接地线，在通过墙壁时，应穿入钢管或者其他坚硬的保护管。工作接地线和保护接地线必须分开。

第八节　案例分析

1. 概述

工程概况如下：某大楼是一幢办公楼，属二类高层民用建筑。大楼地下一层为汽车库，层高 4.8m，耐火等级为一级。地上一层至十八层为办公楼，层高 3m，耐火等级为二级。大楼最高处 54.9m，建筑面积 28288m²。其中地下车库 2236m²。地下车库划分为两个防火分区，地上各层每层为一个防火分区。

2. 系统概要

按《建筑设计防火规范》（GB 50016—2014）、《火灾自动报警系统设计规范》（GB 50116—2013）等有关规定，该高层办公楼火灾自动报警系统保护对象分级为二级，采用集中报警系统形式，火灾自动报警及联动系统采取分体化设计。手动和自动报警装置与火灾报警控制器相连，联动控制大楼内的消防设备。备用柴油发电机房采用由气体灭火装置配套的气体灭火控制盘进行联动控制，其报警信号、故障显示及动作信号反馈与大楼的火灾自动报警及联动系统接口。楼内各层设消火栓按钮用于报警及启动消防水泵；地下汽车库和设备房、物业办公房、电梯前室、公共走廊、办公室、会议室等设火灾探测器；公共走廊设手动报警按钮及消防对讲电话。整个大楼设火灾报警控制器、消防联动控制器各一台，楼层每层设火灾显示盘一台。

消防控制中心设台式报警装置，机箱内配装消防电话、消防广播和备用电源等附属设备，火灾自动报警控制器通过 RS－232 通信接口与消防联动控制器连接。当得到报警信息后，首先进行火灾确认，当确认火灾发生后，执行一系列的灭火救援程序。火灾报警控制器自动记录发生火灾的时间和地点，联动开启相应区域消防警铃及消防广播，切断火灾楼层及相邻楼层的非消防电源，迫降电梯停于首层，联动开启报警楼层及相邻楼层送风阀及排烟阀，开启排烟机、正压送风机等消防设备，控制中心值班人员并拨打 119 报警。

3. 火灾自动报警系统

(1) 火灾探测器的设置。大楼地下汽车库的火灾探测器选择感温探测器，其他场所选择智能型光电感烟探测器。封闭的楼梯间单独划分一个探测区域，并每隔 3 层设置一个智能型光电感烟探测器。消防电梯与防烟楼梯间合用的前室分别单独划分探测区域。由于前室与电梯竖井、疏散楼梯间及走道相通，是人员疏散和消防扑救的必经之地，且火灾时烟气容易聚集，故在电梯前室设置智能型光电感烟探测器。

备用柴油发电机房采用气体灭火装置配套的感烟、感温探测器及气体灭火控制盘。气体灭火控制系统的报警、放气、故障等信号要反馈给大厦的火灾自动报警系统。

(2) 手动火灾报警按钮与消火栓按钮的设置。手动报警按钮选用智能型报警按钮（带地址编码），含电话插孔。手动报警按钮主要设置在电梯前室、楼梯前室及公共走廊等部位。设置的手动报警按钮要保证“从一个防火分区内的任何位置到最邻近的一个手动火灾报警按钮的距离应不大于 30m”的规范要求。

消火栓按钮既能向消防控制中心报警，同时能直接起动消防水泵。消防水泵起动后点亮消火栓起动指示灯。每个消火栓箱处设置一个消火栓按钮。

(3) 火灾应急广播扬声器的设置。在合用的电梯前室和公共走廊、大会议室、地下汽车库、大厅等部位设置火灾应急广播扬声器，并遵守规范“从一个防火分区内的任何部位到最近的一个扬声器的距离不大于 25m”及“走道内最后一个扬声器至走道末端的距离应不大于 12.5m”的规定，设置火灾应急广播扬声器，以利于火灾应急播放疏散指令。

(4) 火灾警报装置的设置。在每个手动报警按钮处设置火灾警报装置，在柴油发电机房门口、消防控制中心设置火灾声光报警装置，由消防联动控制器发出联动控制信号控制。

（5）消防专用电话的设置。消防控制中心设置消防专用电话总机。在消防水泵房、备用柴油发电机房、计算机房、高低压配电房、主要通风与空调机房、排烟风机房、消防电梯机房等部位设置消防专用电话分机。

4．消防联动控制系统

（1）消防水泵的控制。其控制方式有三种：一是通过火灾现场的消火栓按钮直接启动消防泵；二是在消防控制中心通过手动按钮直接起停消防泵；三是消防联动控制器通过总线编码输出模块控制消防泵的起停。消防泵的起动信号的反馈通过一个输入模块进行监测。消防泵的主、备用状况可通过输入模块监控。消防稳压泵的运行、停止、故障状况的监测通过输入模块来进行。

（2）自动喷水灭火系统的控制。当火灾发生时，玻璃球喷头熔破，水流通过破裂的喷头向外洒水，随着水的流动及管网压力的降低使水流指示器、湿式报警阀、压力开关相继动作，延时20s后，通过输入模块将报警信号传至火灾报警控制器，进行逻辑判断，确认火警后发出声光报警信号，起动喷淋水泵等消防设备。喷淋泵的联动控制，除无现场报警按钮控制外，其他基本上与消防水泵的控制相同。

（3）防排烟控制。当火灾报警控制器确认建筑物内某层发生火灾后，由消防控制中心的联动控制系统中装于现场的智能输入输出模块输出电信号，电信号通过继电器接通火灾层及相邻上、下两层的排烟阀、送风阀，并启动相应的排烟风机和正压送风机，停止相应范围内的空调风机和切断非消防电源，关闭相应区域内的空调通风防火阀，同时将停止信号反馈至消防控制中心。在消防控制中心内可设置手动起动停止按钮，以便对机械防烟、排烟风机进行应急控制。

（4）电梯控制。消防电梯是高层建筑的必备设施。其作用有两个：一是当火灾发生时，正常电梯因断电和防烟火而停止使用，消防电梯则作为垂直疏散的通道之一备用；二是作为消防队员登高扑救的重要运送工具。消防电梯前室因无开启外窗自然排烟的条件，设置机械加压送风系统以保证消防救援的顺利进行。

需要特别强调的是，不管是总线联动系统的还是多线联动系统，设计时都必须和各个联动设备的一、二次线路的设计紧密结合，考虑该设备的控制需要控制中心发出几个命令，向控制中心返回几个状态信号，然后再选择满足上述要求的输入输出模块。同时，根据有关规范要求，控制中心和消防泵、正压送风机、防排烟风机之间必须有硬线连接，以保证控制中心对这些重要的消防设备，既可进行逻辑自动的联动控制，又可以手动操作即一对一直观的控制操作，并可以在控制盘上直接反映设备实时的工作状态，实现消防重要设施双保险功能。各个联动设备就地均需设置控制箱，当消防控制中心操作失灵等意外情况发生时，就地控制仍然能有效对联动设备进行操作。

（5）应急照明控制。本设计应急照明由双电源末端切换箱供电。当非消防电源切除后，火灾应急照明灯和疏散指示灯应急电源接通。如果外界电源完全中断，应急照明灯和疏散指示灯依靠自带的电池组放电，维持照明时间30min。

（6）气体灭火系统控制。当气体灭火控制盘到任一探测器报警时，起动声光报警器。当感温、感烟探测器同时报警，通过体灭火控制盘延时30s后，起动放气阀喷放灭火剂灭火。当控制盘接到喷洒信号后，起动放气门灯，提示柴油发电机房正在自动灭火，切勿入内。同时，通过控制装置的接口，将有关信息传送至消防控制中心。

5. 电源、布线与接地

大楼的消防控制中心设于首层，面积约 20m。消防控制中心的门为防火门，对外设有通道，其通道直接通向室外，控制中心内设置通风及空调系统。消防控制中心设专用接地板。火灾自动报警系统设专用接地干线，线芯为铜芯，接地主干线截面不小于 25mm^2。接地干线从消防控制中心专用接地板引至大楼共用接地体。

6. 设计思考

(1) 设计时要根据具体工程的情况，针对高层民用建筑物的功能、用途及保护对象的防火等级、防火分区，认真执行现行国家有关标准及规范，采纳当地公安消防监督部门的意见。针对特定建筑物，采取适当的技术标准，是设计者追求的技术与经济统一的目标。

(2) 熟悉具体工程内容，不同场所对火灾自动报警装置的要求不同，掌握相关专业如消防、给排水、通风空调、电梯、照明等设备工况，及其对报警及联动系统的要求，设计出切实可行、满足要求的火灾自动报警及联动系统。

(3) 火灾自动报警及联动系统的设计应多根据实际情况从维护与使用角度出发，降低自动消防系统的维护使用成本，提倡可靠、经济、适用、适当先进的原则，为建筑增值。

(4) 火灾自动报警及联动系统是自动消防设施的重要组成部分，是人们同火灾做斗争的重要工具。因此，要不断地总结，重视工程建设施工及使用过程中反映出的问题和系统实际运行中的经验，提高火灾自动报警及联动控制系统的设计水平。

第四章　室内消火栓系统的设计与施工

第一节　消火栓系统设计

一、室内消防用水量

（1）建筑物内同时设置室内消火栓系统、水喷雾灭火系统、自动喷水灭火系统、泡沫灭火系统或固定消防灭火系统时，其室内消防用水量应按照需要同时开启的上述系统用水量之和计算；当上述多种消防系统需要同时开启时，室内消火栓用水量可以减少 50%，但不得小于 10L/s。

（2）高层民用建筑的室内消火栓用水量应不小于表 4-1 的规定。其他建筑的室内消火栓用水量应根据水枪充实水柱长度及同时使用水枪数量经计算确定，且不应小于表 4-2 的规定。

表 4-1　　高层民用建筑的室内消火栓用水量

建筑类别	建筑高度/m	消火栓用水量/(L/s)	每根竖管最小流量/(L/s)
普通住宅建筑	≤50	10	10
	>50	20	10
二类高层民用建筑和除普通住宅建筑外的其他高层住宅建筑	≤50	20	10
	>50	30	15
一类高层公共建筑和除住宅建筑外的其他一类高层居住建筑	≤50	30	15
	>50	40	15

表 4-2　　其他建筑的室内消火栓用水量

建筑物名称	高度 h/m、层数、体积 V/m^3 或座位数 n/个		消火栓用水量/(L/s)	同时使用水枪数量/支	每根竖管最小流量/(L/s)
厂房	h≤24	V≤10 000 V>10 000	5 10	2 2	5 10
	24<h≤50 h>50		25 30	5 6	15 15
仓库	h≤24	V≤5000 V>5000	5 10	1 2	5 10
	24<h≤50 h>50		30 40	6 8	15 15

续表

建筑物名称	高度 h/m、层数、体积 V/m^3 或座位数 n/个	消火栓用水量/(L/s)	同时使用水枪数量/支	每根竖管最小流量/(L/s)
科研楼、试验楼	$H \leqslant 24$，$V \leqslant 10\,000$ $H \leqslant 24$，$V > 10\,000$	10 15	2 3	10 10
车站、码头、机场的候车（船、机）楼和展览建筑等	$5000 < V \leqslant 25\,000$ $25\,000 < V \leqslant 50\,000$ $V > 50\,000$	10 15 20	2 3 4	10 10 15
剧院、电影院、会堂、礼堂、体育馆建筑等	$800 < n \leqslant 1200$ $1200 < n \leqslant 5000$ $5000 < n \leqslant 10\,000$ $n > 10\,000$	10 15 20 30	2 3 4 6	10 10 15 15
商店、旅馆建筑等	$5000 < V \leqslant 10\,000$ $10\,000 < V \leqslant 25\,000$ $V > 25\,000$	10 15 20	2 3 4	10 10 15
病房楼、门诊楼等	$5000 < V \leqslant 10\,000$ $10\,000 < V \leqslant 25\,000$ $V > 25\,000$	5 10 15	2 2 3	5 10 10
办公楼、教学楼等其他民用建筑	层数≥6 层或 $V > 10\,000$	15	3	10
国家级文物保护单位的重点砖木或木结构的古建筑	$V \leqslant 10\,000$ $V > 10\,000$	20 25	4 5	10 15
住宅建筑	建筑高度大于 24m	5	2	5

注：1. 建筑高度不超过 50m，室内消火栓用水量超过 20L/s，且设置有自动喷水灭火系统的建筑物，其室内消防用水量可按表 4－1 减少 5L/s。

2. 丁、戊类高层厂房（仓库）室内消火栓的用水量可按表 4－2 减少 10L/s，同时使用水枪数量可按本表减少 2 支。

(3) 消防软管卷盘或者轻便消防水龙及住宅建筑楼梯间中的干式消防竖管上设置的消火栓，其消防用水量可以不计入室内消防用水量。

二、消防水枪设计

(一) 消防水枪的充实水柱长度

水枪的充实水柱指的是靠近水枪出口的一段密集不分散的射流。充实水柱长度是指从喷嘴出口起到含有射流总量 90％的一段射流长度。充实水柱具有扑灭火灾的能力，充实水柱长度是直流水枪灭火时的有效射程，如图 4－1 所示。

为防止火焰热辐射烤伤消防队员与使消防水枪射出的水流能射及火源，水枪的充实水柱应具有一定的长度，如图 4－2 所示。

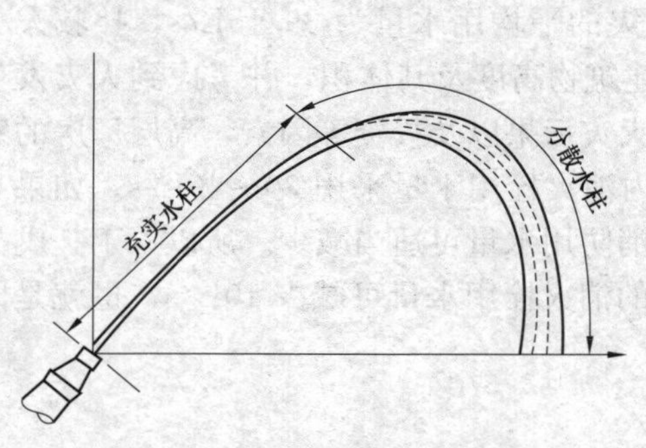

图 4－1　直流水枪密集射流

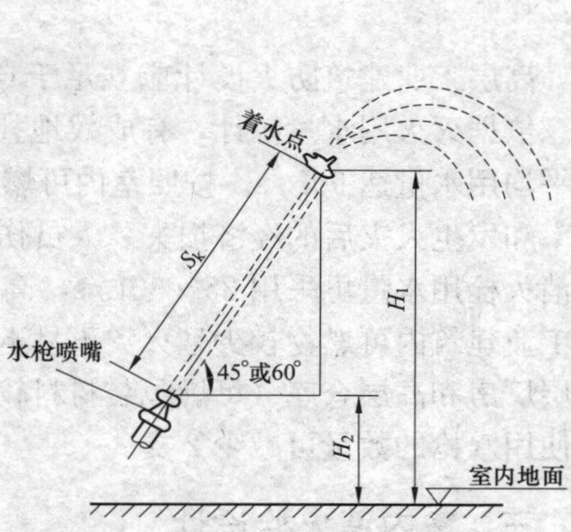

图 4－2　消防射流

建筑物灭火所需的充实水柱长度按照下式计算

$$S_k=\frac{H_1-H_2}{\sin\alpha} \tag{4-1}$$

式中：S_k为所需的水枪充实水柱长度，m；H_1为室内最高着火点距室内地面的高度，m；H_2为水枪喷嘴距地面的高度，m，一般取 1m；α 为射流的充实水柱与地面的夹角，一般取 45°或 60°。

水枪的充实水柱长度应按照式（4－1）计算，但不应小于表 4－3 中的规定。

表 4－3　　各类建筑要求的水枪充实水柱长度

建筑物类别		充实水柱长度/m
低层建筑	一般建筑	≥7
	甲、乙类厂房，大于 6 层民用建筑，大于 4 层厂、库房	≥10
	高架库房	≥13
高层建筑	民用建筑高度大于或等于 100m	≥13
	民用建筑高度小于 100m	≥10
	高层工业建筑	≥13
人防工程内		≥10
停车库、修车库内		≥10

（二）同时使用水枪数量

同时使用水枪数量指的是室内消火栓灭火系统在扑救火灾时需要同时打开灭火的水枪数量。

低层、高层建筑室内消火栓给水系统的消防用水量是扑救初期火灾的用水量。按照扑救初期火灾使用水枪数量及灭火效果统计，在火场出 1 支水枪时的灭火控制率为 40%，同时出 2 支水枪时的灭火控制率可达 65%，可见扑救初期火灾使用的水枪数应不少于 2 支。

考虑到仓库内一般平时无人，着火后人员进入仓库使用室内消火栓的可能性亦不很大。所以，对高度不大（小于 24m）、体积较小（小于 5000m^3）的仓库，可以在仓库的门口处设置室内消火栓，因此采用 1 支水枪的消防用水量。为发挥该水枪的灭火效能，规定水枪的用水量不应小于 5L/s。其他情况的仓库及厂房的消防用水量不应小于 2 支水枪的用水量。

高层工业建筑防火设计应立足于自救，应使其室内消火栓给水系统具有较大的灭火能力。依据灭火用水量统计，有成效地扑救比较大火灾的平均用水量为 39.15L/s，扑救大火的平均用水量达 90L/s。按照室内可燃物的多少、建筑物高度及其体积，并考虑到火灾发生概率和发生火灾后的经济损失、人员伤亡等可能的火灾后果以及投资等因素，高层厂房的室内消火栓用水量可采用 25～30L/s，高层仓库的室内消火栓用水量采用 30～40L/s。如果高层工业建筑内可燃物较少且火灾不易迅速蔓延时，消防用水量可适当减少。所以，丁、戊类高层厂房和高层仓库（可燃包装材料较多时除外）的消火栓用水量可减少 10L/s，也就是同时使用水枪的数量可减少 2 支。

三、室内消火栓设计

（一）室内消火栓的保护半径计算

消火栓的保护半径指的是以消火栓为中心，一定规格的消火栓、水龙带、水枪配套后，消火栓能充分发挥灭火作用的圆形区域的半径，可按照下式计算

$$R=0.8L+S_k\cos\alpha \tag{4-2}$$

式中：R 为消火栓的保护半径，m；L 为水龙带长度，m；S_k为充实水柱长度，m；α 为水枪射流倾角，一般取 45°～60°。

（二）室内消火栓布置间距

室内消火栓布置间距应通过计算确定。

当要求有一股水柱到达室内任何部位，且室内只有一排消火栓时，如图 4-3 所示，消火栓的间距按下式计算

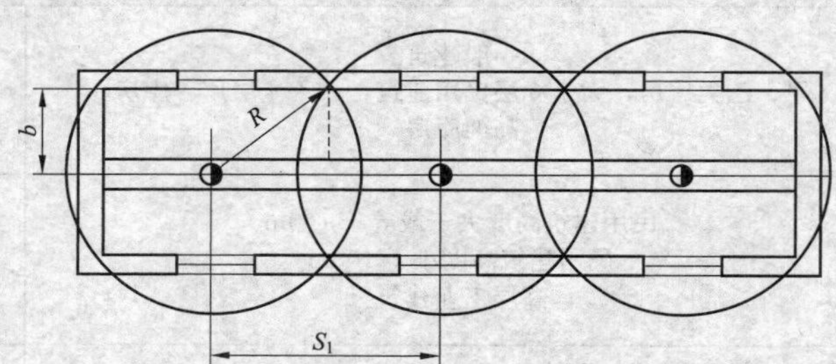

图 4-3　一股水柱时的消火栓布置间距

$$S_1=2\sqrt{R^2-b^2} \tag{4-3}$$

式中：S_1为一股水柱时的消火栓间距，m；b 为消火栓的最大保护宽度，m。

当要求有两股水柱同时到达室内任何部位时，且室内只有一排消火栓，如图 4-4 所示，消火栓间距按照下式计算

$$S_2=2\sqrt{R^2-b^2} \tag{4-4}$$

式中：S_2为两股水柱时的消火栓间距，m。

当房间较宽，要求多股水柱到达室内任何部位，并且需要布置多排消火栓时，消火栓间距按下式计算

$$S_n=\sqrt{2}R=1.41R \tag{4-5}$$

式中：S_n为多排消火栓一股水柱时的消火栓间距，m。

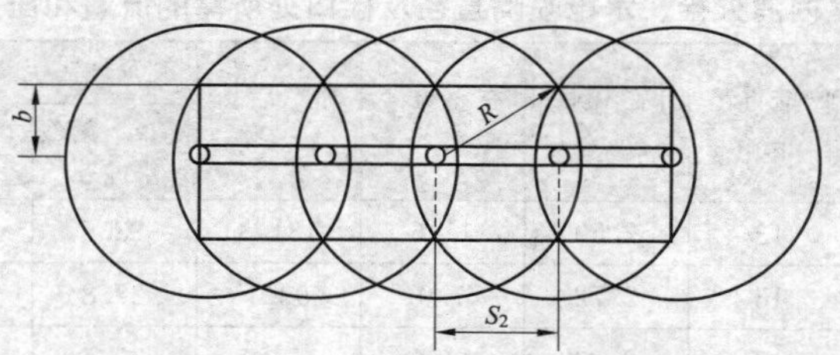

图 4-4　两股水柱时的消火栓布置间距

当要求有一股水柱或者两股水柱到达室内任何部位，并且室内需要布置多排消火栓时，可按照如图 4-5（a）、（b）所示进行布置。

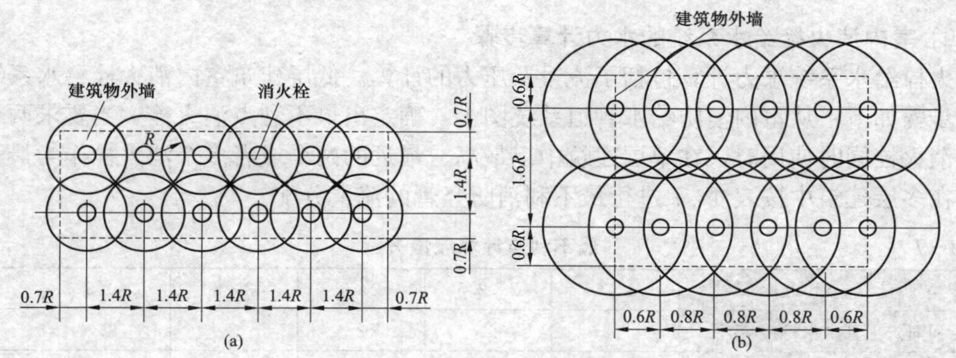

图 4-5　多排消火栓布置间距

（a）一股水柱时的消火栓布置间距；（b）两股水柱时的消火栓布置间距

（三）室内消火栓出口处所需水压

消火栓出口处所需水压下式计算

$$H_{xh}=H_d+H_q=A_zL_dq_{xh}^2+q_{xh}^2/B \tag{4-6}$$

式中：H_{xh}为消火栓出口处所需水压，kPa；H_d为消防水龙带的压力损失，kPa；H_q为水枪喷嘴所需压力；q_{xh}为消防射流量，L/s；A_z为水龙带比阻，按表 4-4 取用；L_d为水龙带长度，m；B 为水流特性系数，与水枪喷嘴直径有关（按表 4-5 取用）。

表 4-4　　水龙带比阻 A_z 值

水龙带口径/mm	比值 A_z 值	
	帆布、麻织水龙带	衬胶水龙带
50	0.1501	0.0677
65	0.0430	0.0172

表 4-5　　水流特性系数 B 值

喷嘴直径/mm	6	7	8	9	13	16	19	22	25
B	0.0016	0.0029	0.0050	0.0079	0.0346	0.0793	0.1577	0.2834	0.4727

水枪出口处所需要的压力 H_q和水枪喷口直径、射流量及充实水柱长度有关，为简化计算根据式（4-6）制成表 4-6。

表 4-6　　室内消火栓、水枪喷嘴直径及栓口处所需的流量和压力

规范要求		栓口直径/mm	喷嘴直径/mm	射流出水量/(L/s)	充实水柱长度/m	喷嘴压力/kPa	水龙带压力损失/kPa		栓口水压/kPa	
Q_{xh} (L/S) ≥	S_{km}≥						帆布、麻织水龙带	衬胶水龙带	帆麻水麻带	衬胶水龙带
2.5	7.0	50	13	2.50	11.6	181.3	23.5	10.6	205	192
			16	2.72	7.0	93.1	27.8	12.5	121	106
2.5	10.0	50	13	2.50	11.6	181.3	23.5	10.6	205	192
		65	16	3.34	10.0	140.8	12.0	4.8	152	146
5.0	10.0	6	19	5.00	11.4	158.3	26.9	10.8	185	169
5.0	13.0	65	19	5.42	13.0	186.1	31.6	12.6	218	199

(四) 室内消火栓给水系统的水力计算步骤

消火栓给水系统水力计算包括了流量及压力的计算。低层建筑室内消火栓给水系统的水力计算步骤如下：从室内消防给水管道系统图上，确定出最不利点消火栓。当要求两个或者有多个消火栓同时使用时，在单层建筑中以最高、最远的两个或者多个消火栓作为最不利供水点。在多层建筑中按表 4-7 进行最不利消防竖管的流量分配。

表 4-7　　最不利点计算流量分配

室内消防计算流量/ (L/s)	1×5	2×2.5	2×5	3×5	4×5	6×5
最不利消防主管出水枪数/支	1	2	2	2	2	3
相邻消防主管出水枪数/支	—	—	—	1	2	3

计算最不利消火栓出口处所需的水压。确定最不利管路（计算管路）及计算最不利管路的沿程压力损失及局部压力损失，其方法相同于建筑内部给水系统水力计算方法。在流速不超过 2.5m/s 的条件下确定管径，消防管道的最小直径为 50mm。管道局部压力损失可以按沿程压力损失的 10%计算。

计算室内消火栓给水系统所需的总压力，即

$$H=10H_0+H_{xh}+\sum h \tag{4-7}$$

式中：H 为室内消火栓给水系统所需总压力，kPa；H_0为最不利点消火栓与室外地坪的标高差，m；H_{xh}为最不利点消火栓出口处所需水压，kPa；$\sum h$ 为计算管路总压力损失，为沿程压力损失与局部压力损失之和，kPa。

核算室外给水管道水压，确定本系统所选用的给水方式。

如果市政给水管道的供水压力符合式（4-7）的条件，则可以选择无加压水泵的室内消火栓供水系统，否则应采用其他供水方式。

第二节　消火栓系统安装

一、消防给水管道和消防水箱布置

1. 室内消防给水管道布置要求

(1) 室内消火栓超过 10 个且室外消防用水量大于 15L/s 时，其消防给水管道应连成环状，且至少应有 2 条进水管与室外管网或消防水泵连接。当其中一条进水管发生事故时，其余的进水管应仍能供应全部消防用水量。

(2) 高层建筑应设置独立的消防给水系统。室内消防竖管应连成环状，每根消防竖管的直径应按通过的流量经计算确定，但应不小于 DN100。

(3) 60m 以下的单元式住宅建筑和 60m 以下、每层不超过 8 户、建筑面积不超过 650m^2 的塔式住宅建筑，当设两根消防竖管有困难时，可设一根竖管，但必须采用双阀双出口型消火栓。

(4) 室内消火栓给水管网应与自动喷水灭火系统的管网分开设置；当合用消防泵时，供水管路应在报警阀前分开设置。

(5) 高层建筑，设置室内消火栓且层数超过 4 层的厂房（仓库），设置室内消火栓且层数超过 5 层的公共建筑，其室内消火栓给水系统和自动喷水灭火系统应设置消防水泵接合器。

消防水泵接合器应设置在室外便于消防车使用的地点，与室外消火栓或消防水池取水口的距离宜为 15～40m。水泵接合器宜采用地上式，当采用地下式水泵接合器时，应有明显标志。

消防水泵接合器的数量应按室内消防用水量计算确定。每个消防水泵接合器的流量宜按 10～15L/s 计算。消防给水为竖向分区供水时，在消防车供水压力范围内的分区，应分别设置水泵接合器。

(6) 室内消防给水管道应采用阀门分成若干独立段。对于单层厂房（仓库）和公共建筑，检修停止使用的消火栓不应超过 5 个。对于多层民用建筑和其他厂房（仓库），室内消防给水管道上阀门的布置应保证检修管道时关闭的竖管不超过 1 根，但设置的竖管超过 3 根时，可关闭 2 根；对于高层民用建筑，当竖管超过 4 根时，可关闭不相邻的两根。

阀门应保持常开，并应有明显的启闭标志或信号。

(7) 消防用水与其他用水合用的室内管道，当其他用水达到最大小时流量时，应仍能保证供应全部消防用水量。

(8) 允许直接吸水的市政给水管网，当生产、生活用水量达到最大且仍能满足室内外消防用水量时，消防泵宜直接从市政给水管网吸水。

(9) 严寒和寒冷地区非采暖的厂房（仓库）及其他建筑的室内消火栓系统，可采用干式系统，但在进水管上应设置快速启闭装置，管道最高处应设置自动排气阀。

2. 消防水箱的设置要求

(1) 设置常高压给水系统并能保证最不利点消火栓和自动喷水灭火系统等的水量和水压的建筑物，或设置干式消防竖管的建筑物，可不设置消防水箱。

(2) 设置临时高压给水系统的建筑物应设置消防水箱（包括气压水罐、水塔、分区给水系统的分区水箱）。消防水箱的设置应符合下列规定：

1) 重力自流的消防水箱应设置在建筑的最高部位。

2) 消防水箱应储存 10min 的消防用水量。当室内消防用水量不大于 25L/s，经计算消防水箱所需消防储水量大于 12m^3时，仍可采用 12m^3；当室内消防用水量大于 25L/s，经计算消防水箱所需消防储水量大于 18m^3时，仍可采用 18m^3。

3) 消防用水与其他用水合用的水箱应采取消防用水不作他用的技术措施。

4）消防水箱可分区设置。并联给水方式的分区消防水箱容量应与高位消防水箱相同。

5）除串联消防给水系统外，发生火灾后由消防水泵供给的消防用水不应进入消防水箱。

(3) 建筑高度不超过 100m 的高层建筑，其最不利点消火栓静水压力不应低于 0.07MPa；建筑高度超过 100m 的建筑，其最不利点消火栓静水压力不应低于 0.15MPa。当高位消防水箱不能满足上述静压要求时，应设增压设施。增压设施应符合下列规定：

1）增压水泵的出水量，对消火栓给水系统不应大于 5L/s；对自动喷水灭火系统不应大于 1L/s。

2）气压水罐的调节水容量宜为 450L。

(4) 建筑的室内消火栓、阀门等设置地点应设置永久性固定标识。

(5) 建筑内设置的消防软管卷盘的间距应保证有一股水流能到达室内地面任何部位，消防软管卷盘的安装高度应便于取用。

二、消火栓按钮安装

消火栓按钮安装于消火栓内，可直接接入控制总线。按钮还带有一对动合输出控制触点，可用来做直接起泵开关。图 4－6 所示为消火栓按钮的安装方法。

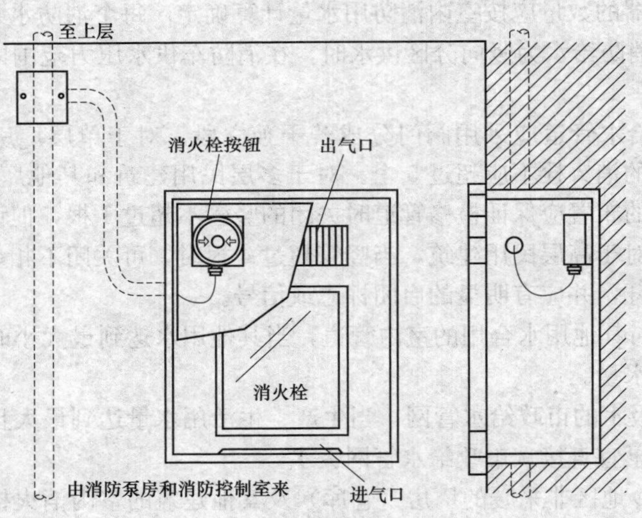

图 4－6　消火栓按钮的安装方法

消火栓按钮的信号总线采用 RVS 型双绞线，截面积大于或等于 $1.0mm^2$；控制线与应答线采用 BV 线，截面积大于或等于 $1.5mm^2$。图 4－7 所示为用消火栓按钮 LD－8403 启动消防泵的接线。

三、消火栓的布置与安装

1. 室内消火栓布置要求

(1) 除无可燃物的设备层外，设置室内消火栓的建筑物，其各层均应设置消火栓。

单元式、塔式住宅建筑中的消火栓宜设置在楼梯间的首层和各层楼层休息平台上，当设 2 根消防竖管确有困难时，可设 1 根消防竖管，但必须采用双口双阀型消火栓。干式消火栓

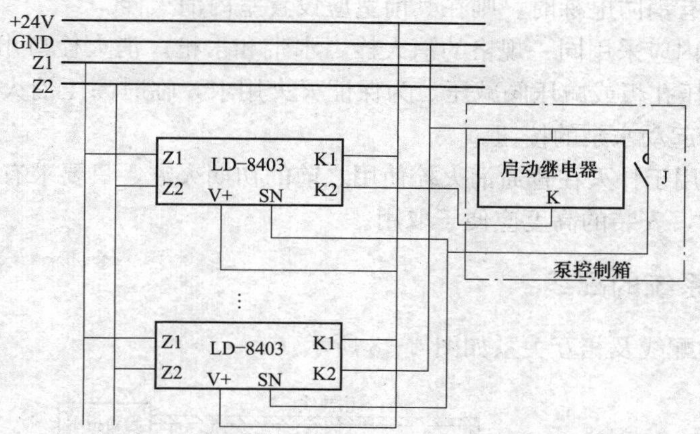

图 4－7　消火栓按钮 LD-8403 起动消防泵接线图

竖管应在首层靠出口部位设置便于消防车供水的快速接口和止回阀。

(2) 消防电梯间前室内应设置消火栓。

(3) 室内消火栓应设置在位置明显且易于操作的部位。栓口离地面或操作基面高度宜为 1.1m，其出水方向宜向下或与设置消火栓的墙面成 90°角；栓口与消火栓箱内边缘的距离不应影响消防水带的连接。

(4) 冷库内的消火栓应设置在常温穿堂或楼梯间内。

(5) 室内消火栓的间距应由计算确定。对于高层民用建筑、高层厂房（仓库）、高架仓库和甲、乙类厂房，室内消火栓的间距应不大于 30m；对于其他单层和多层建筑及建筑高度不超过 24m 的裙房，室内消火栓的间距应不大于 50m。

(6) 同一建筑物内应采用统一规格的消火栓、水枪和水带。每条水带的长度不应大于 25m。

(7) 室内消火栓的布置应保证每一个防火分区同层有两支水枪的充实水柱同时到达任何部位。建筑高度不大于 24m 且体积不大于 $5000m^3$ 的多层仓库，可采用 1 支水枪充实水柱到达室内任何部位。

水枪的充实水柱应经计算确定，甲、乙类厂房、层数超过 6 层的公共建筑和层数超过 4 层的厂房（仓库），应不小于 10m；高层建筑、高架仓库和体积大于 $25\,000m^3$ 的商店、体育馆、影剧院、会堂、展览建筑，车站、码头、机场建筑等，应不小于13m；其他建筑，不宜小于 7m。

(8) 高层建筑和高位消防水箱静压不能满足最不利点消火栓水压要求的其他建筑，应在每个室内消火栓处设置直接启动消防水泵的按钮，并应有保护设施。

(9) 室内消火栓栓口处的出水压力大于 0.5MPa 时，应设置减压设施；静水压力大于 1.0MPa 时，应采用分区给水系统。

(10) 设置有室内消火栓的建筑，若为平屋顶时，宜在平屋顶上设置试验和检查用的消火栓，采暖地区可设在顶层出口处或水箱间内。

2. 消火栓安装要求

(1) 室内消火栓口距地面安装高度为 1.1m。栓口出口方向宜向下或者与墙面垂直以便于操作，而且水头损失较小，屋顶应设检查用消火栓。

(2) 建筑物设有消防电梯时，则在其前室应设置室内消火栓。

(3) 同一建筑内应采用同一规格的消火栓、水带和水枪。消火栓口出水压力大于 5.0×10^3Pa 时，应设减压孔板或减压阀减压。为保证灭火用水，临时高压消火栓给水系统的每个消火栓处应设直接起动水泵的按钮。

(4) 消防水喉用于扑灭在普通消火栓使用之前的初期火灾，只要求有一股水射流能到达室内地面任何部位，安装的高度应便于取用。

四、消火栓系统的配线

消火栓系统的配线及相互关系如图 4-8 所示。

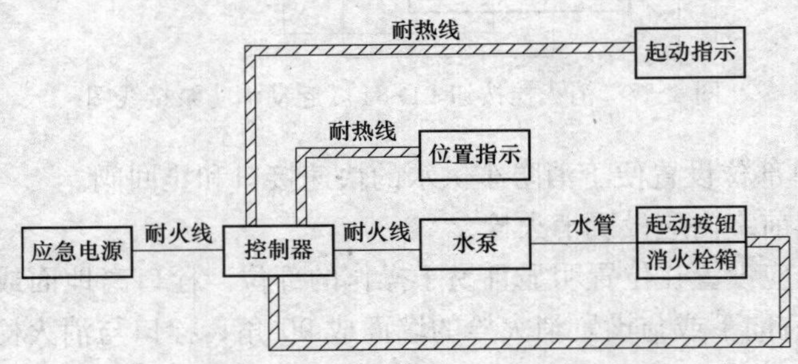

图 4-8　消火栓系统的配线及相互关系图

第三节　消防水泵的控制

一、消防水泵的控制方式

在现场，对消防泵的手动控制有两种方式：一种是利用消火栓按钮（打破玻璃按钮）直接启动消防泵；另一种是通过手动报警按钮，将手动报警信号送入控制室的控制器之后，由手动或者自动信号控制消防泵起动，同时接收返回的水位信号。一般消防水泵均是经中控室联动控制的，其联动控制过程如图 4-9 所示。

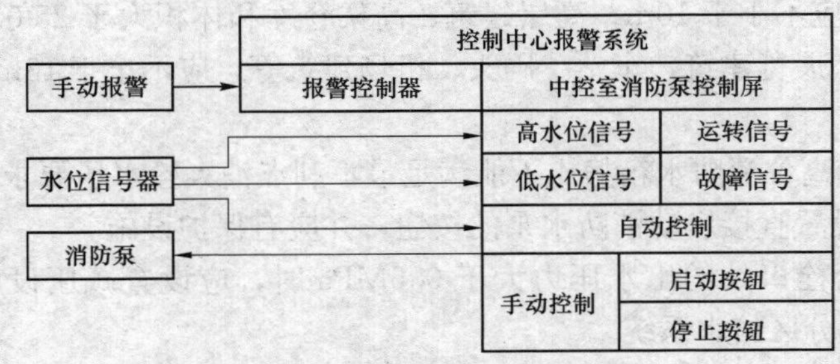

图 4-9　消防水泵联动控制过程

二、消防水泵的电气控制

消火栓水灭火供水系统通常设置两台消防水泵，可手动控制也可自动控制（两台泵互为

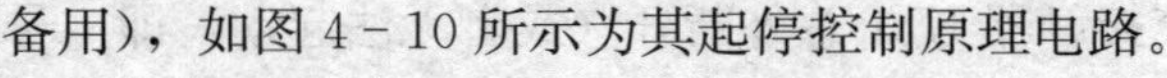

备用），如图 4－10 所示为其起停控制原理电路。

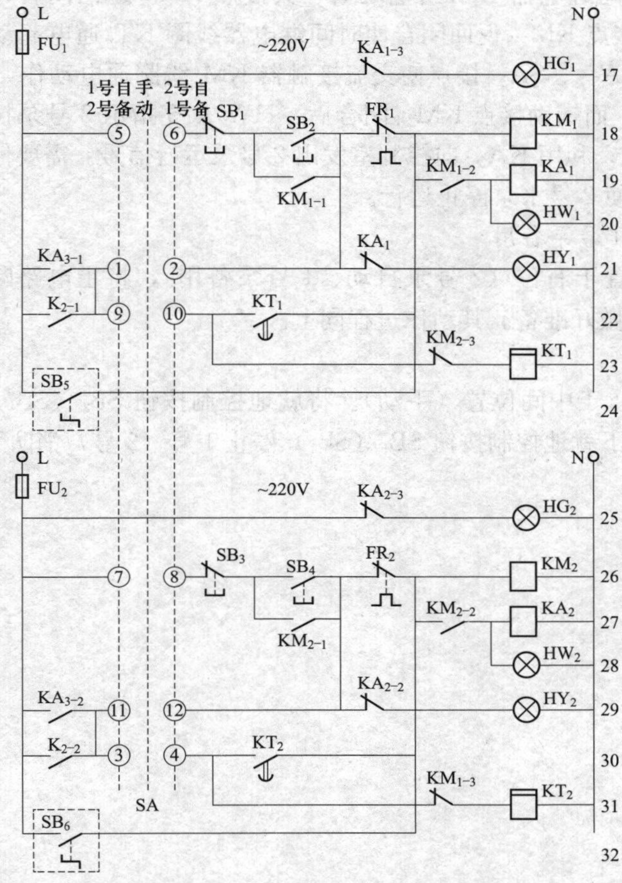

图 4－10　消防泵起停控制原理电路

消防泵的电气控制电路的工作原理，根据功能转换开关 SA 的功能选择要求，可以分为“1 号泵自动、2 号泵备用”“2 号泵自动、1 号泵备用”和“手动”三种工作状态。

1. 1 号泵自动、2 号泵备用

将转换开关 SA 置于左位（1 号泵自动、2 号泵备用），将主电路断路器 QF_1、QF_2 及操作电源合上，为水泵起动运行做好准备。比如某楼层发生火灾时，手动操作消火栓起动按钮，其内部接点 SB_{XF} 断开，使中间继电器 K_{1-1} 失电（正常为通电动作状态），动断接点 K_{1-1-1} 返回闭合，使时间继电器 KT_3 线圈通电后起动，经延时后动合接点 KT_{3-1} 闭合，使中间继电器 KA_3 线圈通电动作（由 K_{1-1-2} 或 KA_{1-2-2} 与 KA_{3-2} 自锁），通过 KA_{3-1}、SA_{1-2} 以及 FR_{1-1} 接点可使交流接触器 KM_1 线圈也通电动作，KM_1 主接点闭合使消防泵 M_1 起动运行，消防泵向管网提供水量和增加水压，保证消火栓水枪灭火出水用水需要。KM_1 辅助接点 KM_{1-2} 闭合，HW_1 点亮，指示 1 号泵投入运行；同时。KM_{1-2} 闭合后使中间继电器 KA_1 动作，接点 KA_{1-2} 断开，作好 1 号泵故障信号准备。接点 KA_{1-1} 闭合向消火栓箱内发送 1 号泵运行信号；接点 KA_{1-1} 闭合向控制室发送 1 号泵运行信号。需要停泵时，将水泵停止按钮 SB_1 按下，即可使 1 号泵停止运行。

如在灭火过程中（或准工作状态），交流接触器 KM_1 意外断开（或者无法起动，即 1 号泵停止运行，同时中间继电器 KA_1 断电之后，其接点 KA_{1-2} 返回闭合，1 号泵故障指示灯 HY_2 点亮），其动断接点 KM_{1-3} 返回闭合使时间继电器线圈 KT_2 通电起动，经延时后动合接点 KT_2 闭合，利用 KA_{3-2}、SA_{3-4} 接点使交流接触器 KM_2 线圈通电动作，KM_2 主接点闭合使消防泵 M_2 起动运行。而辅助接点 KM_{2-2} 闭合后：HW_2 点亮指示 2 号泵投入运行，并使中间继电器 KA_2 通电动作，利用 KA_{2-2} 向控制室发出 2 号泵运行信号。需要停泵时，将水泵停止按钮 SB_3 按下，即可使 2 号水泵停止运行。

2. 2 号泵自动、1 号泵备用

将转换开关 SA 置于右位（2 号泵自动、1 号泵备用），将主电路断路器 QF_1、QF_2 合上，为水泵起动运行做好准备。其动作过程同上。

3. 手动

将转换开关 SA 置于中间位置（手动）。将就地控制按钮 SB_2（SB_4）按下起动 1 号（2 号）消防泵运行；按下就地控制按钮 SB_1（SB_3）停止 1 号（2 号）消防泵运行。

第五章　自动喷水灭火系统的设计与施工

第一节　自动喷水灭火系统的类型

自动喷水灭火系统可以用于各种建筑物中允许用水灭火的场所及保护对象，根据被保护建筑物的使用性质、环境条件和火灾发展以及发生特性的不同，自动喷水灭火系统可以有多种不同类型，工程中常常根据系统中喷头开闭形式的不同，将其分为开式与闭式自动喷水灭火系统两大类。

属于闭式自动喷水灭火系统的有湿式系统、干式系统、预作用系统、重复启闭预作用系统以及自动喷水-泡沫联用灭火系统。属于开式自动喷水灭火系统的有水幕系统、雨淋系统以及水雾系统。

一、闭式自动喷水灭火系统

(一) 湿式自动喷火灭火系统

湿式自动喷水灭火系统（图 5－1）一般由管道系统、闭式喷头、湿式报警阀、水流指示器、报警装置和供水设施等组成。火灾发生时，在火场温度作用下，闭式喷头的感温元件温度满足指定的动作温度后，喷头开启喷水灭火，阀后压力下降，湿式阀瓣打开，水经延时器之后通向水力警铃，发出声响报警信号，与此同时，水流指示器及压力开关也将信号传送到消防控制中心，经系统判断确认火警后将消防水泵起动向管网加压供水，实现持续自动喷水灭火。

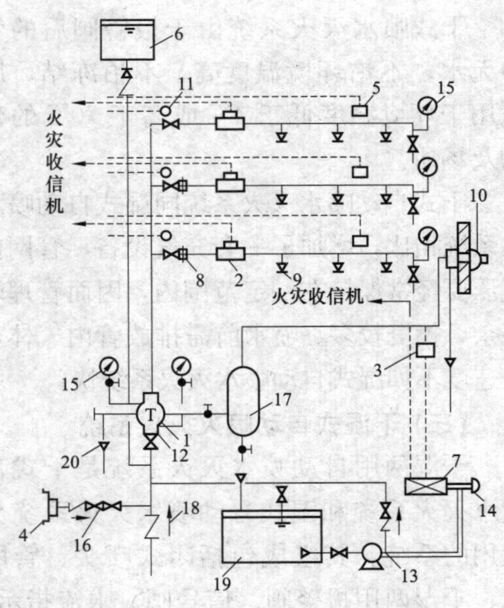

图 5－1　湿式自动喷水灭火系统

1—湿式报警阀；2—水流指示器；3—压力继电器；4—水泵接合器；5—感烟探测器；6—水箱；7—控制箱；8—减压孔板；9—喷头；10—水力警铃；11—报警装置；12—闸阀；13—水泵；14—按钮；15—压力表；16—安全阀；17—延迟器；18—止回阀；19—贮水池；20—排水漏斗

湿式自动喷水灭火系统具有施工和管理维护方便、使用可靠、结构简单、灭火速度快、控火效率高及建设投资少等优点。但其管路在喷头中始终充满水，因此，一旦发生渗漏会损坏建筑装饰，应用受环境温度的限制，适合安装在温度不高于 70℃，并且不低于 4℃且能用水灭火的建（构）筑物内。

(二) 干式自动喷水灭火系统

干式自动喷水灭火系统（图 5－2）由管道系统、闭式喷头、水流指示器、干式报警阀、报警装置、充气设备、排气设备以及供水设备等组成。

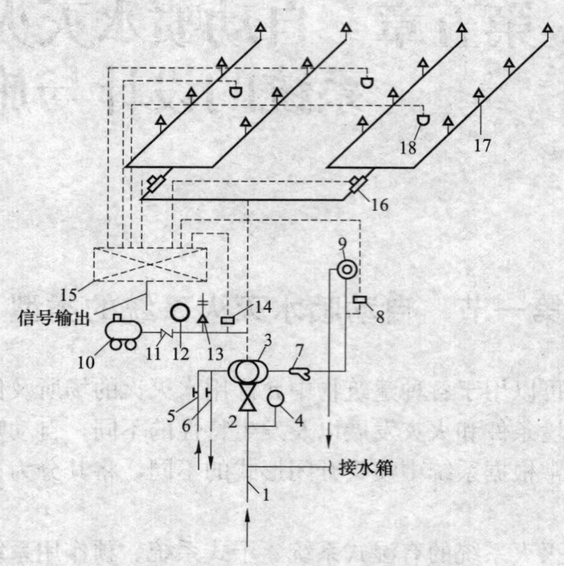

图 5-2 干式自动喷水灭火系统

1—供水管；2—闸阀；3—干式报警阀；4—压力表；5、6—截止阀；7—过滤器；
8、14—压力开关；9—水力警铃；10—空压机；11—止回阀；12—压力表；13—安全阀；
15—火灾报警控制箱；16—水流指示器；17—闭式喷头；18—火灾探测器

干式喷水灭火系统由于报警阀后的管路中无水，不怕环境温度高，不怕冻结，所以适用于环境温度低于 4℃或高于 70℃的建筑物及场所。

干式自动喷水灭火系统同湿式自动喷水灭火系统相比，增加了一套充气设备，管网内的气压要经常保持在一定范围内，因而管理较为复杂，投资较多。喷水前需排放管内气体，灭火速度不如湿式自动喷水灭火系统快。

（三）干湿式自动喷火灭火系统

干湿两用自动喷水灭火系统是干式自动喷水灭火系统和湿式自动喷水灭火系统交替使用的系统。其组成包括闭式喷头、管网系统、干湿两用报警阀、信号阀、水流指示器、末端试水装置、充气设备和供水设施等。干湿两用系统在使用场所环境温度高于 70℃或者低于 4℃时，系统呈干式；环境温度在 4～70℃之间时，可将系统转换成湿式系统。

（四）预作用自动喷水灭火系统

预作用自动喷水灭火系统（图 5-3）由

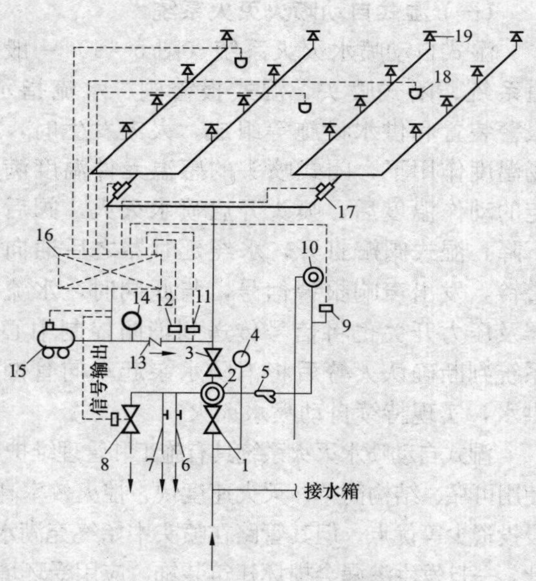

图 5-3 预作用自动喷水灭火系统

1—总控制阀；2—预作用阀；3—检修闸阀；
4、14—压力表；5—过滤器；6—截止阀；
7—手动开启阀；8—电磁阀；9、11—压力开关；
10—水力警铃；12—低气压报警压力开关；
13—止回阀；15—空压机；16—报警控制箱；
17—水流指示器；18—火灾探测器；19—闭式喷头

管道系统、雨淋阀、闭式喷头、火灾探测器、报警控制装置、控制组件、充气设备以及供水设施等部件组成。

预作用系统在雨淋阀以后的管网中平时充氮气或者低压空气，可避免由于系统破损而造成的水渍损失。另外这种系统有能在喷头动作前及时报警并转换成湿式系统的早期报警装置，克服了干式喷水灭火系统必须待喷头动作，完成排气之后才可以喷水灭火，从而延迟喷水时间的缺点。但预作用系统比干式系统或湿式系统多一套自动探测报警和自动控制系统，建设投资多，构造较为复杂。对于要求系统处于准工作状态时严禁系统误喷、严禁管道漏水、替代干式系统等场所，应采用预作用系统。

（五）自动喷水-泡沫联用灭火系统

在普通湿式自动喷水灭火系统中并联一个钢制带橡胶囊的泡沫罐，橡胶囊内装轻水泡沫浓缩液，在系统中配上控制阀和比例混合器就成了自动喷水-泡沫联用灭火系统，如图 5－4 所示。

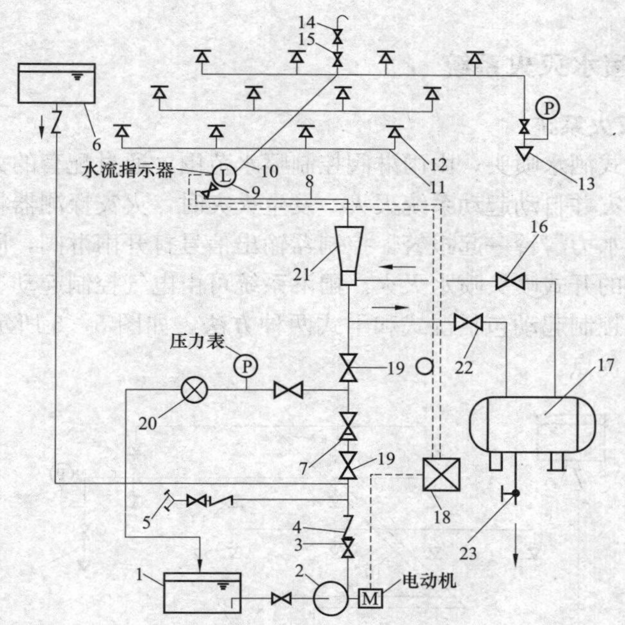

图 5－4　自动喷水-泡沫联用灭火系统

1—水池；2—水泵；3—闸阀；4—止回阀；5—水泵接合器；6—消防水箱；
7—预作用报警阀组；8—配水干管；9—水流指示器；10—配水管；11—配水支管；12—闭式喷头；
13—末端试水装置；14—快速排气阀；15—电动阀；16—进液阀；17—泡沫罐；18—报警控制器；
19—控制阀；20—流量计；21—比例混合器；22—进水阀；23—排水阀

该系统的特点是闭式系统采用泡沫灭火剂，使自动喷水灭火系统的灭火性能强化了。当采用先喷水后喷泡沫的联用方式时，前期喷水起控火作用，后期喷泡沫可以强化灭火效果；当采用先喷泡沫后喷水的联用方式时，前期喷泡沫起灭火作用，后期喷水可起冷却和防止复燃效果。

该系统流量系数大，水滴穿透力强，可以有效地用于高堆货垛和高架仓库、柴油发动机房、燃油锅炉房以及停车库等场所。

(六) 重复启闭预作用系统

重复启闭预作用系统是在预作用系统的基础上发展起来的。此系统不但能自动喷水灭火，而且能在火灾扑灭后自动关闭系统。重复启闭预作用系统的工作原理和组成相似于预作用系统，不同之处是重复启闭预作用系统采用了一种既可以在环境恢复常温时输出灭火信号，又可输出火警信号的感温探测器。当感温探测器感应到环境的温度超出预定值时，报警并将具有复位功能的雨淋阀打开和开启供水泵，为配水管道充水，并在喷头动作后喷水灭火。喷水的情况下，当火场温度恢复到常温时，探测器发出关停系统的信号，在按设定条件延迟喷水一段时间后停止喷水，关闭雨淋阀。如果火灾复燃、温度再次升高时，系统则再次启动，直至彻底灭火。

重复启闭预作用系统优于其他喷水灭火系统，但造价高，通常只适用于灭火后必须及时停止喷水，要求减少不必要水渍的建筑，如集控室计算机房、电缆间、配电间以及电缆隧道等。

二、开式自动喷水灭火系统

(一) 雨淋喷水灭火系统

雨淋系统采用开式洒水喷头，由雨淋阀控制喷水范围，通过配套的火灾自动报警系统或者传动管系统监测火灾并自动起动系统灭火。发生火灾时，火灾探测器将信号送到火灾报警控制器，压力开关、水力警铃一起报警，控制器输出信号打开雨淋阀，同时起动水泵连续供水，使整个保护区内的开式喷头喷水灭火。雨淋系统可由电气控制起动、传动管控制起动或者手动控制。传动管控制起动包括湿式和干式两种方法，如图 5－5 所示。雨淋系统具有出水量大和灭火及时的优点。

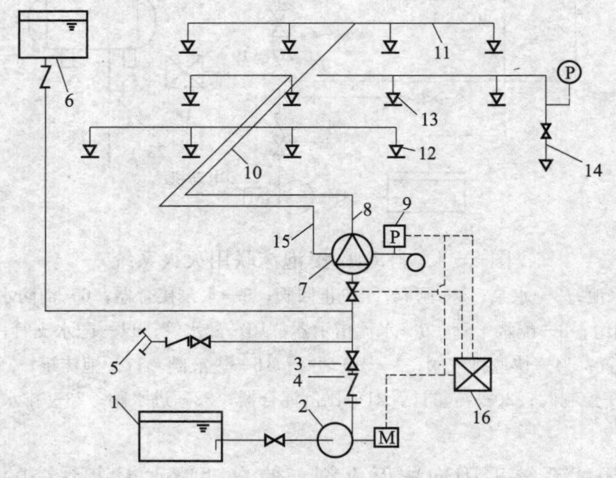

图 5－5　传动管起动雨淋系统

1—水池；2—水泵；3—闸阀；4—止回阀；5—水泵接合器；6—消防水箱；7—雨淋报警阀组；8—配水干管；9—压力开关；10—配水管；11—配水支管；12—开式洒水喷头；13—闭式喷头；14—末端试水装置；15—传动管；16—报警控制器

火灾发生时，湿（干）式导管上的喷头受热爆破，喷头出水（排气），雨淋阀控制膜室压力下降，雨淋阀打开，压力开关动作，起动水泵向系统供水。图 5-6 所示为电气控制系统，保护区内的火灾自动报警系统探测到火灾后发出信号，将控制雨淋阀的电磁阀打开，雨淋阀控制膜室压力下降，雨淋阀开启，压力开关动作，起动水泵向系统供水。

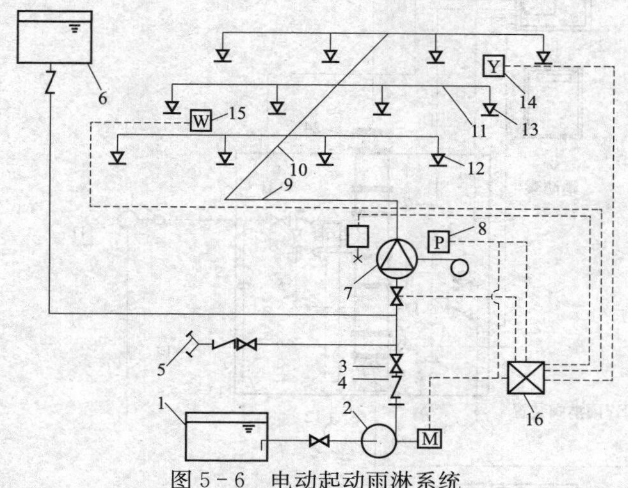

图 5-6 电动起动雨淋系统

1—水池；2—水泵；3—闸阀；4—止回阀；5—水泵接合器；6—消防水箱；
7—雨淋报警阀组；8—压力开关；9—配水干管；10—配水管；11—配水支管；
12—开式洒水喷头；13—闭式喷头；14—烟感探测器；15—温感探测器；16—报警控制器

（二）水幕消防给水系统

水幕消防给水系统主要由开式喷头、水幕系统控制设备及探测报警装置、供水设备以及管网等组成，如图 5-7 所示。

（三）水喷雾灭火系统

水喷雾灭火系统是用水喷雾头取代雨淋灭火系统中的干式洒水喷头而形成的。水喷雾是水在喷头内直接经历冲撞，回转及搅拌后在喷射出来的成为细微的水滴而形成的。它具有较好的冷却、窒息与电绝缘效果，灭火效率高，可扑灭电气设备火灾、液体火灾、石油加工厂，多用于变压器等，其系统组成如图 5-8 所示。

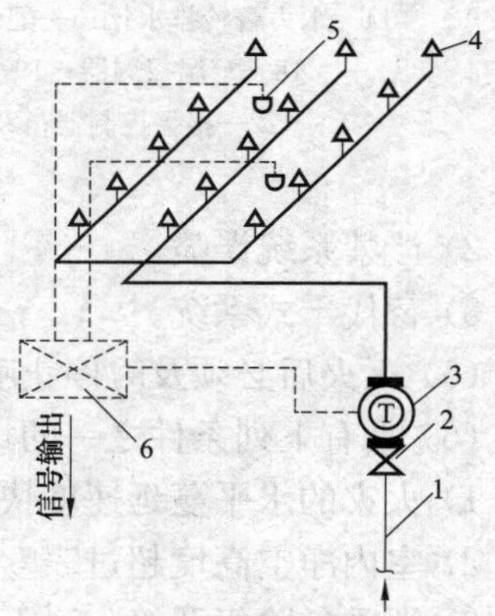

图 5-7 水幕消防系统

1—供水管；2—总闸阀；
3—控制阀；4—水幕喷头；
5—火灾探测器；6—火灾报警控制器

三、自动喷水灭火系统的选型

(1) 自动喷水灭火系统的系统选型，应依据设置场所的火灾特点或环境条件确定，露天场所不宜采用闭式系统。

(2) 环境温度不低于 4℃，且不高于 70℃的场所应采用湿式系统。

(3) 环境温度低于 4℃或高于 70℃的场所应采用干式系统。

(4) 具有下列要求之一的场所应采用预作用系统：

1) 系统处于准工作状态时，严禁管道漏水。

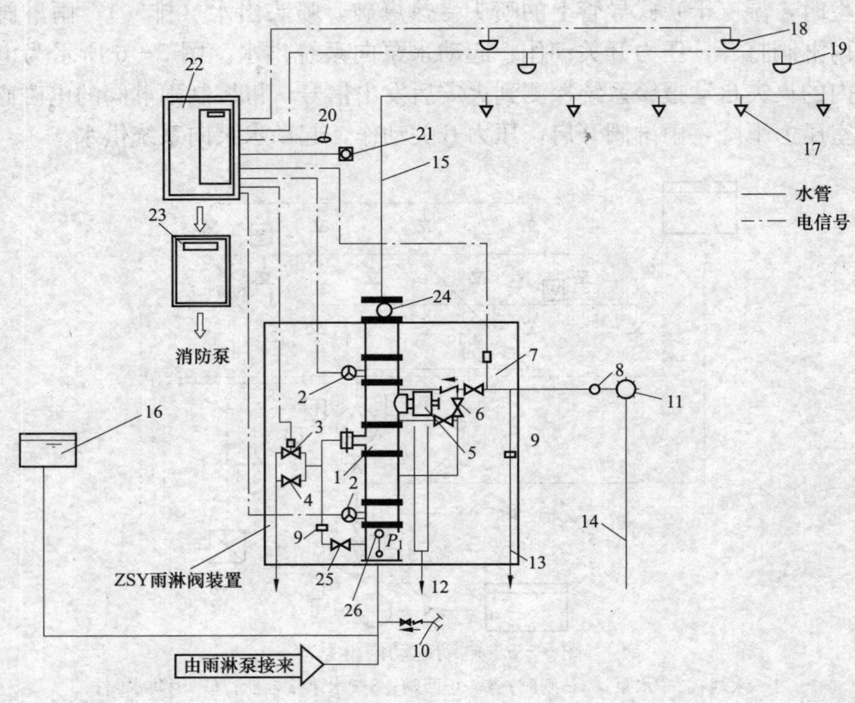

图 5-8　自动水喷雾灭火系统

1—雨淋阀；2—蝶阀；3—电磁阀；4—应急球阀；5—泄放试验阀；6—报警试验阀；7—报警止回阀；8—过滤器；9—节流孔；10—水泵接合器；11—墙内外水力警铃；12—泄放检查管排水；13—漏斗排水；14—水力警铃排水；15—配水干管（平时通大气）；16—水塔；17—中速水雾接头或高速喷射器；18—定温探测器；19—差温探测器；20—现场声报警；21—防爆遥控现场电启动器；22—报警控制器；23—联动箱；24—挠曲橡胶接头；25—截止阀；26—水压力表

2）严禁系统误喷。

3）替代干式系统。

（5）灭火后必须及时停止喷水的场所，应采用重复启闭预作用系统。

（6）具有下列条件之一的场所，应采用雨淋系统：

1）火灾的水平蔓延速度快、闭式喷头的开放不能及时使喷水有效覆盖着火区域。

2）室内净空高度超过表 5-1 的规定，且必须迅速扑救初期火灾。

3）严重危险级Ⅱ级。

表 5-1　　采用闭式系统场所的最大净空高度　　单位：m

设置场所	采用闭式系统场所的最大净空高度
民用建筑和工业厂房	8
仓库	9
采用早期抑制快速响应喷头的仓库	13.5
非仓库类高大净空场所	12

（7）符合表 5-2 规定条件的仓库，当设置自动喷水灭火系统时，宜采用早期抑制快速

响应喷头，并宜采用湿式系统。

表 5-2　　仓库采用早期抑制快速响应喷头的系统设计基本参数

储物类别	最大净空高度/m	最大储物高度/m	喷头流量系数 K	喷头最大间距/m	作用面积内开放的喷头数/只	喷头最低工作压力/MPa
Ⅰ级、Ⅱ级、沥青制品、箱装不发泡塑料	9.0	7.5	200	3.7	12	0.35
			360			0.10
	10.5	9.0	200	3.0	12	0.50
			360			0.15
	12.0	10.5	200		12	0.50
			360			0.20
	13.5	12.0	360		12	0.30
袋装不发泡塑料	9.0	7.5	200	3.7	12	0.35
			240			0.25
	93.5	7.5	200		12	0.40
			240			0.30
	12.0	10.5	200	3.0	12	0.50
			240			0.35
箱装发泡塑料	9.0	7.5	200	3.7	12	0.35
	9.5	7.5	200		12	0.40
			240			0.30

注：快速响应早期抑制喷头在保护最大高度范围内，如有货架应为通透性层板。

(8) 存在较多易燃液体的场所，宜按以下方式之一采用自动喷水——泡沫联用系统：

1) 采用泡沫灭火剂强化闭式系统性能。

2) 雨淋系统前期喷水控火，后期喷泡沫强化灭火效能。

3) 雨淋系统前期喷泡沫灭火，后期喷水冷却防止复燃。

系统中泡沫灭火剂的选型、储存和相关设备的配置，应符合现行国家标准《泡沫灭火系统设计规范》(GB 50151—2010) 的规定。

(9) 建筑物中保护局部场所的干式系统、预作用系统、雨淋系统、自动喷水——泡沫联用系统，可串联接入同一建筑物内湿式系统，并应与其配水干管连接。

(10) 自动喷水灭火系统应有下列组件、配件和设施。

1) 应设有洒水喷头、水流指示器、报警阀组；压力开关等组件和末端试水装置，以及管道、供水设施。

2) 控制管道静压的区段宜分区供水或设减压阀，控制管道动压的区段宜设减压孔板或节流管。

3) 应设有泄水阀（或泄水口)、排气阀（或排气口）和排污口。

4) 干式系统和预作用系统的配水管道应设快速排气阀。有压充气管道的快速排气阀入口前应设电动阀。

(11) 防护冷却水幕应直接将水喷向被保护对象；防火分隔水幕不宜用于尺寸超过 15m

（宽）×8m（高）的开口（舞台口除外）。

第二节　自动喷水灭火系统设计

（1）管道流速。闭式自动喷水灭火系统的流速通常不应大于 5m/s，特殊情况下不应超过 10m/s。流速允许值用以下公式计算

$$v=K_0Q$$

式中：v 为管道内的流速，m/s；K_0为流速系数，m/L；Q 为管道流量，L/s。

为了计算方便，可根据预选管径，由表 5－3 查出流速系数，并以流速系数和流量相乘，即可校对流速是否超过允许值。若计算得到的流速大于规定值，应重新选择管径。

表 5－3　　流速系数 K_0 值

钢管管径/mm	1.5	20	25	32	40	50	70
K_0/（m/L）	5.85	3.105	1.883	1.05	0.8	0.47	0.238
钢管管径/mm	80	100	125	150	200	250	
K_0/（m/L）	0.204	0.115	0.075	0.053			
钢管管径/mm		100	125	150	200	250	
K_0/（m/L）		0.1275	0.0814	0.0566	0.0318	0.021	

（2）管道的水头损失。每米管道的水头损失应按下式计算

$$i=0.0000107\cdot\frac{v^2}{d_j^{1.3}} \tag{5-1}$$

式中：i 为每米管道的水头损失，MPa/m；v 为管道内水的平均流速，m/s；d_j为管道的计算内径，m，取值应按管道的内径减 1mm 确定。

（3）管道的局部水头损失，宜采用当量长度法进行计算，当量长度表见表 5－4。

表 5－4　　当量长度表

管件名称	管件直径/mm								
	25	32	40	50	70	80	100	125	150
45°弯头	0.3	0.3	0.6	0.6	0.9	0.9	1.2	1.5	2.1
90°弯头	0.6	0.9	1.2	1.5	1.8	2.1	3.1	3.7	4.3
三通或四通	1.5	1.8	2.4	3.1	3.7	4.6	6.1	7.6	9.2
蝶阀	—	—	—	1.8	2.1	3.1	3.7	2.7	3.1
闸阀	—	—	—	0.3	0.3	0.3	0.6	0.6	0.9
止回阀	1.5	2.1	2.7	3.4	4.3	4.9	6.7	8.3	9.8
异径接头	32/25	40/32	50/40	70/50	80/70	100/80	125/100	150/125	200/150
	0.2	0.3	0.3	0.5	0.6	0.8	1.1	1.3	1.6

注：1. 过滤器当量长度的取值，由生产厂提供。

2. 当异径接头的出口直径不变而入口直径提高 1 级时，其当量长度应增大 0.5 倍；提高 2 级或 2 级以上时，其当量长度应增大 1.0 倍。

(4) 水泵扬程或系统入口的供水压力应按照下式进行计算

$$H=\sum h+P_0+Z \tag{5-2}$$

式中：H 为水泵扬程或系统入口的供水压力，MPa；$\sum h$ 为管道沿程和局部的水头损失的累计值，MPa，湿式报警阀取值 0.04MPa 或者按监测数据确定，水流指示器取值 0.02MPa，雨淋阀取值 0.07MPa；P_0为最不利点处喷头的工作压力，MPa；Z 为最不利点处喷头与消防水池的最低水位或者系统入口管水平中心线之间的高程差，当系统入口管或者消防水池最低水位高于最不利点处喷头时，Z 应取负值（MPa）。

第三节　自动喷水灭火系统安装

一、管网的安装

1. 管网连接

管子基本直径小于或等于 100mm 时，应采用螺纹连接；当管网中管子基本直径大于 100mm 时，可用焊接或法兰连接。连接后，都不得减小管道的通水横断面面积。

2. 管道支架、吊架、防晃支架的安装

管道支架、吊架、防晃支架的安装应符合以下要求：

(1) 管道的安装位置应符合设计要求。当设计没有要求时，管道的中心线与梁、柱、楼板等的最小距离见表 5-5。

表 5-5　管道的中心线与梁、柱、楼板等的最小距离

公称直径/mm	25	32	40	50	70	80	100	125	150	200
距离/mm	40	40	50	60	70	80	100	125	150	200

(2) 管道应固定牢固，管道支架或吊架之间距不应大于表 5-6 的规定。

表 5-6　管道支架或吊架之间的距离

公称直径/mm	25	32	40	50	70	80	100	125	150	200	250	300
距离/m	3.5	4	4.5	5	6	6	6.5	7	8	9.5	11	12

(3) 管道支架、吊架、防晃支架的型式、材质、加工尺寸及焊接质量等应满足设计和国家现行有关标准的规定。

(4) 管道吊架、支架的安装位置不应妨碍喷头的喷水效果；管道支架和吊架与喷头之间的距离不宜小于 300mm，和末端喷头之间的距离不宜大于 750mm。

(5) 竖直安装的配水干管应在其始端和终端设防晃支架或者采用管卡固定，其安装位置距地面或楼面的距离宜是 1.5～1.8m。

(6) 当管子的基本直径等于或大于 50m 时，每段配水干管或者配水管设置防晃支架不应少于一个；当管道改变方向时，应增设防晃支架。

(7) 配水支管上每一直管段、相邻两喷头间的管段设置的吊架应不少于一个；当喷头之间距离小于 1.8m 时，吊架可以隔段设置，但吊架的间距不宜大于 3.6m。

(8) 管道穿过建筑物的变形缝时，应设置柔性短管。穿过墙体或者楼板时应加设套管，套管长度不得小于墙体厚度，或者应高出楼面或地面 50mm，管道的焊接环缝不得置于套管内。套管与管道的间隙应采用不燃材料填塞密实。

(9) 管道水平安装宜有 0.002～0.005 的坡度，并且应坡向排水管；当局部区域难以利用排水管将水排净时，应采取相应的排水措施。当喷头少于 5 只，可以在管道低凹处装加堵头，当喷头多于 5 只时宜装设带阀门的排水管。

(10) 配水干管、配水管应做红色或者红色环圈标志。其目的是为了便于识别自动喷水灭火系统的供水管道，着红色和消防器材色标规定相一致。

(11) 管网在安装中断时，应将管道的敞口封闭。其目的是为了避免安装时造成异物自然或人为的进入管道、堵塞管网。

二、喷头的安装

(1) 喷头安装应在系统试压、冲洗合格后进行。

(2) 喷头安装时，不得对喷头进行拆装、改动，并严禁给喷头附加任何装饰性涂层。

(3) 喷头安装应使用专用扳手，严禁利用喷头的框架施拧；喷头的框架、溅水盘产生变形或释放原件损伤时，应采用规格、型号相同的喷头更换。

(4) 安装在易受机械损伤处的喷头，应加设喷头防护罩。

(5) 喷头安装时，溅水盘与吊顶、门、窗、洞口或障碍物的距离应符合设计要求。

(6) 安装前检查喷头的型号、规格，使用场所应符合设计要求。

(7) 当喷头的公称直径小于 10mm 时，应在配水干管或配水管上安装过滤器。

(8) 当喷头溅水盘高于附近梁底或高于宽度小于 1.2m 的通风管道、排管、桥架腹面时，喷头溅水盘高于梁底、通风管道、排管、桥架腹面的最大垂直距离应符合表 5-7～表 5-13中的规定（图 5-9）。

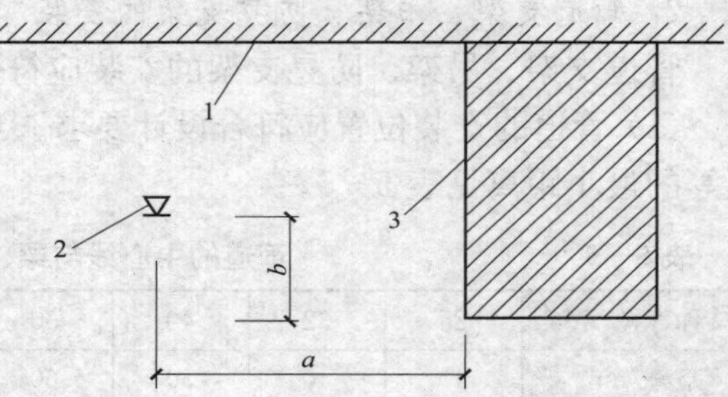

图 5-9　喷头与梁等障碍物的距离

1—顶棚或屋顶；2—喷头；3—障碍物

表 5-7　喷头溅水盘高于梁底、通风管道腹面的最大垂直距离（直立与下垂喷头）

喷头与梁、通风管道、排管、桥架的水平距离 a/mm	喷头溅水盘高于梁底、通风管道腹面的最大垂直距离 b/mm
$a<300$	0
$300\leqslant a<600$	90
$600\leqslant a<900$	190
$900\leqslant a<1200$	300
$1200\leqslant a<1500$	420
$a\geqslant 1500$	460

表 5-8　喷头溅水盘高于梁底、通风管道腹面的最大垂直距离（边墙型喷头与障碍物平行）

喷头与梁、通风管道、排管、桥架的水平距离 a/mm	喷头溅水盘高于梁底、通风管道腹面的最大垂直距离 b/mm
$a<150$	25
$150\leqslant a<450$	80
$450\leqslant a<750$	150
$750\leqslant a<1050$	200
$1050\leqslant a<1350$	250
$1350\leqslant a<1650$	320
$1650\leqslant a<1950$	380
$1950\leqslant a<2250$	440

表 5-9　喷头溅水盘高于梁底、通风管道腹面的最大垂直距离（边墙型喷头与障碍物垂直）

喷头与梁、通风管道、排管、桥架的水平距离 a/mm	喷头溅水盘高于梁底、通风管道腹面的最大垂直距离 b/mm
$a<1200$	不允许
$1200\leqslant a<1500$	25
$1500\leqslant a<1800$	80
$1800\leqslant a<2100$	150
$2100\leqslant a<2400$	230
$a\geqslant 2400$	360

表 5-10　喷头溅水盘高于梁底、通风管道腹面的最大垂直距离（大水滴喷头）

喷头与梁、通风管道、排管、桥架的水平距离 a/mm	喷头溅水盘高于梁底、通风管道腹面的最大垂直距离 b/mm
$a<300$	0
$300\leqslant a<600$	80
$600\leqslant a<900$	200
$900\leqslant a<1200$	300
$1200\leqslant a<1500$	460
$1500\leqslant a<1800$	660
$a\geqslant 1800$	790

表 5-11　喷头溅水盘高于梁底、通风管道腹面的最大垂直距离（扩大覆盖面直立与下垂喷头）

喷头与梁、通风管道、排管、桥架的水平距离 a/mm	喷头溅水盘高于梁底、通风管道腹面的最大垂直距离 b/mm
$a<450$	0
$450\leqslant a<900$	25

续表

喷头与梁、通风管道、排管、桥架的水平距离 a/mm	喷头溅水盘高于梁底、通风管道腹面的最大垂直距离 b/mm
$900 \leqslant a < 1350$	125
$1350 \leqslant a < 1800$	180
$1800 \leqslant a < 2250$	280
$a \geqslant 2250$	360

表 5-12　　喷头溅水盘高于梁底、通风管道腹面的最大垂直距离（ESFR 喷头）

喷头与梁、通风管道、排管、桥架的水平距离 a/mm	喷头溅水盘高于梁底、通风管道腹面的最大垂直距离 b/mm
$a < 300$	0
$300 \leqslant a < 600$	80
$600 \leqslant a < 900$	200
$900 \leqslant a < 1200$	300
$1200 \leqslant a < 1500$	460
$1500 \leqslant a < 1800$	660
$a \geqslant 1800$	790

表 5-13　喷头溅水盘高于梁底、通风管道腹面的最大垂直距离（扩大覆盖面边墙型喷头）

喷头与梁、通风管道、排管、桥架的水平距离 a/mm	喷头溅水盘高于梁底、通风管道腹面的最大垂直距离 b/mm
$a < 2240$	不允许
$2240 \leqslant a < 3050$	25
$3050 \leqslant a < 3350$	50
$3350 \leqslant a < 3660$	75
$3660 \leqslant a < 3960$	100
$3960 \leqslant a < 4270$	150
$4270 \leqslant a < 4570$	180
$4570 \leqslant a < 4880$	230
$4880 \leqslant a < 5180$	280
$a \geqslant 5180$	360

(9）当梁、通风管道、排管、桥架宽度大于 1.2m 时，增设的喷头应安装在其腹面以下部位。

(10）当喷头安装在不到顶的隔断附近时，喷头与隔断的水平距离和最小垂直距离应符合表 5-14～表 5-16 中的规定（图 5-10）。

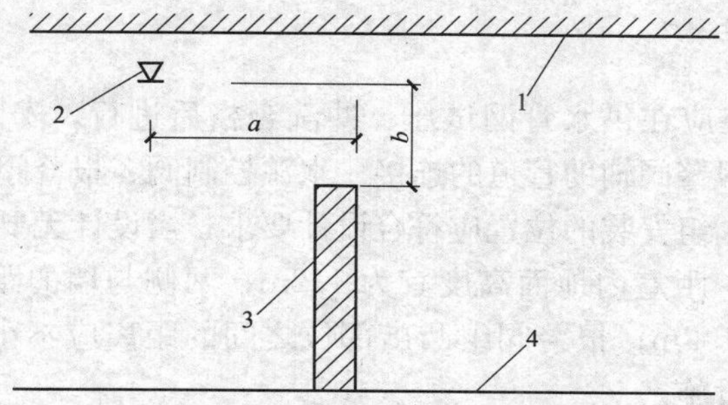

图 5－10　喷头与隔断障碍物的距离

1—顶棚或屋顶；2—喷头；3—障碍物；4—地板

表 5－14　喷头与隔断的水平距离和最小垂直距离（直立与下垂喷头）

喷头与隔断的水平距离 a/mm	喷头与隔断的最小垂直距离 b/mm
$a<150$	75
$150\leqslant a<300$	150
$300\leqslant a<450$	240
$450\leqslant a<600$	320
$600\leqslant a<750$	390
$a\geqslant 750$	460

表 5－15　喷头与隔断的水平距离和最小垂直距离（扩大覆盖面喷头）

喷头与隔断的水平距离 a/mm	喷头与隔断的最小垂直距离 b/mm
$a<150$	80
$150\leqslant a<300$	150
$300\leqslant a<450$	240
$450\leqslant a<600$	320
$600\leqslant a<750$	390
$a\geqslant 750$	460

表 5－16　喷头与隔断的水平距离和最小垂直距离（大水滴喷头）

喷头与隔断的水平距离 a/mm	喷头与隔断的最小垂直距离 b/mm
$a<150$	40
$150\leqslant a<300$	80
$300\leqslant a<450$	100
$450\leqslant a<600$	130
$600\leqslant a<750$	140
$750\leqslant a<900$	150

三、报警阀组安装

(1) 报警阀组的安装应在供水管网试压、冲洗合格后进行。安装时应先安装水源控制阀、报警阀，然后进行报警阀辅助管道的连接。水源控制阀、报警阀与配水干管的连接，应使水流方向一致。报警阀组安装的位置应符合设计要求；当设计无要求时，报警阀组应安装在便于操作的明显位置，距室内地面高度宜为 1.2m；两侧与墙的距离应不小于 0.5m；正面与墙的距离应不小于 1.2m；报警阀组凸出部位之间的距离应不小于 0.5m。安装报警阀组的室内地面应有排水设施。

(2) 报警阀组附件的安装应符合以下要求：

1) 压力表应安装在报警阀上便于观测的位置。

2) 排水管和试验阀应安装在便于操作的位置。

3) 水源控制阀安装应便于操作，且应有明显开闭标志和可靠的锁定设施。

4) 在报警阀与管网之间的供水干管上，应安装由控制阀、检测供水压力、流量用的仪表及排水管道组成的系统流量压力检测装置，其过水能力应与系统过水能力一致；干式报警阀组、雨淋报警阀组应安装检测时水流不进入系统管网的信号控制阀门。

(3) 湿式报警阀组的安装应符合以下要求：

1) 应使报警阀前后的管道中能顺利充满水；压力波动时，水力警铃不应发生误报警。

2) 报警水流通路上的过滤器应安装在延迟器前，且便于排渣操作的位置。

(4) 干式报警阀组的安装应符合以下要求：

1) 应安装在不发生冰冻的场所。

2) 安装完成后，应向报警阀气室注入高度为 50～100mm 的清水。

3) 充气连接管接口应在报警阀气室充注水位以上部位，且充气连接管的直径不应小于 15mm；止回阀、截止阀应安装在充气连接管上。

4) 气源设备的安装应符合设计要求和国家现行有关标准的规定。

5) 安全排气阀应安装在气源与报警阀之间，且应靠近报警阀。

6) 加速器应安装在靠近报警阀的位置，且应有防止水进入加速器的措施。

7) 低气压预报警装置应安装在配水干管一侧。

8) 以下部位应安装压力表：①报警阀充水一侧和充气一侧。②空气压缩机的气泵和储气罐上。③加速器上。

9) 管网充气压力应符合设计要求。

(5) 雨淋阀组的安装应符合以下要求：

1) 雨淋阀组可采用电动开启、传动管开启或手动开启，开启控制装置的安装应安全可靠。水传动管的安装应符合湿式系统有关要求。

2) 预作用系统雨淋阀组后的管道若需充气，其安装应按干式报警阀组有关要求进行。

3) 雨淋阀组的观测仪表和操作阀门的安装位置应符合设计要求，并应便于观测和操作。

4) 雨淋阀组手动开启装置的安装位置应符合设计要求，且在发生火灾时应能安全开启和便于操作。

5) 压力表应安装在雨淋阀的水源一侧。

四、其他组件安装

1. 主控项目

(1) 水流指示器的安装应符合以下要求：

1) 水流指示器的安装应在管道试压和冲洗合格后进行，水流指示器的规格、型号应符合设计要求。

2) 水流指示器应使电器元件部位竖直安装在水平管道上侧，其动作方向应和水流方向一致；安装后的水流指示器桨片、膜片应动作灵活，不应与管壁发生碰擦。

(2) 控制阀的规格、型号和安装位置均应符合设计要求；安装方向应正确，控制阀内应清洁、无堵塞、无渗漏；主要控制阀应加设启闭标志；隐蔽处的控制阀应在明显处设有指示其位置的标志。

(3) 压力开关应竖直安装在通往水力警铃的管道上，且不应在安装中拆装改动。管网上的压力控制装置的安装应符合设计要求。

(4) 水力警铃应安装在公共通道或值班室附近的外墙上，且应安装检修、测试用的阀门。水力警铃和报警阀的连接应采用热镀锌钢管，当镀锌钢管的公称直径为 20mm 时，其长度不宜大于 20m；安装后的水力警铃起动时，警铃声强度应不小于 70dB。

(5) 末端试水装置和试水阀的安装位置应便于检查、试验，并应有相应排水能力的排水设施。

2. 一般项目

(1) 信号阀应安装在水流指示器前的管道上，与水流指示器之间的距离不宜小于 300mm。

(2) 排气阀的安装应在系统管网试压和冲洗合格后进行；排气阀应安装在配水干管顶部、配水管的末端，且应确保无渗漏。

(3) 节流管和减压孔板的安装应符合设计要求。

(4) 压力开关、信号阀、水流指示器的引出线应用防水套管锁定。

(5) 减压阀的安装应符合以下要求：

1) 减压阀安装应在供水管网试压、冲洗合格后进行。

2) 减压阀安装前应检查：其规格型号应与设计相符；阀外控制管路及导向阀各连接件不应有松动；外观应无机械损伤，并应清除阀内异物。

3) 减压阀水流方向应与供水管网水流方向一致。

4) 应在进水侧安装过滤器，并宜在其前后安装控制阀。

5) 可调式减压阀宜水平安装，阀盖应向上。

6) 比例式减压阀宜垂直安装；当水平安装时，单呼吸孔减压阀其孔口应向下，双呼吸孔减压阀其孔口应呈水平位置。

7) 安装自身不带压力表的减压阀时，应在其前后相邻部位安装压力表。

(6) 多功能水泵控制阀的安装应符合以下要求：

1) 安装应在供水管网试压、冲洗合格后进行。

2) 在安装前应检查：其规格型号应与设计相符；主阀各部件应完好；紧固件应齐全，无松动；各连接管路应完好，接头紧固；外观应无机械损伤，并应清除阀内异物。

3）水流方向应与供水管网水流方向一致。

4）出口安装其他控制阀时应保持一定间距，以便于维修和管理。

5）宜水平安装，且阀盖向上。

6）安装自身不带压力表的多功能水泵控制阀时，应在其前后相邻部位安装压力表。

7）进口端不宜安装柔性接头。

（7）倒流防止器的安装应符合以下要求：

1）应在管道冲洗合格以后进行。

2）不应在倒流防止器的进口前安装过滤器或者使用带过滤器的倒流防止器。

3）宜安装在水平位置，当竖直安装时，排水口应配备专用弯头。倒流防止器宜安装在便于调试和维护的位置。

4）倒流防止器两端应分别安装闸阀，而且至少有一端应安装挠性接头。

5）倒流防止器上的泄水阀不宜反向安装，泄水阀应采取间接排水方式，其排水管不应直接与排水管（沟）连接。

6）安装完毕后，首次启动使用时，应关闭出水闸阀，缓慢打开进水闸阀，待阀腔充满水后，缓慢打开出水闸阀。

五、常见雨淋阀组安装错误

下面通过实例介绍常见雨淋阀组安装错误。图 5－11 所示为常见的角型隔膜式雨淋阀组组件安装错误。该图中漏掉了雨淋阀组的三大装置：

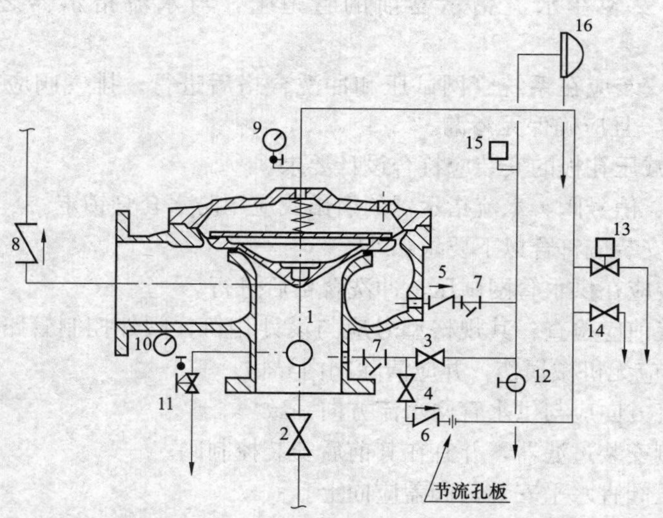

图 5－11　错误的雨淋阀组件安装之一

1—角型隔膜式雨淋阀；2—水源控制阀；3—试警铃阀；4—平衡阀；5—止回阀（在报警回路上）；6—止回阀（在平衡回路上）；7—过滤器；8—止回阀（在主出口管道上）；9—压力表（传动腔）；10—压力表（水源腔）；11—主排水阀；12—滴水球阀；13—电磁阀；14—应急手动阀；15—压力开关；16—水力警铃

（1）未安装试验回流装置对于开式自动喷水灭火系统采用雨淋阀组控制时，若没有条件在低水压下利用滴水球阀做脱扣试验时，都应安装试验回流装置；在进行脱扣试验和消防泵联动试验时，只需关闭雨淋阀组出口的试验阀，开启阀组出口短管上的旁路回流阀，就可进行试验，否则开式系统一经安装永远无法进行阀组动作试验。某些大型剧场的主舞台雨淋灭火系统，就因为无此试验装置而无法进行阀组的动作试验，其中一个剧场由于担心雨淋阀长期不动作会“粘死”而贸然试验，最终导致水淹舞台。其试验回流装置如图 5－12 中的试验阀 17 与回流阀 19。

(2) 当缺少起动注水装置角型隔膜式雨淋阀在系统启用时，首先要向传动腔充水建立压力，然后再开启水源阀 2 向阀的水源侧腔充水，否则角型隔膜阀会在充水时“浮动”，水会进入管网导致水渍损失，所以必须先关闭水源控制阀 2，打开启动注水阀，从水源控制阀上游引水，注入传动腔，待传动腔压力与水源压力一致后，才缓慢开启水源阀 2，再关闭起动注水阀。因此对角型隔膜式雨淋阀，起动注水装置是不可缺少的。图 5－12 中之组件 20 及过滤器为启动注水装置。

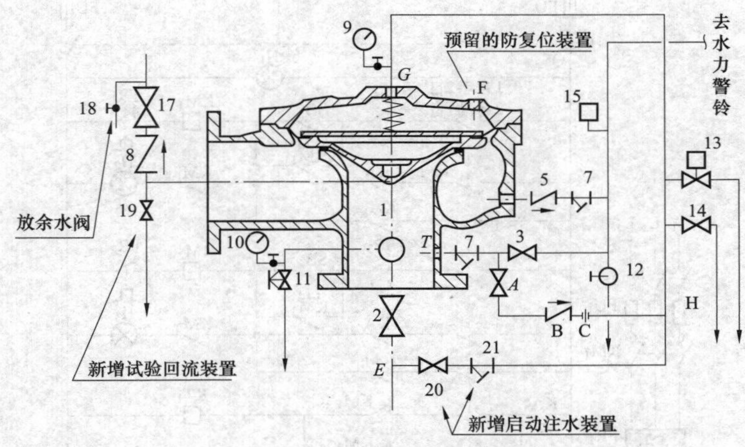

图 5－12　改正后的雨淋阀组件安装图

(3) 缺少防复位装置将角型隔膜式雨淋阀用于除重复启闭预作用系统以外的其他系统时，应加装水力防复位装置，以防止电磁阀动作后，由于故障而自行关闭，使传动腔重新升压而使主阀瓣关闭，造成系统侧管网断水。电磁阀开启之后在控制上应有保持装置。

第四节　自动喷水灭火系统的控制

一、一般规定

(1) 预作用系统、雨淋系统以及自动控制的水幕系统，应同时具备下列三种起动供水泵和开启雨淋阀的控制方式：

1) 自动控制。

2) 消防控制室（盘）手动远控。

3) 水泵房现场应急操作。

（2）雨淋阀的自动控制方式，可采用电动、液（水）动或气动。

当雨淋阀采用充液（水）传动管自动控制时，闭式喷头与雨淋阀之间的高程差，应根据雨淋阀的性能确定。

（3）快速排气阀入口前的电动阀，应在启动供水泵的同时开启。

（4）消防控制室（盘）应能显示水流指示器、压力开关、信号阀、水泵、消防水池及水箱水位、有压气体管道气压，以及电源和备用动力等是否处于正常状态的反馈信号，并应能控制水泵、电磁阀、电动阀等的操作。

二、自动喷水灭火系统的电气控制

采用两台水泵的湿式喷水灭火系统的电气控制线路如图5－13所示。图中B_1、B_2以及B_3为各区流水指示器，若分区很多可以有多个流水指示器及多个继电器与之配合。

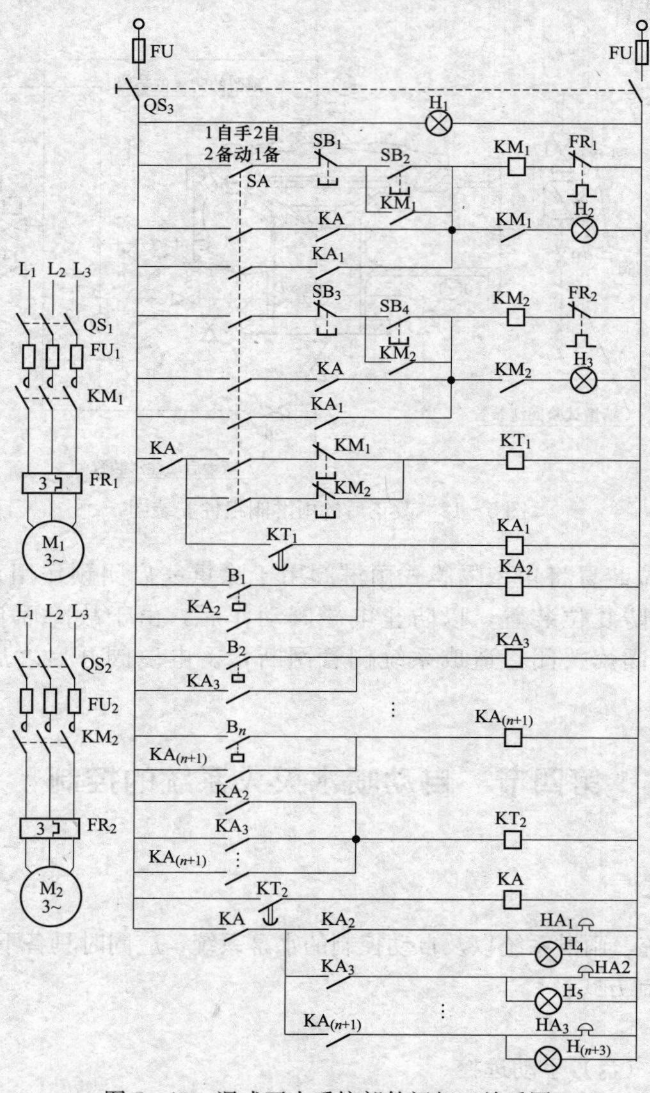

图5－13　湿式灭火系统部件间相互关系图

电路工作过程：某层发生火灾并在温度达到一定值时，此层所有喷头自动爆裂并喷 m 水流。平时合上开关 QS_1、QS_2、QS_3，转换开关 SA 至左位（1 自、2 备）。当发生火灾喷头喷水时，南于喷水后压力降低，压力开关 B_n 动作（同时管道里有消防水流动时，水流指示器触头闭合），所以中间继电器 KA（$n+1$）通电，时间继电器 KT_2 通电，经延时其常开触点闭合，中间继电器 KA 通电，致使接触器 KM_1 闭合，1 号消防加压水泵电动机 M_1 起动运转（同时警铃响、信号灯亮），向管网补充压力水。

当 1 号泵发生故障时，2 号泵自动投入运进。如果 KM_1 机械卡住不动，由于 KT_1 通电，经延时后，备用中间继电器 KA_1 线圈通电动作，致使接触器 KM_2 线圈通电，2 号消防水泵电动机 M_2 起动运转，向管网补充压力水。如将开关 SA 拨向手动位置，也可将 SB_2 或 SB_4 按下使 KM_1 或 KM_2 通电，使 1 号泵和 2 号泵电动机起动运转。

除此之外，水幕阻火对阻止火势扩大与蔓延有较好的效果，所以在高层建筑中，超过 800 个座位的剧院、礼堂的舞台口和设有防火卷帘、防火幕的部位，都宜设水幕设备。其电气控制电路相似于自动喷水系统。

第六章 自动气体和泡沫灭火系统的设计与施工

第一节 二氧化碳灭火系统

二氧化碳灭火系统是由二氧化碳供应源、喷嘴以及管路组成的灭火系统。二氧化碳在空气中含量达到15%以上时能使人窒息死亡；达到30%～35%时，能够使一般可燃物质的燃烧逐渐窒息；达到43.6%时，能抑制汽油蒸气及其他易燃气体的爆炸。二氧化碳灭火灭火系统就是通过减少空气中氧的含量，使其达不到支持燃烧的浓度而实现灭火目的的。

二氧化碳灭火系统主要应用在经常发生火灾的生产作业设施和设备，比如浸渍槽、熔化槽、轧制机、轮转印刷机、烘干设备、干洗设备以及喷漆生产线等；油浸式变压器、高压电容器室及多油开关断路器室；电子计算机房、数据储存间，贵重文物库等重要物品场所；船舶的机舱及货舱等场所。

一、二氧化碳灭火系统设计

1. 全淹没灭火系统

(1) 二氧化碳设计浓度应不小于灭火浓度的1.7倍，并不得低于34%，可燃物的二氧化碳设计浓度可按规定采用。

(2) 当防护区内存有两种及两种以上可燃物时，防护区的二氧化碳设计浓度应采用可燃物中最大的二氧化碳设计浓度。

(3) 二氧化碳的设计用量应按下式计算

$$M=K_b\ (K_1A+K_2V) \tag{6-1}$$

$$A=A_v+30A_1 \tag{6-2}$$

$$V=V_v-V_g \tag{6-3}$$

式中：M为二氧化碳设计用量，kg；K_b为物质系数；K_1为面积系数，kg/m^3，取$0.2kg/m^3$；K_2为体积系数，kg/m^3，取$0.7kg/m^3$；A为折算面积，m^2；A_v为防护区的内侧面、底面、顶面（包括其中的开口）的总面积，m^2；A_0为开口总面积，m^2；V为防护区的净容积，m^3；V_v为防护区容积，m^3；V_g为防护区内不燃烧体和难燃烧体的总体积，m^3。

(4) 当防护区的环境温度超过100℃时，二氧化碳的设计用量应在（3）计算值的基础上每超过5℃增加2%。当防护区的环境温度低于－20℃时，二氧化碳的设计用量应在（3）计算值的基础上每降低1℃增加2%。

(5) 防护区应设置泄压口，并宜设在外墙上，其高度应大于防护区净高的2/3。当防护区设有防爆泄压孔时，可不单独设置泄压口。

(6) 泄压口的面积可按下式计算

$$A_x=0.0076\frac{Q_t}{\sqrt{P_t}} \quad (6-4)$$

式中：A_x为泄压口面积，m^2；Q_t为二氧化碳喷射率，kg/min；P_t为围护结构的允许压强，Pa。

(7) 全淹没灭火系统二氧化碳的喷放时间不应大于1min。当扑救固体深位火灾时，喷放时间应不大于7min，并应在前2min内使二氧化碳的浓度达到30%。

(8) 二氧化碳扑救固体深位火灾的抑制时间应根据表6-1规定采用。

表6-1　物质系数、设计浓度和抑制时间

可燃物	物质系数 K_b	设计浓度 c（%）	抑制时间/min
丙酮	1.00	34	—
乙炔	2.57	66	—
航空燃料115号/145号	1.06	36	—
粗苯（安息油、偏苏油）、苯	1.10	37	—
丁二烯	1.26	41	—
丁烷	1.00	34	—
丁烯-1	1.10	37	—
二硫化碳	3.03	72	—
一氧化碳	2.43	64	—
煤气或天然气	1.10	37	—
环丙烷	1.10	37	—
柴油	1.00	34	—
二甲醚	1.22	40	—
二苯与其氧化物的混合物	1.47	46	—
乙烷	1.22	40	—
乙醇（酒精）	1.34	43	—
乙醚	1.47	46	—
乙烯	1.60	49	—
二氯乙烯	1.00	34	—
环氧乙烷	1.80	53	—
汽油	1.00	34	—
乙烷	1.03	35	—
正庚烷	1.03	35	—
氢	3.30	75	—
硫化氢	1.06	36	—
异丁烷	1.06	36	—
异丁烯	1.00	34	—
甲酸异丁酯	1.00	34	—
航空煤油JP-4	1.06	36	—

续表

可燃物	物质系数 K_b	设计浓度 c（%）	抑制时间/min
煤油	1.00	34	—
甲烷	1.00	34	—
醋酸甲酯	1.03	35	—
甲醇	1.22	40	—
甲基丁烯-1	1.06	36	—
甲基乙基酮（丁酮）	1.22	40	—
甲酸甲酯	1.18	39	—
戊烷	1.03	35	—
正辛烷	1.03	35	—
丙烷	1.06	36	—
丙烯	1.06	36	—
淬火油（灭弧油）、润滑油	1.00	34	—
纤维材料	2.25	62	20
棉花	2.00	58	20
纸	2.25	62	20
塑料（颗粒）	2.00	58	20
聚苯乙烯	1.00	34	—
聚氨基甲酸甲酯（硬）	1.00	34	—
电缆间和电缆沟	1.50	47	10
数据储存间	2.25	62	20
电子计算机房	1.50	47	10
电器开关和配电室	1.20	40	10
待冷却系统的发电机	2.00	58	至停止
油浸式变压器	2.00	58	—
数据打印设备间	2.25	62	20
油漆间和干燥设备	1.20	40	—
纺织机	2.00	58	—

(9) 二氧化碳的储存量应为设计用量与残余量之和。残余量可按设计用量的 8%计算。组合分配系统的二氧化碳储存量，不应小于所需储存量最大的一个防护区的储存量。

2. 局部应用灭火系统

(1) 局部应用灭火系统的设计可采用面积法或体积法。当保护对象的着火部位是比较平直的表面时，宜采用面积法。当着火对象为不规则物体时，应采用体积法。

(2) 局部应用灭火系统的二氧化碳喷射时间应不小于 0.5min。对于燃点温度低于沸点温度的液体和可熔化固体的火灾，二氧化碳的喷射时间应不小于 1.5min。

(3) 当采用面积法设计时，应符合以下规定：

1) 保护对象计算面积应取被保护表面整体的垂直投影面积。

2）架空型喷头应以喷头的出口至保护对象表面的距离确定设计流量和相应的正方形保护面积；槽边型喷头保护面积应由设计选定的喷头设计流量确定。

3）架空型喷头的布置宜垂直于保护对象的表面，其应瞄准喷头保护面积的中心。当确需非垂直布置时，喷头的安装角应不少于45°，其瞄准点应偏向喷头安装位置的一方（图6-1），喷头偏离保护面积中心的距离可按表6-2确定。

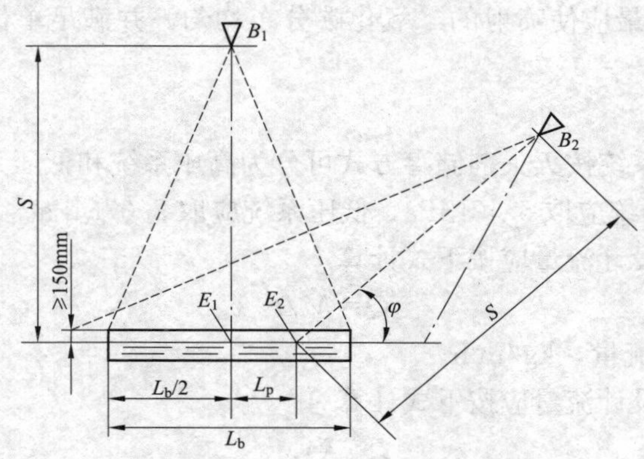

图6-1 架空型喷头布置方法

B_1、B_2—喷头布置位置；E_1、E_2—喷头瞄准点；S—喷头出口至瞄准点的距离（m）；
L_b—单个喷头正方形保护面积的边长（m）；
L_p—瞄准点偏离喷头保护面积中心的距离（m）；φ—喷头安装角（°）

表6-2 喷头偏离保护面积中心的距离

喷头安装角	喷头偏离保护面积中心的距离/m
45°～60°	$0.25L_b$
60°～75°	$0.25L_b$～$0.125L_b$
75°～90°	$0.125L_b$～0

注：L_b为单个喷头正方形保护面积的边长。

4）喷头非垂直布置时的设计流量和保护面积应与垂直布置的相同。

5）喷头宜等距布置，以喷头正方形保护面积组合排列，并应完全覆盖保护对象。

6）二氧化碳的设计用量应按下式计算

$$M=NQ_it \tag{6-5}$$

式中：M为二氧化碳设计用量，kg；N为喷头数量；Q_i为单个喷头的设计流量，kg/min；t为喷射时间，min。

（4）当采用体积法设计时，应符合以下规定：

1）保护对象的计算体积应采用假定的封闭罩的体积，封闭策的底应是保护对象的实际底面；封闭罩的侧面及顶部当无实际围封结构时，它们至保护对象外缘的距离应不小于0.6m。

2）二级化碳的单位体积的喷射率应按下式计算

$$q_v=K_b\left(16-\frac{12A_p}{A_t}\right) \tag{6-6}$$

式中：q_v为单位体积的喷射率，kg/（min・m^3）；A_t为假定的封闭罩侧面围封面面积，m^2；A_p为在假定的封闭罩中存在的实体墙等实际围封面的面积，m^2。

3）二氧化碳设计用量应按下式计算

$$M=V_1q_vt \tag{6-7}$$

式中：V_1为保护对象的计算体积，m^2。

4）喷头的布置与数最应使喷射的二氧化碳分布均匀，并满足单位体积的喷射率和设计用量的要求。

3. 管网计算

（1）二氧化碳灭火系统按灭火剂储存方式可分为高压系统和低压系统，管网起点计算压力（绝对压力）；高压系统应取 5.17MPa，低压系统应取 2.07MPa。

（2）管网中干管的设计流量应按下式计算

$$Q=M/t \tag{6-8}$$

式中：Q 为管道的设计流量，kg/min。

（3）管网中支管的设计流量应按下式计算

$$Q=\sum_{1}^{N_x}Q_i \tag{6-9}$$

式中：N_x为安装在计算支管流程下游的喷头数量；Q_i为单个喷头的设计流量，kg/min。

（4）管道内径可按下式计算

$$D=K_d\cdot\sqrt{Q} \tag{6-10}$$

式中：D 为管道内径，mm；K_d为管径系数，取值范围 1.41～3.78。

（5）管段的计算长度应为管道的实际长度与管道附件当量长度之加少管道附件的当量长度应采用经国家相关检测机构认可的数据。

（6）管道压力降可按下式换算

$$Q^2=\frac{0.8725\times10^{-4}\times D^{5.25}Y}{L+（0.043\ 19D^{1.25}Z）} \tag{6-11}$$

式中：D 为管道内径，mm；L 为管段计算长度，m；Y 为压力系数，MPa・kg/m^3；Z 为密度系数。

（7）管道内流程高度所引起的压力校正值，应计入该管段的终点压力。终点高度低于起点的取正值，终点高度高于起点的取负值。

（8）喷头入口压力（绝对压力）计算值：高压系统应不小于 1.4MPa；低压系统应不小于 1.0MPa。

（9）低压系统获得均相流的延迟时间，对全淹灭火系统和局部应用灭火系统分别应不大于 60s 和 30s，其延迟时间可按下式计算：

$$t_d=\frac{M_gc_p（T_1-T_2）}{0.507Q}+\frac{16\ 850V_d}{Q} \tag{6-12}$$

式中：t_d为延迟时间，s；M_g为管道质量，kg；c_p为管道金属材料的比热容，kJ/（kg・℃）；钢管可取 0.46kJ/（kg・℃）；T_1为二氧化碳喷射前管道的平均温度，℃；可取环境平均温度；T_2为二氧化碳平均温度，℃；取－20.6℃；V_d为管道容积，m^3。

（10）喷头等效孔口面积应按下式计算

$$F=Q_i/q_0 \tag{6-13}$$

式中：F 为喷头等效孔口面积，mm^2；q_0 为单位等效孔口面积的喷射率，kg/（min·mm^2）。

1）二氧化碳储存盘可按下式计算

$$M_c=K_mM+M_v+M_s+M_r \tag{6-14}$$

$$M_v=\frac{M_gC_p（T_1-T_2）}{H} \tag{6-15}$$

$$M_r=\sum V_i\rho_i \text{（低压系统）} \tag{6-16}$$

$$\rho_i=-261.6718+545.9939P_i-114740p_i^2-230.9276p_i^3+122.4873p_i^4 \tag{6-17}$$

$$p_i=\frac{p_{j-1}+p_j}{2} \tag{6-18}$$

式中：M_c为二氧化碳储存量，kg；K_m为裕度系数；对全淹没系统取1；对局部应用系数；高压系统取1.4，低压系统取1.1；M_v为二氧化碳在管道中的蒸发量，kg；高压全淹没系统取0值；T_2为二氧化碳平均温度，℃；高压系统取15.6℃，低压系统取－20.6℃；H 为二氧化碳蒸发潜热，kJ/kg；高压系统取150.7kJ/kg，低压系统取276.3kJ/kg；M_s为储存容器内的二氧化碳剩余量，kg；M_r为管道内的二氧化碳剩余量，kg；高压系统取0值；V_i为管网内第 i 段管道的容积，m^3；ρ_i为第 i 段管道内二氧化碳平均密度，kg/m^3；p_i为第 i 段管道内的平均压力，MPa；p_{j-1}为第 i 段管道首端的节点压力，MPa；p_j为第 j 段管道末端的节点压力，MPa。

2）高压系统储存容器数量可按下式计算

$$N_p=\frac{M_c}{\alpha V_c} \tag{6-19}$$

式中：N_p为高压系统储存容量数量；α 为充装系数，kg/L；V_c为单个储存容器的容积，L。

3）低压系统储存容器的规格可依据二氧化碳储存量确定。

4. 系统组件设计

（1）储存装置。

1）高压系统的储存装置应由储存容器、容器阀、单向阀、灭火剂泄漏检测装置以及集流管等组成，并应符合以下规定：

① 储存容器的工作压力应不小于15MPa，储存容器或容器阀上应设泄压装置，其泄压动作压力应为（19±0.95）MPa。

② 储存容器中二氧化碳的充装系数应按国家现行规范执行。

③ 储存装置的环境湿度应为0～49℃。

2）低压系统的储存装置应由储存容器、容器阀、安全泄压装置、压力表、压力报警装置以及制冷装置等组成，并应符合以下规定：

① 储存容器的设计压力不应小于2.5MPa，并应采取良好的绝热措施，储存容器上至少应设置两套安全泄压装置，其泄压动作压力应为（2.38±0.12）MPa。

② 储存装置的高压报警压力设定值应为2.2MPa，低压报警压力设定值应为1.8MPa。

③ 储存容器中二氧化碳的装量系数应按国家现行规定执行。

④ 容器阀应能在喷出要求的二氧化碳量后自动关闭。

⑤ 储存装置应远离热源，其位置应便于再充装，其环境温度宜为－23℃～49℃。

3）储存容器中充装的二氧化碳应符合现行国家标准《二氧化碳灭火剂》（GB 4396—2005）的规定。

4）储存装置应具有灭火剂泄漏检测功能，当储存容器中充装的二氧化碳损失量达到其初始充装量的10%时，应能发出声光报警信号并及时补充。储存装置的布置应方便检查和维护，并应避免阳光直射。

5）储存装置宜设在专用的储存容器间内。局部应用灭火系统的储存装置可设置在固定的安全围栏内，专用的储存容器间的设置应符合以下规定：

① 应靠近防护区，出口应直接通向室外或疏散走道。

② 耐火等级不应低于二级。

③ 室内应保持干燥和良好通风。

④ 不具备自然通风条件的储存容器间，应设置机械排风装置，排风口距储存容器间地面高度不宜大于0.5m，排出口应直接通向室外，正常排风量宜按换气次数不小于4次/h确定，事故排风量应按换气次数不小于8次/h确定。

（2）选择阀与喷头。

1）在组合分配系统中，每个防护区或保护对象应设一个选择阀，选择阀应设置在储存容器间内，并应便于手动操作，方便检查维护，选择何上应设有标明防护区的铭牌。

2）选择阀可采用电动、气动或机械操作方式，选择阀的工作压力：高压系统应不小于12MPa，低压系统应不小于2.5MPa。

3）系统在起动时，选择阀应在二氧化碳储存容器的容器阀动作之前或同时打开；采用灭火剂自身作为起动气源打开的选择阀，可不受此限。

4）全淹没灭火系统的喷头布兰应使防护区内二氧化碳分布均匀，喷头应接近天花板或屋顶安装。

5）设置在有粉尘或喷漆作业等场所的喷头，应增设不影响喷射效果的防尘罩。

（3）管道及其附件。

1）高压系统管道及其附件应能承受最高环境温度下二氧化碳的储存压力；低压系统管道及其附件应能承受4.0MPa的压力，并应符合下列规定：

① 管道应采用符合现行国家标准《输送流体用无缝钢管》（GB 8163—2008）的规定，并应进行内外表面镀锌防腐处理。

② 对镀锌层有腐蚀的环境，管道可采用不锈钢管、铜管或其他抗腐蚀的材料。

③ 挠性连接的软管应能承受系统的工作压力和湿度，并宜采用不锈钢软管。

2）低压系统的管网中应采取防膨胀收缩措施。

3）在可能产生爆炸的场所，管网应吊挂安装并采取防晃措施。

4）管道可采用螺纹连接、法兰连接或焊接，公称直径等于或小于80mm的管道，宜采用螺纹连接，公称直径大于80mm的管道，宜采用法兰连接。

5）二氧化碳灭火剂输送管网不应采用四通管件分流。

6）管网中阀门之间的封闭管段应设置泄压装置，其泄压动作压力：高压系统应为(15±0.75)MPa，低压系统应为（2.38±0.12）MPa。

二、二氧化碳灭火系统的主要组件

二氧化碳灭火系统的主要组件有储存容器、容器阀、选择阀、单向阀、压力开关以及喷嘴等。

(一) 储存容器

二氧化碳容器有低压和高压两种。通常当二氧化碳储存量在10t以上才考虑采用低压容器，下面主要介绍高压容器。

1. 构造

二氧化碳容器由无缝钢管制成，内外均经过防锈处理。容器上部装设容器阀，内部安装虹吸管。虹吸管内径不小于容器阀的通径，通常采用13～15mm，下端切成30°斜口，距瓶底为5～8mm。

2. 性能及作用

目前我国使用的二氧化碳容器工作压力为15MPa，容量40L，水压试验压力是22.5MPa。其作用是储存液态二氧化碳灭火剂。

3. 使用要求

(1) 钢瓶应固定牢固，保证在排放二氧化碳时，不会移动。

(2) 在使用中，每隔8～10年作水压试验一次，其永久膨胀率不得大于10%。凡未超过10%即为合格，打上水压试验钢印。大于10%则应报废。

(3) 水压试验前需先经内部清洁和检视，以查明容器内部有否裂痕等缺陷。

(4) 不宜使容器的充装率（每升容积充装的二氧化碳千克数）过大。二氧化碳容器所受的内压是由充装率及温度来确定的。对于工作压力为15MPa，水压试验压力为22.5MPa的容器，其充装率应不大于0.68kg/L。这样才能确保在环境温度不超过45℃时容器内压力不致超过工作压力。

(二) 容器阀

瓶头阀种类甚多，但均是由充装阀部分（截止阀或止回阀）、施放阀部分（截止阀或闸刀阀）以及安全膜片组成。

1. 性能

(1) 容器阀的气密性要求很高，总装之后需进行气密性试验。

(2) 容器阀上应安装安全阀，当温度达到50℃或压力大于18MPa时，安全片会自行破裂，放出二氧化碳气体，以避免钢瓶因超压而爆裂。

(3) 一般二氧化碳容器阀大都具有紧急手动装置，既能够自动又能手动操作。为使阀门开启可靠，手动这一附加功能是必要的。

2. 作用

平时封闭容器，火灾时排放容器内储存的灭火剂；还通过它充装灭火剂及安装防爆安全阀。

3. 使用要求

(1) 瓶体上的螺纹形式必须与容器阀的锥形螺纹相吻合。在接合处通常不得使用填料。

(2) 先导阀在安装时需旋转手轮，使手轮轴处于最上位置，并且插入保险销，套上保险铜丝栓，再加铅封。

(3) 气动阀和先导阀安装到容器上之前，必须把活塞和活塞杆都上推到不工作（复位）位置，也就是离下阀体的配气阀面约20mm处。

(4) 对于同组内各容器的闸刀式容器阀，其闸刀行程和闸刀离工作铜膜片的间距必须协调一致。以保证刀口基本上均能同时闸破膜片。否则，不能同步，而是个别膜片先被闸破，则将会导致背压，以致难以再闸破同组的其余各容器上的膜片，对这一要求应予注意。

(5) 在搬运时，应防止闸刀转动，确保不破坏工作膜片。因而闸刀式容器阀在经装配试验合格后，必须用直径 1mm 的保险铁丝插入，固定手柄，直至被安装到灭火装置时，才能将铁丝拆除。

(6) 电爆阀的电爆管每 4 年应更换一次，以防雷管变质，影响使用。

(7) 机械式闸刀瓶头阀上的连接钢丝绳应安装正确，避免钢丝绳及拉环、手柄动作时碰及障碍物。

(8) 检修时，对保险用的铜、铁丝、销及杠杆锁片应锁紧，修后再复原。检修量大时，还应将电爆阀的引爆部分拆除。

4. 几种常用容器阀的结构形式

(1) 气动容器阀。一般二氧化碳灭火系统都由先导阀、电磁阀以及气动阀组成施放部分。先导阀及配用的电磁阀装于起动用气瓶上。平时由电磁阀关住瓶中高压气体，只在接受火灾信号之后，电磁阀才开放，高压气体便先后开启先导阀及安装在二氧化碳钢瓶上的气动阀而喷电。

(2) 机械式闸刀容器阀。它安装于二氧化碳钢瓶上，其结构如图 6－2 所示。开启时，只需牵动手柄上钢丝绳，闸刀杆便旋入，切破工作膜片，放出二氧化碳。该阀在单个瓶或少量瓶成组安装的管系中，应用比较多。

(3) 膜片式容器阀。膜如图 6－3 所示为片式容器阀的结构，主要由阀体、活塞杆、活塞刀、密封膜片以及压力表等组成。

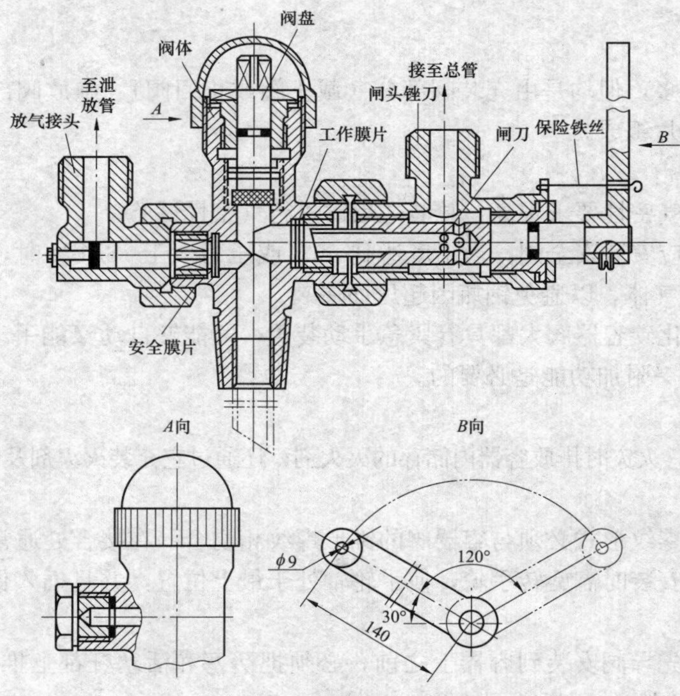

图 6－2　机械式闸刀容器阀

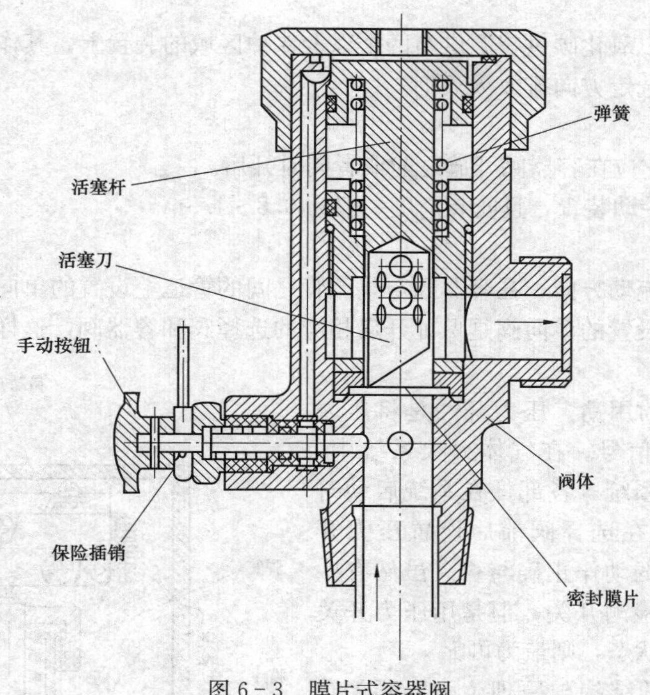

图 6-3　膜片式容器阀

工作原理是：平时阀体的出口与下腔通过密封膜片隔绝，当外力压下起动手柄或起动气源进入上腔时，则压下活塞及活塞刀，将密封膜片刺破，释放气体灭火剂。特点是结构简单，密封膜片的密封性能好，但释放气体灭火剂时阻力损失较大，每次使用之后，需更换封膜片。

（三）安全阀

安全阀通常装置在储存容器的容器阀上以及组合分配系统中的集流管部分。在组合分配系统的集流管部分，由于选择阀平时处于关闭状态，因此从容器阀的出口处至选择阀的进口端之间，就形成了一个封闭的空间，而在此空间内形成一个危险的高压压力。为防止储存容器发生误喷射，所以在集流管末端设置一个安全阀或泄压装置，当压力值超过规定值时，安全阀自动开启泄压，确保管网系统的安全。

（四）选择阀

1. 构造

按释放方式，通常可分电动式和气动式两种。电动式靠电爆管或电磁阀直接开启选择阀活门；气动式依靠由起动用气容器输送来的高压气体推开操纵活塞，而将阀门开放。选择阀的结构如图 6-4 所示。

2. 性能

其流通能力，应同保护区所需要的灭火剂流量相适应。

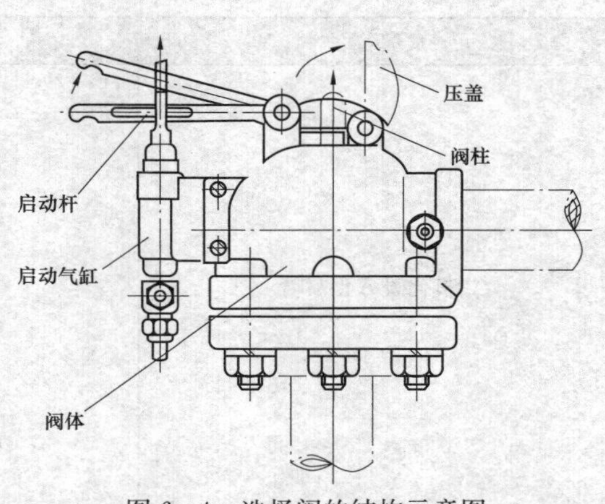

图 6-4　选择阀的结构示意图

3. 作用

主要用于一个二氧化碳供应源供给两个以上保护区域的装置上，其作用为当某一保护区发生火灾时，能够选定方向排放灭火剂。

4. 使用要求

(1) 灭火时，它应在容器阀开放之前或者同时开启。

(2) 应有紧急手动装置，且安装高度一般为 0.8～1.5m。

5. 单向阀

单向阀是控制流动方向，在容器阀与集流管之间的管道上设置的单向阀是防止灭火剂的回流；气动气路上设置的单向阀是保证开启相应的选择阀和容器阀，这样有些管道可共用。

6. 压力开关

(1) 压力开关的用途。压力开关是将压力信号转换成为电气信号。在气体灭火系统中，为及时、准确了解系统，各部件在系统启动时的动作状态，通常在选择阀前后设置压力开关，以判断各部件的动作正确与否。虽然有些阀门本身带有动作检测开关，但是用压力开关检测各部件的动作状态，则最为可靠。

(2) 压力开关的结构与原理。压力开关它由壳体、波纹管或膜片、微动开关、接头座以及推杆等组成。其动作原理是，当集流管或配管中灭火剂气体压力上升到设定值时，波纹管或膜片伸长，通过推杆或拨臂，将开关拨动，使触点闭合或断开，来达到输出电气信号的目的。图 6-5 所示为压力开关的构造。

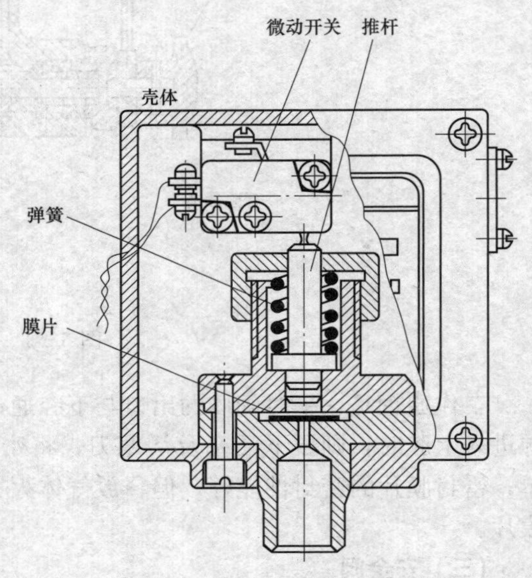

图 6-5　压力开关的结构示意图

7. 喷嘴

(1) 构造。喷嘴构造应能使灭火剂在规定压力下雾化良好。喷嘴出口尺寸应能够使喷嘴喷射时不会被冻结。目前我国常用的二氧化碳喷嘴的构造及基本尺寸见表 6-3。

表 6-3　　我国常用的二氧化碳喷嘴的构造和基本尺寸

喷嘴名称	构造及基本尺寸
二氧化碳 A 型喷嘴	喷嘴　主体　平肩接头　≈75　φ14　φ10　40　~85　2×φ5.5　20　34　48

续表

喷嘴名称	构造及基本尺寸
二氧化碳 B 型喷嘴	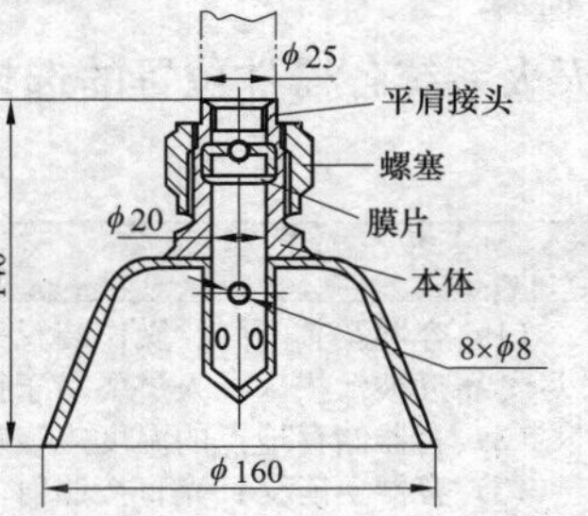
二氧化碳 C 型喷嘴	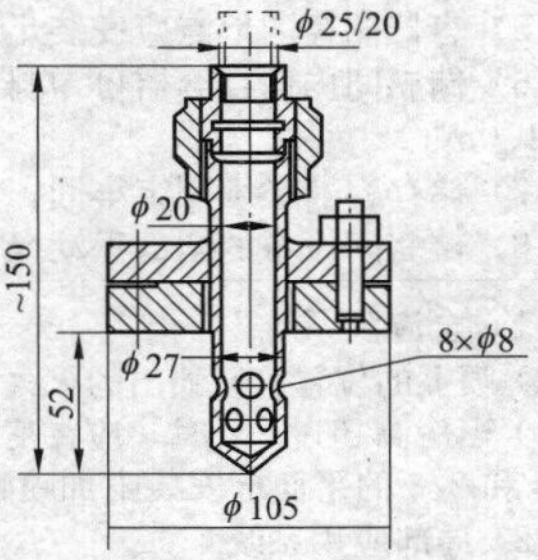
二氧化碳 PZ－1 型喷嘴	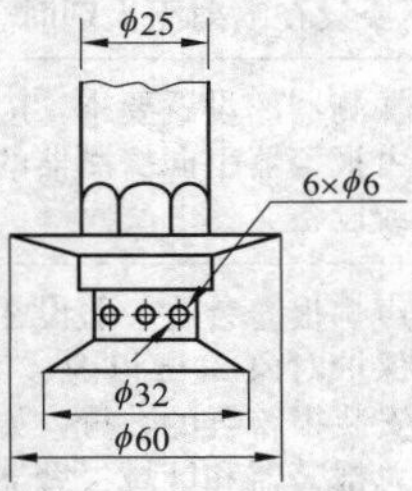
二氧化碳 PZ-2 型喷嘴	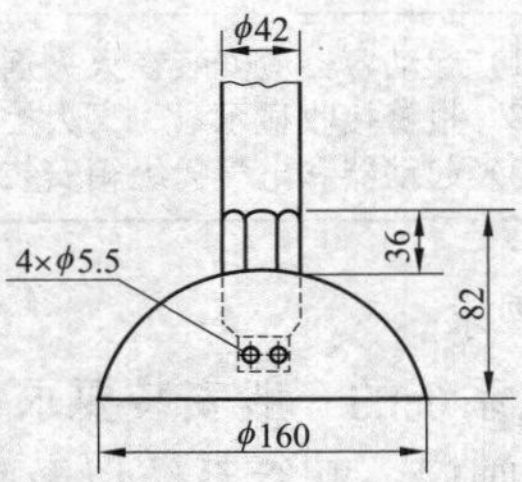

(2) 性能及作用。喷嘴的喷射能力应能使规定的灭火剂量在预定的时间内喷射完。通信设备室使用的喷嘴，通常喷射时间不超过 3.5min 为宜。其他保护对象，一般应在 1min 左右。喷嘴的作用是使灭火剂形成雾状向指定方向喷射。

(3) 使用要求。为避免喷嘴堵塞，在喷嘴外应有防尘罩。防尘罩在施放灭火剂时受到压力会自行脱落。喷嘴的喷射压力不低于 1.4MPa。

三、二氧化碳灭火系统安装

1. 位置的选择

二氧化碳灭火系统各器件位置的选择见表 6-4。

表 6-4 位置的选择

安装部件	安装位置
容器组设置	(1) 容器及其阀门、操作装置等，最好设置在被保护区域以外的专用站（室）内，站（室）内应尽量靠近被保护区，人员要易于接近；平时应关闭，不允许无关人员进入 (2) 容器储存地点的温度规定在 40℃以下，0℃以上 (3) 容器不能受日光直接照射 (4) 容器应设在振动、冲击、腐蚀等影响少的地点。在容器周围不得有无关的物件，以免妨碍设备的检查，维修和平稳可靠地操作 (5) 容器储存的地点应安装足够亮度的照明装置 (6) 储瓶间内储存容器可单排布置或双排布置，其操作面距离或相对操作面之间的距离不宜小于 1.0m (7) 储存容器必须固定牢固，固定件及框架应作防腐处理 (8) 储瓶间设备的全部手动操作点，应有表明对应防护区名称的耐久标志
喷嘴位置	(1) 全淹没系统 1) 喷嘴的位置应使喷出的灭火剂在保护区域内迅速而均匀地扩散。通常应安装在靠近顶棚的地方 2) 当房高超过 5m 时，应在房高大约 1/3 的平面上装设附加喷嘴。当房高超过 10m 时，应在房高 1/3 和 2/3 的平面上安装附加喷嘴 (2) 局部应用系统 1) 喷嘴的数量和位置，以使保护对象的所有表面均在喷嘴的有效射程内为准 2) 喷嘴的喷射方向应对准被保护物 3) 不要设在喷射灭火剂时会使可燃物飞溅的位置
探测器位置	(1) 探测器的设置要求，应符合本手册相关内容 (2) 由报警器引向探测器的电线，应尽量与电力电缆分开敷设，并应尽量避开可能受电信号干扰的区域或设备
报警器位置	(1) 声响报警装置一般设在有人值班、尽量远离容易发生火灾的地方，其报警器应设在保护区域内或离保护对象 25m 以内、工作人员都能听到警报的地点 (2) 安装报警器的数量，如需要监控的地点不多，则一台报警器即可。如需要监控的地方较多，就需要总报警器和区域报警器联合使用 (3) 全淹没系统报警装置的电器设备，应设置在发生火灾时无燃烧危险，且易维修和不易受损坏的地点
起动、操纵装置位置	(1) 起动容器应安装在灭火剂钢瓶组附近安全地点，环境温度应在 40℃以下 (2) 报警接收显示盘、灭火控制盘等均应安装在值班室内的同一操纵箱内 (3) 起动器和电气操纵箱安装高度一般为 0.8～1.5m

2. 一般安装要求

二氧化碳灭火系统的一般安装要求如下：

(1) 容器组、阀门，配管系统以及喷嘴等安装都应牢固可靠（移动式除外）。

(2) 管道敷设时，还应考虑到灭火剂流动过程中由于温度变化所引起的管道长度变化。

(3) 管道安装前，应进行内部防锈处理；安装后，未装喷嘴之前，应用压缩空气吹扫内部。

(4) 各种灭火管路应有明确标记，并且须核对无误。

(5) 从灭火剂容器到喷嘴之间设有选择阀或截止阀的管道，应在容器和选择阀之间安装安全装置。其安全工作压力是（15±0.75）MPa。

(6) 灭火系统的使用说明牌或者示意图表，应设置在控制装置的专用站（室）内明显的位置上。其内容应有灭火系统操作方法和有关路线走向及灭火剂排放之后再灌装方法等简明资料。

(7) 容器瓶头阀到喷嘴的全部配管连接部分均不得松动或者漏气。

四、二氧化碳灭火系统联动控制

1. 一般要求

(1) 二氧化碳灭火系统应设有自动控制、手动控制和机械应急操作起动方式；当局部应用灭火系统用于经常有人的保护场所时可不设自动控制。

(2) 当采用火灾探测器时，灭火系统的自动控制应在接收到两次独立的火灾信号后才能起动，根据人员疏散要求，宜延迟起动，但延迟时间应不大于 30s。

(3) 手动操作装置应设在防护区外便于操作的地方，并应能在一处完成系统起动的全部操作。局部应用灭火系统手动操作装置应设在保护对象附近。

对于采用全淹没灭火系统保护的防护区，应在其入口处设置手动、自动转换控制装置，有人工作时，应置于手动控制状态。

(4) 二氧化碳灭火系统的供电与自动控制应符合现行国家标准《火灾自动报警系统设计规范》(GB 50116—2013) 的有关规定。当采用气动动力源时。应保证系统操作与控制所需要的压力和用气量。

(5) 低压系统制冷装置的供电应采用消防电源，制冷装置应采用自动控制，且应设手动操作装置。

2. 联动控制过程

二氧化碳灭火系统联动控制内容主要有火灾报警显示、灭火介质的自动释放灭火、切断保护区内的送排风机、关闭门窗及联动控制等。

当保护区发生火灾时，灾区产生的烟、温或者光使保护区设置的两路火灾探测器（感烟、感热）报警，两路信号是“与”关系发到消防中心报警控制器上，驱动控制器一方面发声、光报警，另一方面发出联动控制信号（如停空调、关防火门等），待人员撤离之后再发信号关闭保护区门。从报警开始延时约 30s 后发出指令起动二氧化碳储存容器，储存的二氧化碳灭火剂利用管道输送到保护区，经喷嘴释放灭火。如果手动控制，可将起动按钮按下，其他同上，如图 6-6 所示。

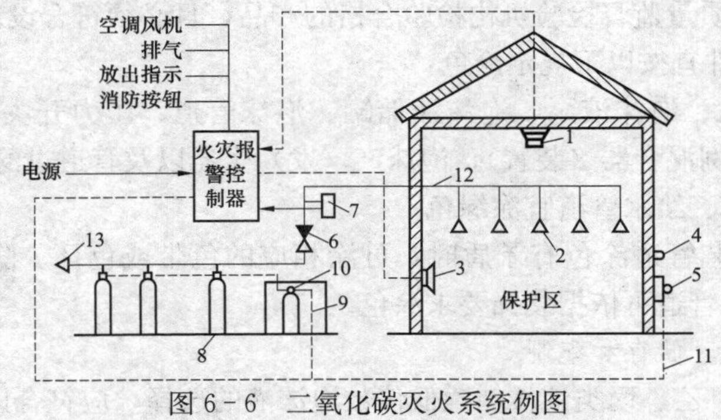

图 6-6　二氧化碳灭火系统例图

1—火灾探测器；2—喷头；3—警报器；4—放气指示灯；5—手动起动按钮；6—选择阀；7—压力开关；8—二氧化碳钢瓶；9—启动气瓶；10—电磁阀；11—控制电缆；12—二氧化碳管线；13—安全阀

压力开关为监测二氧化碳管网的压力设备，当二氧化碳压力过低或者过高时，压力开关将压力信号送至控制器，控制器发出开大或者关小钢瓶阀门的指令，可释放介质。

为了实现准确而更快速灭火，当发生火灾时，用手直接将二氧化碳容器阀开启，或将放气开关拉动，即可喷出二氧化碳灭火。这个开关通常装在房间门口附近墙上的一个玻璃面板内，火灾即将玻璃面板击破，就能够拉动开关喷出二氧化碳气体，实现快速灭火。

装有二氧化碳灭火系统的保护场所（如变电所或配电室），通常都在门口加装选择开关，可就地选择自动或手动操作方式。当有工作人员进入里面工作时，为避免意外事故，即避免有人在里面工作时喷出二氧化碳影响健康，必须在入室之前将开关转到手动位置，离开时关门之后复归自动位置。同时也为防止无关人员乱动选择开关，宜用钥匙型转换开关。

第二节 泡沫灭火系统

泡沫灭火系统是利用泡沫液作为灭火剂的一种灭火方式。泡沫剂有化学泡沫灭火剂和空泡沫灭火剂两大类。化学泡沫灭火剂主要是充装在100L以下的小型灭火器内，扑救小型初期火灾；而大型的泡沫灭火系统则以采用空气泡沫灭火剂为主。

泡沫灭火是借助泡沫层的冷却、隔绝氧气和抑制燃料蒸发等作用，达到扑灭火灾的目的。

空气泡沫灭火是泡沫液和水通过特制的比例混合器混合而成泡沫混合液，通过泡沫产生器与空气混合产生泡沫，使泡沫覆盖在燃烧物质的表面或充满发生火灾的整个空间，最后使火熄灭。

一、泡沫液和系统组件的要求

1. 一般规定

(1) 泡沫液、泡沫消防水泵、泡沫液泵、泡沫混合液泵、泡沫比例混合器（装置）、泡沫产生装置、泡沫液压力储罐、火灾探测与启动控制装置、控制阀门及管道等系统组件，必须采用经国家级产品质量监督检验机构检验合格的产品，且必须符合设计用途。

(2) 系统主要组件宜按以下规定涂色：

1) 泡沫混合液泵、泡沫液泵、泡沫液储罐、泡沫管道、压力开关、泡沫混合液管道、泡沫液管道、泡沫比例混合器（装置）、泡沫产（发）生器以及管道过滤器宜涂红色。

2) 泡沫消防水泵、给水管道宜涂绿色。

当管道较多与工艺管道涂色有矛盾时，可涂相应的色带或色环。隐蔽工程管道可不涂色，泡沫-水喷淋系统管道可依据装饰要求涂色。

2. 泡沫液的选择、储存和配制

(1) 非水溶性甲、乙、丙类液体储罐低倍数泡沫液的选择，应符合以下规定：

1) 当采用液上喷射系统时，应选用蛋白、氟蛋白、成膜氟蛋白或水成膜泡沫液。

2) 当采用液下喷射系统时，应选用氟蛋白、成膜氟蛋白或水成膜泡沫液。

3) 当选用水成膜泡沫液时，其抗烧水平不应低于现行国家标准的规定。

(2) 保护非水溶性液体的泡沫——水喷淋系统、泡沫枪系统、泡沫炮系统泡沫液的选择，应符合以下规定：

1) 当采用吸气型泡沫产生装置时，可选用蛋白、氟蛋白、水成膜或成膜氟蛋白泡沫液。

2) 当采用非吸气型喷射装置时，应选用水成膜或成膜氟蛋白泡沫液。

(3) 水溶性甲、乙、丙类液体和其他对普通泡沫有破坏作用的甲、乙、丙类液体，以及用一套系统同时保护水溶性和非水溶性甲、乙、丙类液体的，必须选用抗溶泡沫液。

(4) 中倍数泡沫灭火系统泡沫液的选择应符合以下规定：

1) 用于油罐的中倍数泡沫灭火剂应采用专用8%型氟蛋白泡沫液。

2) 除油罐外的其他场所，可选用中倍数泡沫液或高倍数泡沫液。

(5) 高倍数泡沫灭火系统利用热烟气发泡时，应采用耐温耐烟型高倍数泡沫液。

(6) 当采用海水作为系统水源时，必须选择适用于海水的泡沫液。

(7) 泡沫液宜储存在通风干燥的房间或敞棚内；储存的环境温度应符合泡沫液使用温度的要求。

3. 泡沫消防泵

(1) 泡沫消防水泵、泡沫混合液泵的选择与设置应符合以下规定：

1) 应选择特性曲线平缓的离心泵，且其工作压力和流量应满足系统设计要求。

2) 当采用水力驱动式平衡式比例混合装置时，应将其消耗的水流量计入泡沫消防水泵的额定流量内。

3) 当采用环泵式比例混合器时，泡沫混合液泵的额定流量应为系统设计流量的1.1倍。

4) 泵出口管道上，应设置压力表、单向阀和带控制阀的回流管。

(2) 泡沫液泵的选择与设置应符合以下规定：

1) 泡沫液泵的工作压力和流量应满足系统最大设计要求，并应与所选比例混合装置的工作压力范围和流量范围相匹配，同时应保证在设计流量下泡沫液供给压力大于最大水压力。

2) 泡沫液泵的结构形式、密封或填充类型应适宜输送所选的泡沫液，其材料应耐泡沫液腐蚀且不影响泡沫液的性能。

3) 除水力驱动型泵外，泡沫液泵应按本规范对泡沫消防泵的相关规定设置动力源和备用泵，备用泵的规格型号应与工作泵相同，工作泵故障时应能自动与手动切换到备用泵。

4) 泡沫液泵应耐受时长不低于10min的空载运行。

5) 除水利驱除型外，泡沫液泵的动力源设置应符合《泡沫灭火系统设计规范》(GB 50151—2010) 第8.1.4的规定，且宜与系统泡沫消防泵的动力源一致。

4. 泡沫比例混合器（装置）

(1) 泡沫比例混合器的种类。

1) 负压比例混合器。负压比例混合器主要为PH系列，如图6-7所示为其结构。当高压水流从喷嘴喷出后，在混合室内产生负压，从而使泡沫液在大气压的作用之下，从吸液口被吸入混合室，在混合室与水混合（泡沫液的浓度较高）通过扩散管进入水泵吸水管再与水充分混合形成混合液，并被输送至泡沫产生装置，图6-8所示为其安装示意图。

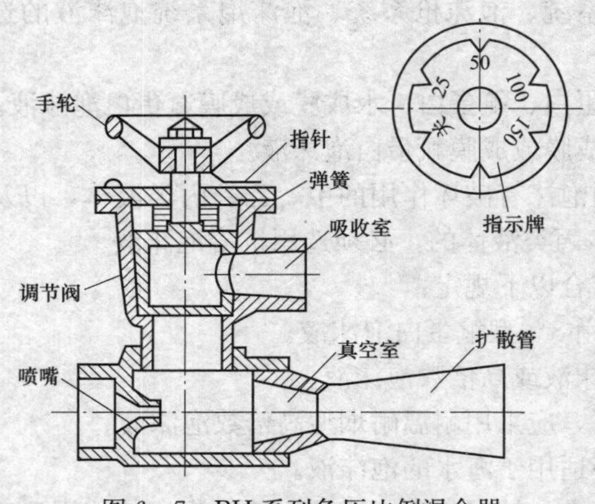

图 6-7 PH 系列负压比例混合器

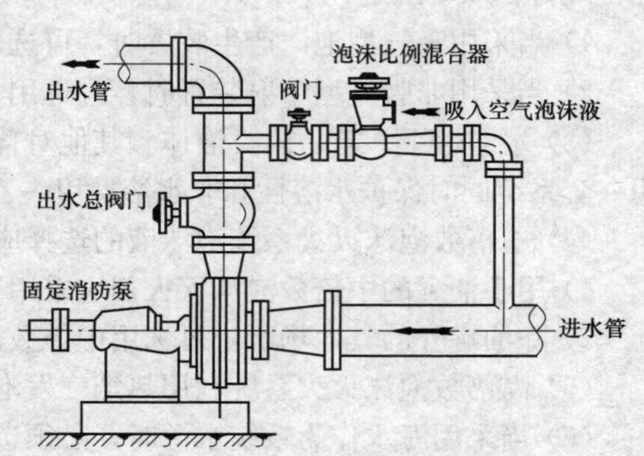

图 6-8 负压比例混合器安装示意图

2）压力比例混合器。图 6-9 所示为压力比例混合器的结构，是直接安装在耐压的泡沫液储罐上，其进口与出口串接在具有一定压力的消防水泵出水管线上。其工作原理为：当有压力的水流通过压力比例混合器时，在压差孔板的作用下，导致孔板前后之间的压力差。孔板前较高的压力水经由缓冲管进入泡沫液储罐上部，迫使泡沫液从储罐下部经出液管压出。而且在节流孔板出口处形成一定的负压，对泡沫液还具有抽吸作用，在压迫与抽吸的共同作用下，供泡沫液和水按规定的比例混合，其混合比可利用孔板直径的大小确定。

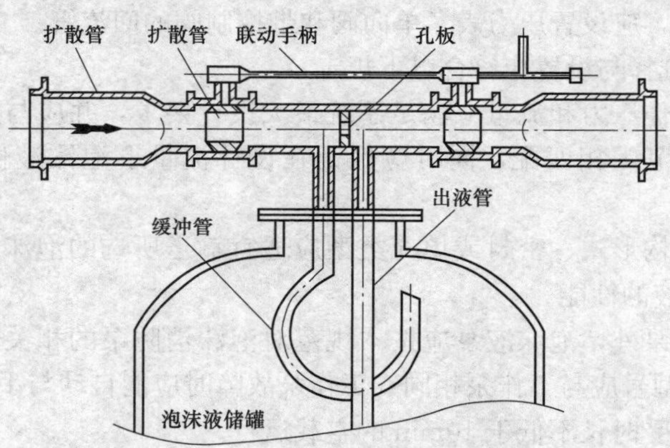

图 6-9 压力泡沫比例混合器结构图

（2）泡沫比例混合器的设计要求：

1）泡沫比例混合器（装置）的选择，应符合以下规定：

① 系统比例混合器（装置）的进口工作压力与流量，应在标定的工作压力与流量范围内。

② 单罐容量不小于 20 000m^3 的甲类烃类液体与单罐容量不小于 5000m^3 的甲类水溶性液体固定顶储罐及按固定顶储罐对待的内浮顶储罐、单罐容量不小于 50 000m^3 浮顶储罐，宜选择计量注入式比例混合装置或平衡式比例混合装置。

③ 当选用的泡沫液密度低于 1.12g/mL 时，不应选择无囊的压力式比例混合装置。

④ 全淹没高倍数泡沫灭火系统或局部应用高倍数、中倍数泡沫灭火系统，采用集中控

制方式保护多个防护区时，应选用平衡式比例混合装置或囊式压力比例混合装置。

⑤ 全淹没高倍数泡沫灭火系统或局部应用高倍数、中倍数泡沫灭火系统保护一个防护区时，宜选用平衡式比例混合装置或囊式压力比例混合装置。

2）当采用平衡式比例混合装置时，应符合有以下规定：

① 平衡阀的泡沫液进口压力应大于水进口压力，且其压差应满足产品的使用要求。

② 比例混合器的泡沫液进口管道上应设置单向阀。

③ 泡沫液管道上应设置冲洗及放空设施。

3）当采用计量注入式比例混合装置时，应符合下列规定：

① 泡沫液注入点的泡沫液流压力应大于水流压力，且其压差应满足产品的使用要求。

② 流量计进口前和出口后直管段的长度不应小于管径的 10 倍。

③ 泡沫液进口管道上应设置单向阀。

④ 泡沫液管道上应设置冲洗及放空设施。

4）当采用压力式比例混合装置时，应符合以下规定：

① 泡沫液储罐的单罐容积应不大于 $10m^3$。

② 无囊式压力比例混合装置，当泡沫液储罐的单罐容积大于 $5m^3$ 且储罐内无分隔设施时，宜设置 1 台小容积压力式比例混合装置，其容积应大于 $0.5m^3$，并应保证系统按最大设计流量连续提供 3min 的泡沫混合液。

5）当采用环泵式比例混合器时，应符合以下规定：

① 出口背压宜为零或负压，当进口压力为 0.7～0.9MPa 时，其出口背压可为 0.02～0.03MPa。

② 吸液口不应高于泡沫液储罐最低液面 1m。

③ 比例混合器的出口背压大于零时，吸液管上应有防止水倒流入泡沫液储罐的措施。

④ 应设有不少于 1 个的备用量。

6）当半固定式或移动式系统采用管线式比例混合器时，应符合以下规定：

① 比例混合器的水进口压力应为 0.6～1.2MPa，且出口压力应满足泡沫产生装置的进口压力要求。

② 比例混合器的压力损失可按水进口压力的 35%计算。

5. 泡沫液储罐

(1) 高倍数泡沫灭火系统的泡沫液储罐应采用耐腐蚀材料制作。且与泡沫液直接接触的内壁或衬里不应对泡沫液的性能产生不利影响。

(2) 泡沫液储罐不得安装在火灾及爆炸危险环境中，其安装场所的温度应满足其泡沫液的储存温度要求。当安装在室内时，其建筑耐火等级不应低于二级；当露天安装时，和被保护对象应有足够的安全距离。

(3) 以下条件宜选用常压储罐：

1）单罐容量大于 10 000m^3 的甲类油品和单罐容量大于 5000m^3 的甲类水溶性液体固定顶储罐及按固定顶储罐对待的内浮顶储罐。

2）单罐容量大于 50 000m^3 浮顶储罐。

3）总容量大于 100 000m^3 的甲类水溶性液体储罐区和总容量大于 600 000m^3 甲类油品储罐区。

4）选用蛋白类泡沫液的系统。

(4) 常压泡沫液储罐，并应符合以下规定：

1) 储罐应留有泡沫液热膨胀空间和泡沫液沉降损失部分所占空间。

2) 储罐出口设置应保障泡沫液泵进口为正压，且应能防止泡沫液沉降物进入系统。

3) 储罐上应设液位计、进料孔、排渣孔、人孔、取样口、呼吸阀或带控制阀的通气管。

(5) 压力泡沫液储罐应符合有关压力容器的国家法律、法规要求，且应设液位计、进料孔、排渣孔、检查孔和取样孔。

(6) 泡沫液储罐上应有标明泡沫液种类、型号、出厂及灌装日期的标志。不同种类、不同牌号、不同批次的泡沫液不得混存。

6. 泡沫产（发）生装置

(1) 泡沫产（发）生装置的种类。

1) 泡沫喷头。泡沫喷头用于泡沫喷淋灭火系统，有吸气型与非吸气型两类。

① 吸气型泡沫喷头。吸气型泡沫喷头能够吸入空气，混合液通过空气的机械搅拌作用，再加上喷头前金属网的阻挡作用形成泡沫。当泡沫喷淋系统用于保护水溶性与非水溶性甲、乙、丙类液体时，宜选用吸气型泡沫喷头。目前比较常用的吸气型泡沫喷头有三种。

a. 悬挂式泡沫喷头。该种类型喷头是悬挂于被保护物体的顶部上方某一高度，工作时泡沫从上向下以喷淋的形式均匀地洒落在被保护物体的表面。

b. 侧挂式泡沫喷头。该种类型喷头置于被保护物体的侧面，与被保护物体之间有一定的距离，泡沫从侧面喷洒到被保护物体表面，把被保护物体从四面包围住。

c. 弹出式泡沫喷头。这种泡沫喷头设置在被保护物体的下部地面上。平时喷头在地面以下，喷头顶部和地面相平。一旦使用时，喷头利用混合液的压力，弹射出地面，吸入空气，形成泡沫，在导流板的作用下，将泡沫喷洒在被保护物体上。

② 非吸气型泡沫喷头。非吸气型泡沫喷头无吸入空气的结构，从喷头喷出的是雾状泡沫混合液。由于没有空气机械搅拌作用，泡沫发泡倍数较低。非吸气型泡沫喷头通常多采用悬挂式，有时也可以侧挂。这种泡沫喷头亦可以用水喷雾喷头代替。当泡沫喷淋系统用于保护非水溶性甲、乙、丙类液体时，可以选用非吸气型泡沫喷头。

2) 泡沫炮。固定泡沫炮能够上下俯仰与左右旋转，手动固定泡沫炮通过摇动手轮来俯仰或旋转，远控固定泡沫炮通过电动和液动实现俯仰或旋转，液动固定泡沫炮结构示意图如图 6-10 所示。

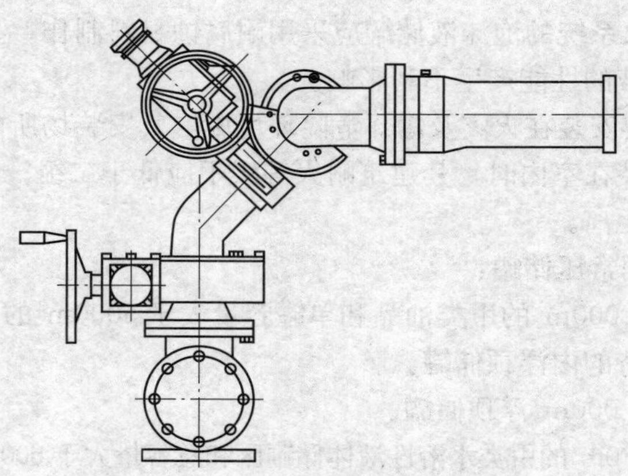

图 6-10 液动泡沫炮结构示意图

3）高倍数泡沫产生器。高倍数泡沫灭火系统的泡沫产生装置必须采用高倍数泡沫产生器，以适应发泡倍数比较大的要求。

高倍数泡沫产生器一般是通过鼓风的方式产生泡沫。因此，根据其风机的驱动方式，有电动机、内燃机和水力驱动三种类型。在防护区内设置高倍数泡沫产生器，并通过热烟气发泡时，应选用水力驱动式高倍数泡沫产生器，图 6－11 所示为其结构示意。

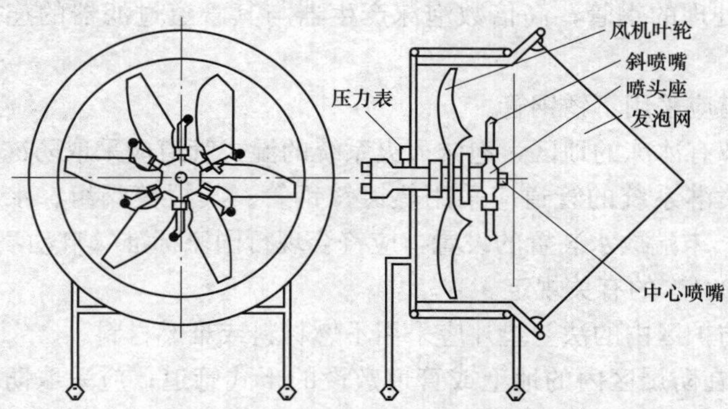

图 6－11　FG－180 型高倍数泡沫产生器构造示意图

该高倍数泡沫产生器内有数个斜喷嘴与中心喷嘴，用其将混合液均匀喷洒在发泡网上。斜喷嘴喷射混合液而产生的反作用力，驱使喷头座转动，进而带动装于喷头座上的风扇转动鼓风，鼓出的风在发泡网上和混合液混合形成泡沫。

（2）泡沫产（发）生装置的设计要求。

1）低倍泡沫产生器应符合以下要求：

① 固定顶储罐、按固定顶储罐防护的内浮顶罐，宜选用立式泡沫产生器。

② 泡沫产生器进口的工作压力，应为其额定值±0.1MPa。

③ 泡沫产生器及露天的泡沫喷射口应设置防止异物进入的金属网。

④ 横式泡沫产生器的出口，应设置长度不小于 1m 的泡沫管。

⑤ 外浮顶储罐上的泡沫产生器不应设置密封玻璃。

2）高背压泡沫产生器应符合以下要求：

① 进口工作压力应在标定的工作压力范围内。

② 出口工作压力应大于泡沫管道的阻力和罐内液体静压力之和。

③ 泡沫的发泡倍数应不小于 2，且应不大于 4。

3）中倍数泡沫产生器应符合以下规定：

① 发泡网应采用不锈钢材料；

② 安装于油罐上的中倍数泡沫产生器，其进空气口应高出罐壁顶。

4）高倍数泡沫产生器的选择应符合下列规定：

① 在防护区内设置并利用热烟气发泡时，应选用水力驱动型泡沫发生器。

② 防护区内固定设置泡沫发生器时，必须采用不锈钢材料制作的发泡网。

7. 控制阀门和管道

（1）系统中所用的控制阀门应有明显的启闭标志。

（2）当泡沫消防泵出口管道口径大于 300mm 时，不宜采用手动阀门。

(3) 低倍数泡沫灭火系统的水与泡沫混合液及泡沫管道应采用钢管，且管道外壁应进行防腐处理。

(4) 中倍数泡沫灭火系统的干式管道，应采用钢管；湿式管道，宜采用不锈钢管或内、外部进行防腐处理的钢管。

(5) 高倍数泡沫灭火系统的干式管道，宜采用镀锌钢管；湿式管道，宜采用不锈钢管或内、外部进行防腐处理的钢管；高倍数泡沫产生器与其管道过滤器的连接管道应采用不锈钢管。

(6) 泡沫液管道应采用不锈钢管。

(7) 在寒冷季节有冰冻的地区，泡沫灭火系统的湿式管道应采取防冻措施。

(8) 泡沫—水喷淋系统的管道应采用热镀锌钢管。其报警阀组、水流指示器、压力开关、末端试水装置、末端放水装置的设置，应符合现行国家标准《自动喷水灭火系统设计规范》(GB 50084—2001) 的有关规定。

(9) 防火堤或防护区内的法兰垫片应采用不燃材料或难燃材料。

(10) 对于设置在防爆区内的地上或管道敷设的干式管道；应采取防静电接地措施。钢制甲、乙、丙类液体储罐的防雷接地装置可兼作防静电接地装置。

二、低倍数泡沫灭火系统

1. 一般规定

(1) 甲、乙、丙类液体储罐固定式、半固定式或移动式泡沫灭火系统的选择，应符合国家现行有关标准的规定。

(2) 储罐区低倍数泡沫灭火系统的选择，应符合下列规定：

1) 非水溶性甲、乙、丙类液体固定顶储罐。应选用液上喷射、液下喷射或半液下喷射系统。

2) 水溶性甲、乙、丙类液体和其他对普通泡沫有破坏作用的甲、乙、丙类液体固定顶储罐，应选用液上喷射系统或半液下喷射系统。

3) 外浮顶和内浮顶储罐应选用液上喷射系统。

4) 非水溶性液体外浮顶储罐、内浮顶储罐、直径大于 18m 的固定顶储罐及水溶性甲、乙、丙类液体立式储罐。不得选用，泡沫炮作为主要灭火设施。

5) 高度大于 7m 或直径大于 9m 的固定顶储罐，不得选用泡沫枪作为主要灭火设施。

(3) 系统扑救一次火灾的泡沫混合液设计用量，应按罐内用量、该罐辅助泡沫枪用量、管道剩余量三者之和最大的储罐确定。

(4) 设置固定式泡沫灭火系统的储罐区，应在其防火堤外设置用于扑救液体流散火灾的辅助泡沫枪，其数量及其泡沫混合液连续供给时间，应不小于表 6-5 的规定。每支辅助泡沫枪的泡沫混合液流量应不小于 240L/min。

表 6-5　泡沫枪数量及其平泡沫混合液连续供给时间

储罐直径/m	配备泡沫枪数/支	连续供给时间/min
≤10	1	10
>10～20	1	20

续表

储罐直径/m	配备泡沫枪数/支	连续供给时间/min
>20～30	2	20
>30～40	2	30
>40	3	30

(5) 当储罐区固定式泡沫灭火系统的泡沫混合液流量大于或等于100L/s时，系统的泵、比例混合装置及其管道上的控制阀、干管控制阀宜具备远程控制功能。遥控操纵功能，并且所选设备设置在有爆炸和火灾危险的环境时应符合《爆炸危险环境电力装置设计规范》(GB 50058—2014) 的规定。

(6) 在固定式泡沫灭火系统的泡沫混合液主管道上应留出泡沫混合液流量检测仪器的安装位置；在泡沫混合液管道上应设置试验检测口；在防火堤外侧最不利和最优欧力水利条件处的官道上，宜设置检测泡沫产生器工作压力的压力表接口。

(7) 储罐区固定式泡沫灭火系统与消防冷却水系统合用一组消防给水泵时，应有保障泡沫混合液供给强度满足设计要求的措施，且不得以火灾时临时调整的方式来保障。

(8) 采用固定式泡沫灭火系统的储罐区，应沿防火堤外侧均匀布置泡沫消火栓。泡沫消火栓的间距应不大于60m。

(9) 储罐区固定式泡沫灭火系统宜具备半固定系统功能。

(10) 固定式泡沫灭火系统的设计应满足在泡沫消防水泵或泡沫混合液泵启动后，将泡沫混合液或泡沫输送到保护对象的时间不大于5min。

2. 固定顶储罐

(1) 固定顶储罐的保护面积，应按其横截面积计算确定。

(2) 泡沫混合液供给强度及连续供给时间应符合以下规定：

1) 非水溶性液体储罐液上喷射泡沫灭火系统，其泡沫混合液供给强度及连续供给时间不应小于表6-6的规定。

表6-6　　泡沫混合液供给强度和连续供给时间

系统形式	泡沫液种类	供给强度/[L/(min·m²)]	连续供给时间/min	
			甲、乙类液体	丙类液体
固定、半固定式系统	蛋白	6.0	40	30
	氟蛋白、水成膜、成膜氟蛋白	5.0	45	30
移动式系统	蛋白、氟蛋白	8.0	60	45
	水成膜、成膜氟蛋白	6.5	60	45

注：1. 如果采用大于上表规定的混合液供给强度，混合液连续供给时间可按相应的比例缩短，但不得小于上表规定时间的80%。
2. 沸点低于45℃的非水溶性液体，设置泡沫灭火系统的适用性及其泡沫混合液供给强度，应由试验确定。

2) 非水溶性液体储罐液下或半液下喷射泡沫灭火系统，其泡沫混合液供给强度应不小于5.0L/(min·m^2)、连续供给时间应不小于40min。

沸点低于40℃的非水溶性液体、储存温度超过50℃或黏度大于40mm^2/s的烃类液体以及含氧添加剂含量体积比大于10%的无铅汽油，液下喷射泡沫灭火系统的适用性及其泡沫混合液供给强度，应由试验确定。

3）水溶性液体和其他对普通泡沫有破坏作用的甲、乙、丙类液体储罐液上或半液下喷射系统，其泡沫混合液供给强度及连续供给时间应不小于表 6－7 的规定。

表 6－7　　水溶性液体泡沫混合液供给强度和连续供给时间

液体类别	供给强度/［L/（min·m²）］	连续供给时间/min
丙酮、丁醇	12	30
甲醇、乙醇、丁酮、丙烯腈、醋酸乙酯	12	25
含氧添加剂含量体积比大于 10%	6	40

注：本表未列出的水溶性液体，其泡沫混合液供给强度和连续供给时间应由试验确定。

（3）液上喷射泡沫灭火系统泡沫产生器的设置，应符合以下规定：

1）泡沫产生器的型号及数量，应根据《泡沫灭火系统图设计规范》（GB 50151—2010）第 4.2.1 条和 4.2.2 条计算所需的泡沫混合液流量确定，且设置数量应不小于表 6－8 的规定。

表 6－8　　泡沫产生器设置数量

储罐直径/m	泡沫产生器设置数量/个
≤10	1
＞10～25	2
＞25～30	3
＞30～35	4

注：对于直径大于 35m 且小于 50m 的储罐，其横截面积每增加 300m²，应至少增加 1 个泡沫产生器。

2）当一个储罐所需的泡沫产生器数量超过 1 个时，宜选用同规格的泡沫产生器，且应沿罐周均匀布置。

3）水溶性储罐应设置泡沫缓冲装置。

（4）液下喷射高背压泡沫产生器的设置，应符合以下规定：

1）高背压泡沫产生器应设置在防火堤外，设置数量及型号应根据（2）的第二条计算所需的泡沫混合液流量确定。

2）当一个储罐所需的高背压产生器数量大于 1 个时，宜并联使用。

3）在高背压泡沫产生器的进口侧应设置检测压力表接口，在其出口侧应设置压力表、背压调节阀和泡沫取样口。

（5）液下喷射泡沫喷射口的设置，应符合以下规定：

1）泡沫进入甲、乙类液体的速度应不大于 3m/s；泡沫进入丙类液体的速度应不大于 6m/s。

2）泡沫喷射口宜采用向上斜的口型，其斜口角度宜为 45°，泡沫喷射管的长度不得小于喷射管直径的 20 倍。当设有一个喷射口时，喷射口宜设在储罐中心；当设有一个以上喷射口时，应沿罐周均匀设置，且各喷射口的流量宜相等。

3）泡沫喷射口应安装在高于储罐积水层 0.3m 之上，泡沫喷射口的设置数量应不小于表 6－9 的规定。

表 6-9　　泡沫喷射口设置数量

储罐直径/m	喷射口数量/个
≤23	1
>23～33	2
>33～40	3

注：对于直径大于 40m 的储罐，其横截面积每增加 $400m^2$ 应至少增加 1 个泡沫喷射口。

(6) 储罐液上喷射泡沫灭火系统泡沫混合液管道的设置应符合以下规定：

1) 每个泡沫产生器应用独立的混合液管道引至防火堤外。

2) 除立管外，其他泡沫混合管道不得设置在罐壁上。

3) 连接泡沫产生器的泡沫混合液立管应用管卡固定在罐壁上，其间距不宜大于 3m。

4) 泡沫混合液的立管下端应设锈渣清扫口。

(7) 防火堤内泡沫混合液或泡沫管道的设置应符合以下规定：

1) 地上泡沫混合液或泡沫水平管道应敷设在管墩或管架上，与罐壁上的泡沫混合液立管之间宜用金属软管连接。

2) 埋地泡沫混合液或泡沫管道距离地面的深度应大于 0.3m，与罐壁上的泡沫混合液立管之间应用金属软管或金属转向接头连接。

3) 泡沫混合液或泡沫管道应有 0.3%坡度坡向防火堤。

4) 在液下喷射泡沫灭火系统靠近储罐的泡沫管线上应设置供系统试验带可拆卸盲板的支管。

5) 液下喷射泡沫灭火系统的泡沫管道上应设钢质控制阀和逆止阀，并应不影响泡沫灭火系统正常运行的防油品渗漏设施。

(8) 防火堤外泡沫混合液或泡沫管道的设置应符合以下规定：

1) 固定式液上喷射系统，对每个泡沫产生器，应在防火堤外设置独立的控制阀。

2) 半固定式液上喷射系统，对每个泡沫产生器应在防火堤外距地面 0.7m 处设置带闷盖的管牙接口；半固定式液下喷射泡沫灭火系统的泡沫管道应引至防火堤外，并应设置相应的高背压泡沫产生器快装接口。

3) 泡沫混合液或泡沫管道上应设置放空阀，且其管道应有 0.2%的坡度坡向放空阀。

3. 外浮顶储罐

(1) 钢制双盘式与浮船式外浮顶储罐的保护面积，可按罐壁与泡沫堰板间的环形面积确定。

(2) 烃类液体的泡沫混合液供给强度应不小于 12.5L/ (min · m^2)，连续供给时间应不小于 30min，单个泡沫产生器的最大保护周长应符合表 6-10 的规定。

表 6-10　　单个泡沫产生器的最大保护周长

泡沫喷射口设置部位	堰板高度/m		保护周长/m
罐壁顶部、密封或挡雨板上方	软密封	≥0.9	24
	机械密封	<0.6	12
		≥0.6	24
金属挡雨板下部	<0.6		18
	≥0.6		24

注：当采用从金属挡雨板下部喷射泡沫的方式时，其挡雨板必须是不含任何可燃材料的金属板。

(3) 外浮顶储罐泡沫堰板的设计，应符合以下规定：

1) 当泡沫喷射口设置在罐壁顶部、密封或挡雨板上方时，泡沫堰板应高出密封 0.2m；当泡沫喷射口设置在金属挡雨板下部时，泡沫堰板高度应不小于 0.3m。

2) 当泡沫喷射口设置在罐壁顶部时，泡沫堰板与罐壁的间距应不小于 0.6m。当泡沫喷射口设置在浮顶上时，泡沫堰板与罐壁的间距不宜小于 0.6m。

3) 应在泡沫堰板的最低部位设排水孔，其开孔面积宜按每 1m² 环形面积 280m² 确定，排水孔高度应不大于 9mm。

4) 泡沫产生器与泡沫喷射口的设置，应符合以下规定：

① 泡沫产生器的型号和数量应按 (2) 的规定计算确定。

② 泡沫喷射口设置在储罐的罐壁顶部时，应配置泡沫导流罩。

③ 泡沫喷射口设置在储罐的浮顶上时，其喷射口应采用两个出口直管段的长度均不小于其直径 5 倍的水平 T 形管，且设置在密封或挡雨板上方的泡沫喷射口在伸入泡沫堰板后应向下倾斜 30°～60°。

5) 当泡沫产生器与泡沫喷射口设置罐壁顶部时，储罐上泡沫混合液管道的设置应符合以下规定：

① 可每两个泡沫产生器合用一根泡沫混合液立管。

② 当三个或三个以上泡沫产生器一组在泡沫混合液立管下端合用一根管道时，宜在每个泡沫混合液立管上设常开控制阀。

③ 每根泡沫混合液管道应引至防火堤外，且半固定式泡沫灭火系统的每根泡沫混合液管道所需的混合液流量不应大于一辆消防车的供给量。

④ 连接泡沫产生器的泡沫混合液立管应用管卡固定在罐壁上，其间距不宜大于 3m，泡沫混合液的立管下端应设锈渣清扫口。

6) 当泡沫产生器与泡沫喷射口设置在浮顶上，且泡沫混合液管道从储罐内通过时，应符合以下规定：

① 连接储罐底部水平管道与浮顶泡沫混合液分配器的管道，应采用具有重复扭转运动轨迹的耐压、耐候性不锈钢复合软管。

② 软管不得与浮顶支承相碰撞，且应避开搅拌器。

③ 软管与储罐底部的伴热管的距离应大于 0.5m。

7) 防火堤内泡沫混合液管道的设置应符合固定顶储罐中第 (7) 条的规定。

8) 防火堤外泡沫混合液管道的设置应符合以下规定：

① 固定式泡沫灭火系统的每组泡沫产生器应在防火堤外设置独立的控制阀，且应在靠近防火堤外侧处的水平管道上设置供检测泡沫产生器工作压力的压力表接口。

② 半固定式泡沫灭火系统的每组泡沫产生器应在防火堤外距地面 0.7m 处设置带闷盖的管牙接口。

③ 泡沫混合液或泡沫管道上应设置放空阀，且其管道应有 0.2%的坡度坡向放空阀。

9) 储罐的梯子平台上应设置接口或二分水器，且应符合以下规定：

① 直径不大于 45m 的储罐，储罐梯子平台上应设置带闷盖的管牙接口；直径大于 45m 的储罐，储罐梯子平台上应设置二分水器。

② 管牙接口或二分水器应由管道接至防火堤外，且管道的管径应满足所配泡沫枪的压

力、流量要求。

③ 应在防火堤外的连接管道上设置管牙接口，管牙接口距地面高度宜为 0.7m。

④ 当与固定式泡沫灭火系统连通时，应在防火堤外设置控制阀。

4. 内浮顶储罐

(1) 钢制单盘式、双盘式与敞口隔舱式内浮顶储罐的保护面积，应按罐壁与泡沫堰板间的环形面积确定；其他内浮顶储罐应按固定顶储罐对待。

(2) 钢制单盘式、双盘式与敞口隔舱式内浮顶储罐的泡沫堰板设置、单个泡沫产生器保护周长及泡沫混合液供给强度与连续供给时间，应符合下列规定：

1) 泡沫堰板与罐壁的距离应不小于 0.55m，其高度应不小于 0.5m。

2) 单个泡沫产生器保护周长应不大于 24m。

3) 非水溶性液体的泡沫混合液供给强度应不小于 12.5L/（min・m^3）。

4) 水溶性液体的泡沫混合液供给强度应不小于固定顶储罐第（2）条第 3 款规定的 1.5 倍。

5) 泡沫混合液连续供给时间应不小于 30min。

(3) 按固定顶储罐对待的内浮顶储罐，其泡沫混合液供给强度和连续供给时间及泡沫产生器的设置，应符合以下规定：

1) 非水溶性液体，应符合固定顶储罐第（2）条第 1 款的规定。

2) 水溶性液体，当设有泡沫缓冲装置时，应符合固定顶储罐第（2）条第 3 款的规定。

3) 水溶性液体，当未设泡沫缓冲装置时，泡沫混合液供给强度应符合固定顶储罐第（2）条第 3 款的规定，但泡沫混合液连续供给时间不应小于固定顶储罐第（2）条第 3 款规定的 1.5 倍。

4) 泡沫产生器的设置，应符合固定顶储罐第（3）条第 1 款和第 2 款的规定，且数量不应少于 2 个。

(4) 按固定顶储罐对待的内浮顶储罐，其泡沫混合液管道的设置应符合固定顶储罐第（6）条～第（8）条的规定；钢制单盘式、双盘式与敞口隔舱式内浮顶储罐，其泡沫混合液管道的设置应符合固定顶储罐第（7）条、外浮顶储罐第（5）条、第（8）条的规定。

三、高倍数泡沫灭火系统

1. 一般规定

(1) 全淹没系统或固定式应用系统宜设置火灾自动报警系统，并应符合以下规定：

1) 系统应设有自动控制、手动控制、应急机械控制三种方式。

2) 自动控制的固定式局部应用系统应同时具备手动和应急机械手动启动功能；手动控制的固定式局部应用系统尚应具备应急机械手动启动功能。

3) 消防控制中心（室）和防护区应设置声光报警装置。

4) 消防自动控制设备宜与防护区内的门窗的关闭装置、排气口的开启装置以及生产、照明电源的切断装置等联动。

5) 系统自接到火灾信号至开始喷放泡沫的延时不宜超过 1min。

(2) 手动控制系统应设有手动控制、应急机械控制两种方式。

(3) 当系统以集中控制方式保护两个或两个以上的防护区时，其中一个防护区发生火灾不应危及其他防护区；泡沫液和水的储备量应按最大一个防护区的用量确定；手动与应急机械控制装置应有标明其所控制区域的标记。

(4) 泡沫发生器的设置应符合以下规定：

1) 高度应在泡沫淹没深度以上。

2) 宜接近保护对象，但其位置应免受爆炸或火焰损坏。

3) 能使防护区形成比较均匀的泡沫覆盖层。

4) 应便于检查、测试及维修。

5) 当泡沫发生器在室外或坑道应用时，应采取防止风对泡沫的发生和分布影响的措施。

(5) 当泡沫发生器的出口设置导泡筒时，应符合下列规定：

1) 导泡筒的横截面积宜为泡沫发生器出口横截面积的1.05～1.10倍。

2) 当导泡筒上设有闭合器件时，其闭合器件不得阻挡泡沫的通过。

3) 应符合(4)条第1)款～第3)规定。

(6) 固定安装的高倍数泡沫产生器前应设置管道过滤器、压力表和手动阀门。

(7) 固定安装的泡沫液桶(罐)和比例混合器不应设置在防护区内。

(8) 系统干式水平管道最低点应设置排液阀，且坡向排液阀的管道坡度不宜小于0.3%。

(9) 系统管道上的控制阀门应设置在防护区以外，自动控制阀门应具有手动启闭功能。

2. 全淹没系统

(1) 全淹没系统应由固定的泡沫发生器、比例混合装置、固定泡沫液与水供给管路、水泵及其相关设备或者组件组成。

(2) 全淹没系统可用于下列场所：

1) 封闭空间场所。

2) 设有阻止泡沫流失的固定围墙或其他围挡设施的场所。

(3) 全淹没系统的防护区应为封闭或设置灭火所需的固定围挡的区域，且应符合下列规定：

1) 泡沫的围挡应为不燃结构，且应在系统设计灭火时间内具备围挡泡沫的能力。

2) 在保证人员撤离的前提下，门、窗等位于设计淹没深度以下的开口，应在泡沫喷放前或泡沫喷放的同时自动关闭；对于不能自动关闭的开口，全淹没系统应对其泡沫损失进行相应补偿。

3) 利用防护区外部空气发泡的封闭空间，应设置排气口，排气口的位置应避免燃烧产物或其他有害气体回流到商倍数泡沫产生器进气口。

4) 在泡沫淹没深度以下的墙上设置窗口时，宜在窗口部位设置网孔基本尺寸不大于3.15mm的钢丝网或钢丝纱窗。

5) 排气口在灭火系统工作时应自动、手动开启，其排气速度不宜超过5m/s。

6) 防护区内应设置排水设施。

(4) 高倍数泡沫淹没深度的确定应符合以下规定：

1) 当用于扑救A类火灾时，泡沫淹没深度应不小于最高保护对象高度的1.1倍，且应高于最高保护对象最高点以上0.6m。

2) 当用于扑救B类火灾时，汽油、煤油、柴油或苯类火灾的泡沫淹没深度应高于起火部位 2m；其他 B 类火灾的泡沫淹没深度应由试验确定。

(5) 淹没体积应按下式计算

$$V=SH-V_g \tag{6-20}$$

式中：V 为淹没体积，m^3；S 为防护区地面面积，m^2；H 为泡沫淹没深度，m；V_g为固定的机器设备等不燃物体所占的体积，m^3。

(6) 高倍数泡沫的淹没时间不宜超过表 6－11 的规定。系统自接到火灾信号至开始喷放泡沫的延时不宜超过 1min。

表 6－11 **淹没时间** 单位：min

可燃物	高倍数泡沫灭火系统单独使用	高倍数泡沫灭火系统与自动喷水灭火系统联合使用
闪点不超过 40℃的非水溶性液体	2	3
闪点超过 40℃的非水溶性液体	3	4
发泡橡胶、发泡塑料、成卷的织物或皱纹纸等低密度可燃物	3	4
成卷的纸、压制牛皮纸、涂料纸、纸板箱、纤维圆筒、橡胶轮胎等高密度可燃物	5	7

注： 水溶性液体的淹没时间应由试验确定。

(7) 高倍数泡沫最小供给速率应按下式计算

$$R=\left(\frac{V}{T}+R_S\right)\times C_N\times C_L \tag{6-21}$$

$$R_S=L_S\times Q_Y \tag{6-22}$$

式中：R 为泡沫最小供给速率，m^3/min；T 为淹没时间，min；C_N为泡沫破裂补偿系数，宜取 1.15；C_L为泡沫泄漏补偿系数，宜取 1.05～1.2；R_S为喷水造成的泡沫破泡率，m^3/min；L_S为泡沫破泡率与水喷头排放速率之比，应取 0.0748，m^3/L；Q_Y为预计动作的最大水喷头数目总流量，L/min。

(8) 全淹没式高倍数泡沫灭火系统泡沫液和水的贮备量应符合以下规定：

1) 当用于扑救 A 类火灾时，应不小于 25min。

2) 当用于扑救 B 类火灾时，应不小于 15min。

(9) 对于 A 类火灾，其泡沫淹没体积的保持时间应符合下列规定：

1) 单独使用高倍数泡沫灭火系统时，应大于 60min。

2) 与自动喷水灭火系统联合使用时，应大于 30min。

3. *局部应用系统*

(1) 局部应用系统可用于以下场所：

1) 四周不完全封闭的 A 类火灾与 B 类火灾场所。

2) 天然气液化站与接收站的集液池或储罐围堰区。

(2) 局部应用系统的保护范围应包括火灾蔓延的所有区域。

(3) 当用于扑救 A 类火灾或 B 类火灾时，泡沫供给速率应符合以下要求：

1) 覆盖 A 类火灾保护对象最高点的厚度应不小于 0.6m。

2）对于汽油、煤油、柴油或苯覆盖起火部位的厚度应不小于2m；其他B类火灾的泡沫覆盖厚度应由试验确定。

3）达到规定覆盖厚度的时间应不大于2min。

（4）当高倍数泡沫灭火系统用于扑救A类和B类火灾时，其泡沫连续供给时间应不小于12min。

（5）当高倍数泡沫灭火系统设置在液化天然气集液池或储罐围堰区时，应符合以下规定：

1）应选择固定式系统，并应设置导泡筒。

2）宜采用发泡倍数为300～500倍的泡沫发生器。

3）泡沫混合液供给强度应根据阻止形成蒸汽云和降低热辐射强度试验确定，并应取两项试验的较大值；当缺乏实验数据时，可采用大于7.2L/（min·m^2）的泡沫混合液供给强度。

4）系统泡沫液和水的连续供给时间应根据所需的控制时间确定，且不宜小于40min；当同时设置了移动式高倍数泡沫灭火系统时，固定系统中的泡沫液和水的连续供给时间可按达到稳定控火时间确定。

5）保护场所应有适合设置导泡筒的位置。

6）系统设计尚应符合现行国家标准《石油天然气工程设计防火规范》（GB 50183—2004）的规定。

4. 移动式系统

（1）移动式系统可用于下列场所：

1）发生火灾的部位难以确定或人员难以接近的场所。

2）流淌的B类火灾场所。

3）发生火灾时需要排烟、降温或排除有害气体的封闭空间。

（2）泡沫淹没时间或覆盖保护对象时间、泡沫供给速率与连续供给时间，应根据保护对象的类型与规模确定。

（3）泡沫液和水的储备量应符合以下规定：

1）当辅助全淹没高倍数泡沫灭火系统或局部应用高倍数泡沫灭火系统使用时，泡沫液和水的储备量可在全淹没高倍数泡沫灭火系统或局部应用高倍数泡沫灭火系统中的泡沫液和水的储备量中增加5％～10％。

2）当在消防车上配备时，每套系统的泡沫液储存量不宜小于0.5t。

3）当用于扑救煤矿火灾时，每个矿山救护大队应储存大于2t的泡沫液。

（4）系统的供水压力可根据高倍数泡沫产生器和比例混合器的进口工作压力及比例混合器和水带的压力损失确定。

（5）用于扑救煤矿井下火灾时，应配置导泡筒，且高倍数泡沫产生器的驱动风压、发泡倍数应满足矿井的特殊需要。

（6）泡沫液与相关设备应放置在便于运送到指定防护对象的场所；当移动式高倍数泡沫产生器预先连接到水源或泡沫混合液供给源时。应放置在易于接近的地方，且水带长度应只能达到其最远的防护地。

（7）当两个或两个以上移动式高倍数泡沫产生器同时使用时，其泡沫液和水供给源应满足最大数量的泡沫产生器的使用要求。

(8) 移动式系统应选用有衬里的消防水带，并应符合以下规定：

1) 水带的口径与长度应满足系统要求。

2) 水带应以能立即使用的排列形式储存，且应防潮。

(9) 系统所用的电源与电缆应满足输送功率要求，且应满足保护接地和防水的要求。

四、泡沫-水喷淋系统与泡沫喷雾系统

1. 一般规定

(1) 泡沫-水喷淋系统可用于下列场所：

1) 具有非水溶性液体泄漏火灾危险的室内场所。

2) 存放量不超过 25L/m^{2}或超过 25L/m^{2}但有缓冲物的水溶性液体室内场所。

(2) 泡沫喷雾系统可用于保护独立变电站的油浸式电力变压器、面积不大于 200m^{2}的非水溶性液体室内场所。

(3) 泡沫-水喷淋系统泡沫混合液与水的连续供给时间应符合以下规定：

1) 泡沫混合液连续供给时间应不小于 10min；

2) 泡沫混合液与水的连续供给时间之和应不小于 60min。

(4) 泡沫-水雨淋系统与泡沫-水预作用系统的控制，应符合以下规定：

1) 系统应同时具备自动、手动功能和应急机械手动启动功能。

2) 机械手动启动力不应超过 180N。

3) 系统自动或手动启动后，泡沫液供给控制装置应自动随供水主控阀的动作而动作。

4) 系统应设置故障监视与报警装置，且应在主控制盘上显示。

(5) 当泡沫液管线长度超过 15m 时，泡沫液应充满其管线，且泡沫液管线及其管件的温度应在泡沫液的储存温度范围内；埋地铺设时，应设置检查管道密封性的设施。

(6) 泡沫-水喷淋系统应设置系统试验接口，其口径应分别满足系统最大流量与最小流量要求。

(7) 泡沫-水喷淋系统的防护区应设置安全排放或容纳设施，且排放或容纳量应按被保护液体最大可能泄漏量、固定系统喷洒量以及管枪喷射量之和确定。

(8) 为泡沫-水雨淋系统与泡沫-水预作用系统配套设置的火灾探测与联动控制系统除应符合国家标准《火灾自动报警系统设计规范》(GB 50116—2013) 的有关规定外，尚应符合以下规定：

1) 当电控型自动探测及附属装置设置在有爆炸和火灾危险的环境时，应符合《爆炸危险环境电力装置设计规范》(GB 50058—2014) 的规定。

2) 设置在腐蚀气体环境中的探测装置，应由耐腐蚀材料制成或采取防腐蚀保护。

3) 当选用带闭式喷头的传动管传递火灾信号时，传动管的长度应不大于 300m，公称直径宜为 15～25mm，传动管上喷头应选用快速响应喷头，且布置间距不宜大于 2.5m。

2. 泡沫-水雨淋系统

(1) 系统的保护面积应按保护场所内的水平面面积或水平面投影面积确定。

(2) 当保护非水溶性液体时，其泡沫混合液供给强度不应小于表 6-12 的规定；当保护水溶性甲、乙、丙类液体时，其混合液供给强度和连续供给时间宜由试验确定。

表 6-12　　泡沫混合液供给强度

泡沫液种类	喷头设置高度/m	泡沫混合供给强度/［L/(min·m²)］
蛋白、氟蛋白	≤10	8
	>10	10
水成膜、成膜氟蛋白	≤10	6.5
	>10	8

（3）系统应设置雨淋阀、水力警铃，并应在每个雨淋阀出口管路上设置压力开关，但喷头数小于10个的单区系统可不设雨淋阀和压力开关。

（4）系统应选用吸气型泡沫-水喷头或泡沫-水雾喷头。

（5）喷头的布置应符合下列规定：

1）喷头的布置应根据系统设计供给强度、保护面积和喷头特性确定。

2）喷头周围不应有影响泡沫喷洒的障碍物。

（6）系统设计时应进行管道水力计算，并应符合以下规定：

1）自雨淋阀开启至系统各喷头达到设计喷洒流量的时间不得超过60s。

2）任意四个相邻喷头组成的四边形保护面积内的平均泡沫混合液供给强度不应小于设计强度。

（7）飞机库内设置的泡沫-水雨淋系统应按现行国家标准《飞机库设计防火规范》（GB 50284—2008）的有关规定执行。

3. 闭式泡沫-水喷淋系统

（1）下列场所不宜选用闭式泡沫-水喷淋系统：

1）流淌面积较大，按下述第（4）条规定的作用面积不足以保护的甲、乙、丙类液体场所。

2）靠泡沫液或水稀释不能有效灭火的水溶性甲、乙、丙类液体场所。

3）净空高度不大于9m。

（2）火灾水平方向蔓延较快的场所不宜选用干式泡沫-水喷淋系统。

（3）下列场所不宜选用系统管道充水的湿式泡沫-水喷淋系统：

1）初始火灾极有可能为液体流淌火灾的甲、乙、丙类液体桶装库、泵房等场所。

2）含有甲、乙、丙类液体敞口容器的场所。

（4）系统的作用面积应符合下列规定：

1）系统的作用面积应为465m²。

2）当防护区面积小于465m²时，可按防护区实际面积确定。

3）当试验值不同于本条上述规定时，可采用试验值。

（5）系统的供给强度应不小于6.5L/（min·m²）。

（6）系统输送的泡沫混合液应在8L/s至最大设计流量范围内达到额定的混合比。

（7）喷头的选用应符合以下规定：

1）应选用闭式洒水喷头。

2）当喷头设置在屋内顶时，其公称动作温度应在121～149℃范围内。

3）当喷头设置在保护场所的竖向中间位置时，其公称动作温度应在57～79℃范围内。

4）当保护场所的环境温度较高时，其公称动作温度宜高于环境最高温度30℃。

(8) 喷头的设置应符合以下规定：

1) 喷头的布置应保证任意四个相邻喷头组成的四边形保护面积内的平均供给强度应不小于设计强度，也不宜大于设计供给强度的1.2倍。

2) 喷头周围不应有影响泡沫喷洒的障碍物。

3) 每只喷头的保护面积应不大于12m^2。

4) 同一支管上两只相邻喷头的水平间距、两条相邻平行支管的水平间距均应不大于3.6m。

(9) 湿式泡沫-水喷淋系统的设置应符合以下规定：

1) 当系统管道充注泡沫预混液时，其管道及管件应耐泡沫预混液腐蚀，且不影响泡沫预混液的性能。

2) 充注泡沫预混液的系统环境温度宜在5～40℃范围内。

3) 当系统管道充水时，在8L/s的流量下，自系统启动至喷泡沫的时间应不大于2min。

4) 充水系统的环境温度应为4～70℃。

(10) 泡沫-水预作用系统与泡沫-水干式系统的管道充水时间不宜大于1min。泡沫-水预作用系统每个报警阀控制喷头数不应超800只，泡沫-水干式系统每个报警阀控制喷头数不宜超500只。

(11) 当系统兼有扑救A类火灾的要求时，尚应符合现行国家标准《自动喷水灭火系统设计规范》(GB 50084—2001) 的有关规定。

(12) 本规范未作规定的，可执行现行国家标准《自动喷水灭火系统设计规范》(GB 50084—2001)。

4. 泡沫喷雾系统

(1) 泡沫喷雾系统可采用以下形式：

1) 由压缩氮气驱动储罐内的泡沫预混液经泡沫喷雾喷头喷洒泡沫到防护区。

2) 由压力水通过泡沫比例混合器（装置）输送泡沫混合液经泡沫喷雾喷头喷洒泡沫到防护区。

(2) 当保护独立变电站的油浸电力变压器时，系统设计应符合以下规定：

1) 保护面积应按变压器油箱本体水平投影且四周外延1m计算确定。

2) 泡沫混合液（或泡沫预混液）供给强度应不小于8L/(min·m^2)。

3) 泡沫混合液（或泡沫预混液）连续供给时间应不小于15min。

4) 喷头的设置应使泡沫覆盖变压器油箱顶面，且每个变压器输入与输出导线绝缘子升高座孔口应设置专门的喷头覆盖。

5) 覆盖绝缘子升高座孔口喷头的雾化角宜为60°，其他喷头的雾化角应不大于90°。

6) 所用泡沫灭火剂的灭火性能级别应为Ⅰ，抗烧水平应不低于C。

(3) 当保护非水溶性液体室内场所时，泡沫混合液或预混液供给强度应不低于6.5L/(min·m^2)，连续供给时间应不小于10min。系统喷头的布置应符合以下规定：

1) 保护面积内的泡沫混合液供给强度应均匀。

2) 泡沫应直接喷射到保护对象上。

3) 喷头周围不应有影响泡沫喷洒的障碍物。

(4) 喷头应带过滤器，其工作压力不应小于其额定工作压力，且不宜高于其额定工作压力0.1MPa。

(5) 系统喷头、管道与电气设备带电（裸露）部分的安全净距应符合国家现行有关标准的规定。

(6) 泡沫喷雾系统应同时具备自动、手动和机械式应急操作三种起动方式。在自动控制状态下，灭火系统的响应时间应不大于60s。与泡沫喷雾系统联动的火灾自动报警系统的设计应符合国家标准《火灾自动报警系统设计规范》(GB 50116—2013) 的有关规定。

(7) 系统湿式供液管道应选用不锈钢管；干式供液管道可选用热镀锌钢管。

(8) 当动力源采用压缩惰性气体时，应符合以下规定：

1) 系统所需动力源瓶组数量应按下式计算

$$N=\frac{P_2V_2}{(p_1-p_2)\ V_1}\cdot k \qquad (6-23)$$

式中：N 为所需动力源瓶组数量（只），取自然数；p_1为动力源瓶组储存压力，MPa；p_2为系统泡沫液储罐出口压力，MPa；V_1为动力源单个瓶组容积，L；V_2为系统泡沫液储罐容积与动力气体管路容积之和，L；k 为裕量系数（不小于1.5）。

2) 系统储液罐、起动装置、惰性气体驱动装置，应安装在温度高于0℃的专用设备间内。

(9) 当系统采用泡沫预混液时，其有效使用期应不小于3年。

第三节　七氟丙烷灭火系统

一、七氟丙烷灭火系统组成

一般来说，七氟丙烷自动灭火系统由火灾报警系统、灭火控制系统以及灭火系统3部分组成。而灭火系统又由七氟丙烷储存装置和管网系统2部分组成，其构成如图6-12所示。

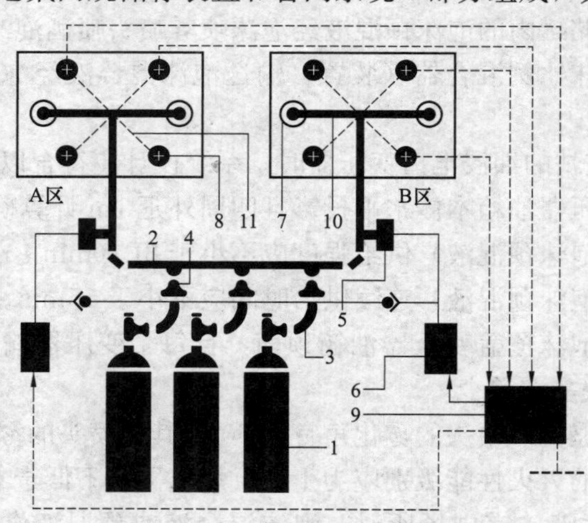

图6-12　七氟丙烷自动灭火系统的构成

1—七氟丙烷储瓶（含瓶头阀和引升管）；2—汇流管（各储瓶出口连接在它上面）；
3—高压软管（实现储瓶与汇流管之间的连接）；4—单向阀（防止七氟丙烷向储瓶倒流）；
5—释放阀（用于组合分配系统，用其分配、释放七氟丙烷）；
6—起动装置（含电磁方式、手动方式与机械应急操作）；
7—七氟丙烷喷头；8—火灾探测器（含感温、感烟等类型）；
9—火灾报警及灭火控制设备；10—七氟丙烷输送管道；11—探测与控制线路（图中虚线表示）

如果每个防护区设置一套储存装置，成为单元独立灭火系统。若将几个防护区组合起来，共同设立1套储存装置，则成为组合分配灭火系统。

二、七氟丙烷灭火系统设计与计算

1. 灭火剂用量计算

系统的设置用量，应是防护区灭火设计用量（或惰化设计用量）和系统中喷放不尽的剩余量之和。

(1) 防护区灭火设计用量（或惰化设计用量）

$$W=K\frac{V}{S}\frac{c_1}{(100-c_1)} \tag{6-24}$$

式中：W 为防护区七氟丙烷灭火（或惰化）设计用量，kg；c_1 为七氟丙烷灭火（或惰化）设计浓度，%；S 为七氟丙烷过热蒸气在 101kPa 和防护区最低环境温度下的比容，m^3/kg；V 为防护区的净容积，m^3；K 为海拔高度修正系数。

七氟丙烷在不同温度下的过热蒸气比容

$$S=K_1+K_2t \tag{6-25}$$

式中：t 为温度，℃；K_1 为 1.126 9；K_2 为 0.000 513。

(2) 灭火剂剩余量。灭火剂喷放不尽的剩余量，应包含储存容器内的剩余量与管网内的剩余量。

1) 储存容器内的剩余量，可按照储存容器内引升管管口以下的容器容积量计算。

2) 均衡管网和只含一个封闭空间的防护区的非均衡管网，其管网内的剩余量，都可不计。

防护区中含2个或2个以上封闭空间的非均衡管网，其管网内的剩余量，可按照管网第一分支点后各支管的长度，分别取各长支管和最短支管长度的差值为计算长度，计算出的各长支管末段的内容积量，应是管网内的容积剩余量。

若系统为组合分配系统，则系统设置用量中有关防护区灭火设计用量的部分，应采用该组合中某个防护区设计用量最大者替代。

用于需不间断保护的防护区的灭火系统及超过8个防护区组合成的组合分配系统，应设七氟丙烷备用量，备用量应按照原设置用量的100%确定。

2. 管网计算

进行管网计算时，各管道中的流量宜采用平均设计流量。

(1) 管网中主干管的平均设计流量按式（6-26）计算

$$Q_w=\frac{W}{t} \tag{6-26}$$

式中：Q_w 为主干管平均设计流量，kg/s；t 为七氟丙烷的喷放时间，s。

(2) 管网中支管的平均设计流量，按式（6-27）计算

$$Q_g=\sum_{1}^{N_g}Q_c \tag{6-27}$$

式中：Q_g 为支管平均设计流量，kg/s；N_g 为安装在计算支管流程下游的喷头数量，个；Q_c 为单个喷头的设计流量，kg/s。

宜采用喷放七氟丙烷设计用量50%时的“过程中点”容器压力和该点瞬时流量作管网

计算，该瞬时流量宜按照平均设计流量计算。

(3) 喷放“过程中点”容器压力，宜按式（6-28）计算

$$P_{\mathrm{m}}=\frac{p_0V_0}{V_0+\dfrac{W}{2\gamma}+V_{\mathrm{p}}} \tag{6-28}$$

式中：p_{m} 为喷放“过程中点”储存容器内压力，MPa；p_0 为储存容器额定增压压力，MPa；V_0为喷放前，全部储存容器内的气相总容积，m^3；W 为防护区七氟丙烷灭火（或惰化）设计用量，kg；γ 为七氟丙烷液体密度，$\mathrm{kg/m^3}$，20℃时，$\gamma=1407$；V_{p}为管网管道的内容积，m^3。

$$V_{\mathrm{b}}=nV_{\mathrm{b}}\left(1-\frac{\eta}{\gamma}\right) \tag{6-29}$$

式中：n 为储存容器的数量，个；V_{b}为储存容器的容量，m^3；η 为七氟丙烷充装率，$\mathrm{kg/m^3}$。

(4) 七氟丙烷管流采用镀锌钢管的阻力损失，可按式（6-30）计算（或按图 6-13 确定）

$$\Delta p=\frac{5.75\times10^5Q_{\mathrm{p}}^2}{\left(1.74+2\lg\dfrac{D}{0.12}\right)^2D^5}L \tag{6-30}$$

式中：Δp 为计算管段阻力损失，MPa；L 为计算管段的计算长度，m；Q_{p}为管道流量，kg/s。

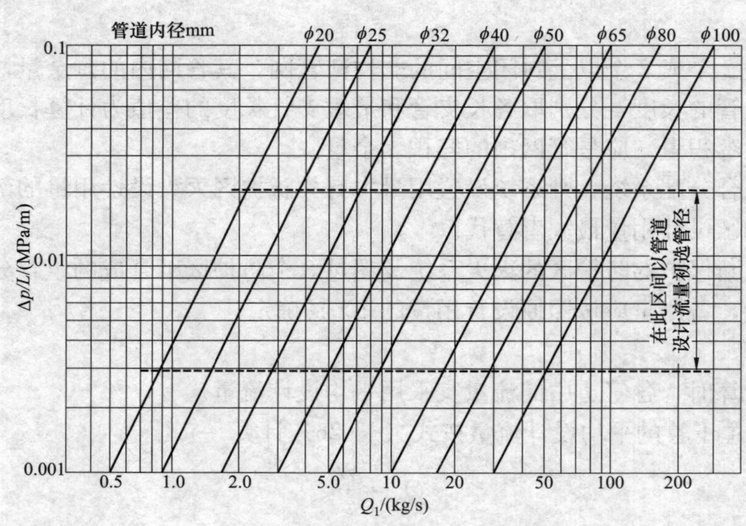

图 6-13　镀锌钢管阻力损失与七氟丙烷流量的关系

初选管径，可以按平均设计流量及采用管道阻力损失为 0.003～0.02MPa/m 进行计算（图 6-13）。

(5) 喷头工作压力

$$p_{\mathrm{c}}=p_{\mathrm{m}}-\sum_{1}^{N_{\mathrm{d}}}\Delta p\pm p_{\mathrm{n}} \tag{6-31}$$

式中：p_c为喷头工作压力，MPa；p_m为喷放“过程中点”储存容器内压力，MPa；$\sum_{1}^{N_d}\Delta p$ 为系统流程阻力总损失，MPa；N_d为管网计算管段的数量；p_n为高程压头，MPa。

(6) 高程压头

$$p_h = 10^{-6}\gamma Hg \tag{6-32}$$

式中：H 为喷头高度相对“过程中点”时储存容器液面的位差。

喷头工作压力的计算结果，应符合以下规定：

1) 一般 $p_c > 0.8$MPa，最小 $p_c \geqslant 0.5$MPa。

2) $p_c \geqslant \frac{p_m}{2}$。

(7) 喷头孔口面积

$$F_c = \frac{10Q_c}{\mu_c\sqrt{2\gamma p_c}} \tag{6-33}$$

式中：F_c为喷头孔口面积，cm^2；Q_c为喷头设计流量，kg/s；μ_c为喷头流量系数。

喷头流量系数，由储存容器的充装压力及喷头孔口结构等因素决定，应经试验得出。

三、七氟丙烷灭火系统安装

1. 施工前准备

(1) 施工前应具备下列技术资料：

1) 施工设计图、设计说明书、系统及主要组件的使用维护说明书和安装手册。

2) 系统组件的出厂合格证（或质量保证书）、国家消防产品质量检验机构出具的型式检验报告、管道及配件的出厂检验报告与合格证、进口产品的原产地证书。

(2) 施工应具备下列条件：

1) 防护区和储存间设置条件与设计要求相符。

2) 系统组件与主要材料齐全，且品种、型号、规格符合设计要求。

3) 系统所需的预埋件和预留孔洞符合设计要求。

(3) 施工前应进行系统组件检查：

1) 外观检查应符合下列规定：

① 无碰撞变形及机械性损伤。

② 表面涂层完好。

③ 外露接口设有防护装置且封闭良好，接口螺纹和法兰密封面无损伤。

④ 铭牌清晰。

⑤ 同一集流管的灭火剂储存容器规格应一致。

2) 检查灭火剂储存容器内的储存压力应符合正常值。

① 实际压力不应低于相应温度下储存压力，且应不超过5%。

② 不同环境下灭火剂储存压力应按《惰性气体 IG－541 灭火系统技术规程（附条文说明）》(DG/TJ 08－306—2001) 附录 F 确定。

3) 系统安装前应对驱动装置进行检查，并符合以下规定：

① 电磁驱动装置的电源、电压应符合设计要求；电磁驱动装置应满足系统启动要求，且动作灵活无卡阻。

② 气动驱动装置或储存容器的气体压力和气量应符合设计要求，单向阀阀芯应启闭灵活无卡阻。

2. 系统安装

(1) 施工应按设计施工图纸和相应的技术文件进行。当需要进行修改时，应经原设计单位同意。

(2) 施工应按《惰性气体 IG-541 灭火系统技术规程（附条文说明）》(DG/TJ 08－306—2001) 附录 G（01、02、03）规定的内容做好施工记录。保护区内的隐蔽工程按照《惰性气体 IG－541 灭火系统技术规程（附条文说明）》(DG/TJ 08－306—2001) 附录 H 规定的内容做好隐蔽工程记录。

(3) 灭火剂储存容器的安装应符合以下规定：

1) 储存容器上的压力指示器应朝向操作面，安装高度和方向应一致。

2) 储存容器正面应有灭火剂名称标志和储存容器编号。

(4) 气体启动管网的安装应符合下列规定：

1) 起动管网位置从释放装置的气体出口到各存储容器的距离，应满足系统生产厂商产品的技术要求。

2) 用螺纹连接的管件，应用密封带或密封胶密封，但螺纹的前二牙不应有密封材料，以免堵塞管道。

3) 驱动管应固定牢靠，必要时应设固定支架和防晃支架。

(5) 集流管的安装应符合下列规定：

1) 集流管应由单独进行水压强度试验和气压严密性试验的报告。

2) 水压强度试验压力应为储存压力的 1.5 倍，保压 10min，再将试验压力降至储存压力，停压 10min，以压力不降，无渗漏为合格。

3) 气压严密性试验压力与储存压力相同。试验时应逐步缓慢增加压力，当压力升至试验压力的 50% 时，如未发现异状或泄漏，继续按试验压力的 10% 逐级升压，每级稳压 3min，直至试验压力。稳压 5min 后，再将压力降至储存压力，以发泡剂检查不泄漏为合格。

4) 集流管的安装高度应根据储存容器的高度确定，并应用支框架牢固固定。

5) 集流管的两端宜装螺纹管帽、法兰及法兰盖作集污器。

(6) 灭火剂输送管道安装应符合下列规定：

1) 管道穿过墙壁、楼板处应安装套管。穿墙套管的长度应和墙厚相等，穿过楼板的套管应高出楼面 50mm。管道与套管间的空隙应用柔性不燃烧材料填实。

2) 管道应固定牢靠，管道支、吊架的最大间距应符合表 6－13 的规定。

表 6－13　　灭火剂输送管道固定支吊架的最大距离

管道公称直径/mm	15	20	25	32	40	50	65	80	100	150
最大间距/m	1.5	1.8	2.1	2.4	2.7	3.4	3.5	3.7	4.3	5.2

3) 所有管道的末端应安装一个长度为 50mm 的螺纹管帽作集污器。

4）管道末端及喷嘴处应采用支架固定，支架与喷嘴间的管道长度应不大于 300mm，且不应阻挡喷嘴喷放。

5）管道变径可采用异径套筒、异径管、异径三通或异径弯头。

6）用螺纹连接的管件，应符合本小节气体启动管网安装第（2）条的规定。

（7）减压孔板的安装应符合下列规定：

1）减压孔板应安装在系统压力入口处，并在减压孔板壳体上应有气流方向的箭头标志。

2）从减压孔板到第一个或管头的长度应大于 10mm 管径。

（8）选择阀的安装应符合下列规定：

1）选择阀应有强度试验报告。

2）选择阀的操作手柄应安装在操作面一侧，当安装高度超过 1.7m 时应采取便于手动操作的措施。

3）采用螺纹连接的选择阀，其与管道连接处宜采用活接头。

（9）驱动装置的安装应符合下列规定：

1）电磁驱动装置的电气连接线应沿储存容器的支、框架或墙面固定。

2）拉索式手动驱动装置应固定牢靠，动作灵活，在行程范围内不应有障碍物。

3）气体驱动装置可直接安装于储存容器阀、选择阀的气体驱动接口上，为了管网定向和拆装时不破坏气动管路，宜采用旋转接头进行连接。

（10）灭火剂输送管道安装完毕后应进行水压强度试验和气压严密性试验，并应符合下列要求：

1）水压强度试验的试验压力，应为储存压力的 1.5 倍，稳压 3min，检查管道各连接处应无明显滴漏，目测管道无明显变形。

2）不宜进行水压试验的防护区，必须有设计单位和建设单位同意并应采取有效的安全措施后，方可采用压缩空气或氮气做气压强度试验，试验压力应为减孔板后管道工作压力里的 1.2 倍。

3）进行气压强度试验时，应采用空气做预试验，试验压力宜为 0.2MPa。预试验合格后，才能进行正式气压强度试验。

4）正式进行气压强度试验时，应逐步缓慢增加压力，当压力升至试验压力的 50%时，如未发现异状或泄漏，继续按试验压力的 10%逐级升压，每级稳压 3min，直至试验压力。稳压 3min 后，再将压力降至管道的工作压力，目测管道无明显变形，以发泡剂检查不泄漏为合格。

5）气压严密性试验与管道工作压力相同。试验时逐步缓慢增加压力，当压力升至试验压力的 50%时，如未发现异状或泄漏，继续按试验压力的 10%逐级升压，每级稳压 3min，直至试验压力。关闭试验气源后，3min 内再压力降不超过试验压力的 10%，且用发泡剂检查防护区外管道连接处，以不泄漏为合格。

（11）水压强度试验后或气压严密性试验前管道要进行吹扫，并应符合以下要求：

1）吹扫管道可采用压缩空气或氮气。

2）吹扫完毕，采用白布检查，直至无铁锈、尘土、水渍及其他杂物出现。

3）灭火剂输送管道的外表面应涂红色油漆。在吊顶、活动地板下等隐蔽场所内的管道，可涂红色油漆色环。每个防护区的色环宽度、间距应一致。

(12) 喷嘴的安装：

1) 喷嘴安装前应与施工设计图纸上标明的型号规格和喷孔方向逐个核对，并应符合设计要求。

2) 安装在吊顶下的喷嘴，其连接螺纹不应露出吊顶。喷嘴挡流罩应紧贴吊顶安装。

(13) 施工完毕，防护区中的管道穿越孔洞应用不燃材料封堵。

3. 系统施工安全要求

(1) 防护区内的灭火浓度应校核设计最高环境温度下的最大灭火浓度，并应符合以下规定：

1) 对于经常有人工作的防护区，防护区内最大浓度不应超过表 6-14 中的 NOAEL 值。

2) 对于经常无人工作的防护区，或平时虽有人工作但能保证在系统报警后 30s 延时结束前撤离的防护区，防护区内灭火剂最大浓度不宜超过表 6-14 中的 LOAEL 值。

表 6-14　　七氟丙烷的生理毒性指标 (V/V%)

灭火剂名称	NOAEL	LOAEL
七氟丙烷	9	10.5

(2) 防护区内应设安全通道和出口以保证现场人员在 30s 内撤离防护区。

(3) 防护区内应设置火灾报警和灭火剂释放的声、光报警信号。防护区内的疏散通道与出口应设置应急照明装置和灯光疏散指示标志。

(4) 防护区的门应向疏散方向开启并能自动关闭，疏散出口的门在任何情况下均应能从防护区内打开。

(5) 防护区应设置通风换气设施，可采用开启外窗自然通风、机械排风装置的方法，排风口应直通室外。

(6) 系统零部件和灭火剂输送管道与带电设备应保持不小于表 6-15 中最小安全间距。

表 6-15　　系统零部件和灭火剂输送管道与带电设备之间的最小安全间距

带电设备额定电压/kV	最小安全间距/m	
	与未屏蔽带电导体	与未接地绝缘支撑体
10	2.60	2.5
35	2.90	
110	3.35	
220	4.3	

注：绝缘体包括所有形式的绝缘支架和悬挂的绝缘体、绝缘套管、电缆密封端等。

(7) 当系统管道设置在有可燃气体、蒸汽或有爆炸危险场所时应设防静电接地。

(8) 防护区内外应设置提示防护区内采用 IG-541 灭火系统保护的警告标志。

四、七氟丙烷灭火系统操作与控制

(1) 管网灭火系统应同时具有自动控制、手动控制和机械应急操作三种起动方式。

(2) 自动控制应具有自动探测火灾和自动起动系统的功能。

(3) 灭火系统的自动控制应在收到防护区内两个独立的火灾报警信号后才能起动。自动控制启动时可以设置最长为 30s 的延时，以使防护区内人员撤离和关闭通风管道中的防火阀。

(4) 在有架空地板和吊顶的防护区域，若架空地板和吊顶内也需要加以保护，应在其中设置火灾探测器。

(5) 每一个防护区应设置一个手动/自动选择开关，选择开关上的手动和自动位置应有明显的标识。当选择开关处于手动位置时，选择开关上宜有明显的警告指示灯。

(6) 防护区入口处应设置紧急停止喷放装置。紧急停止喷放装置应选用能够防止误操作的类型。在所有的情况下，手动启动控制装置应优先于紧急停止功能。

(7) 机械应急操作装置宜设置在储存容器间内。

(8) 组合分配系统的选择阀应在灭火剂释放之前或同时开启。

(9) 当采用气体驱动钢瓶作为启动动力源时，应保证系统操作与控制所需的气体压力和用气量。

(10) 灭火系统的驱动控制盘宜设置在经常有人的场所，并尽量靠近防护区。驱动控制盘应符合《固定灭火系统驱动、控制装置通用技术条件》(GA 61—2010)。

(11) 当防护区内设置的火灾探测器直接连接至驱动控制盘时，驱动控制盘应能向消防控制中心反馈防护区的火灾报警信号、灭火剂喷放信号和系统故障信号。

(12) 防护区内应设置火灾报警信号与灭火剂释放信号的报警信号，火灾报警信号应设置在防护区内，火警信号可采用声、光组合报警信号。灭火剂释放信号应设在防护区外，可采用光报警信号。

(13) 手动操作装置的安装高度应为中心距地 1.5m。驱动控制盘应保证正面信号显示位置距地 1.5m。声、光报警装置宜安装在防护区出入口门框的上方。

第七章　消防系统的供电、调试、验收与维护

第一节　消防系统的供电、布线与接地选择

一、消防系统的供电

(1) 对消防供电的要求及规定。建筑物中火灾自动报警和消防设备联动控制系统的工作特点是连续、不间断。为了确保消防系统的供电可靠性及配线的灵活性，根据《建筑设计防火规范》(GB/T 50016—2014) 应满足下列要求：

1) 火灾自动报警系统应设有主电源与直流备用电源。

2) 火灾自动报警系统的主电源应使用消防电源，直流备用电源宜采用火灾报警控制器专用蓄电池。当直流电源采用消防系统集中设置的蓄电池时，火灾报警控制器应采用单独的供电回路，并且能保证消防系统处于最大负荷状态下不影响到报警器的正常工作。

3) 火灾自动报警系统中的 CRT 显示器、消防通信设备、计算机管理系统以及火灾广播等的交流电源应由 UPS 装置供电。其容量应按火灾报警器在监视状态下工作 24h 之后，再加上同时有两个分路报火警 30min 用电量之和进行计算。

4) 消防控制室、消防水泵、消防电梯、防排烟设施、自火灾自动报警系统、动灭火装置、火灾应急照明和电动防火卷帘、门窗以及阀门等消防用电设备，一类建筑应按现行国家电力设计规范规定的一类负荷要求供电；二类建筑的上述消防用电设备，应按照二级负荷的两回线路要求供电。

5) 消防用电设备的两个电源或两回线路，应在最末一级配电箱处进行自动切换。

6) 对容量较大或较集中的消防用电设施（如消防电梯及消防水泵等）应自配电室采用放射式供电。

7) 对于火灾应急照明、消防联动控制设备、报警控制器等设施，如果采用分散供电时，在各层（或最多不超过 3～4 层）应设置专用消防配电箱。

8) 消防联动控制装置的直流操作电压，应使用 24V。

9) 消防用电设备的电源不应装设有漏电保护开关。

10) 消防用电的自备应急发电设备，应设有自动起动装置，并且能在 15s 内供电，当由市电转换到柴油发电机电源时，自动装置应执行先停后送程序，并应确保一定时间间隔。

11) 在设有消防控制室的民用建筑工程中，消防用电设备的两个独立电源（或者两回线路），宜在以下场所的配电箱处自动切换：

a. 消防电梯机房。

b. 消防控制室。

c. 防排烟设备机房。

d. 火灾应急照明配电箱。

e. 各楼层配电箱。

f. 消防水泵房。

(2) 消防设备供电系统。消防设备供电系统应能充分确保设备的工作性能，当火灾发生时能充分发挥消防设备的功能，将火灾损失降到最小。这就要求对电力负荷集中的高层建筑或者一、二级电力负荷（消防负荷），通常采用单电源或双电源的双回路供电方式，用两个10kV 电源进线及两台变压器构成消防主供电电源。

1）一类建筑消防供电系统。如图 7-1 所示为一类建筑（一级消防负荷）的供电系统。

图 7-1（a）中，表示采用不同电网构成双电源，而两台变压器互为备用，单母线分段提供消防设备用电源；图 7-1（b）中，则表示采用同一电网双回路供电，两台变压器备用，单母线分段，设置柴油发电机组作为应急电源向消防设备供电，与主供电电源互为备用，符合一级负荷要求。

2）二类建筑消防供电系统。如图 7-2 所示为对于二类建筑（二级消防负荷）的供电系统。

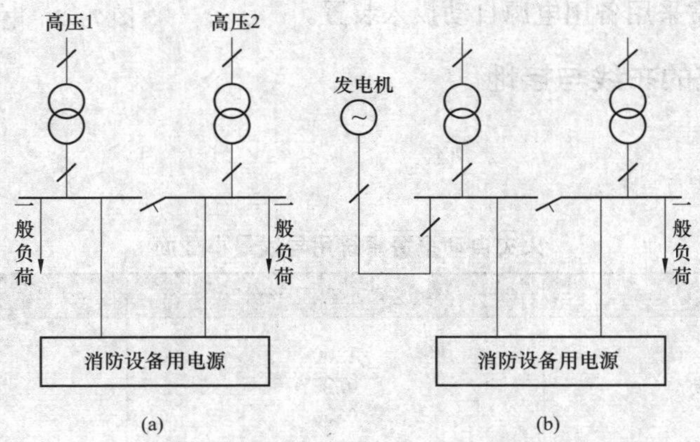

图 7-1　一类建筑消防供电系统

（a）不同电网；（b）同一电网

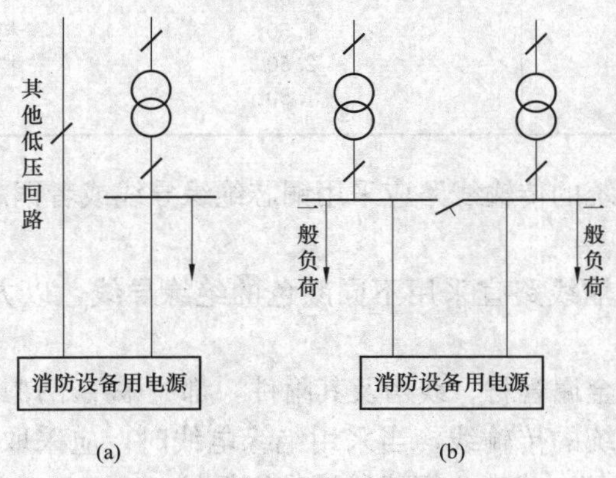

图 7-2　二类建筑消防供电系统

（a）一路为低压电源；（b）双回路电源

从图 7－2（a）中可知，表示由外部引来的一路低压电源和本部门电源（自备柴油发电机组）互为备用，供给消防设备电源；图 7－2（b）表示双回路供电，可符合二级负荷要求。

(3) 备用电源的自动投入。备用电源的自动投入装置（BZT）可以使两路供电互为备用，也可用于主供电电源与应急电源（如柴油发电机组）的连接及应急电源自动投入。

1）备用电源自动投入线路组成。由两台变压器、1KM、2KM、3KM 三只交流接触器、自动开关 QF、手动开关 SA1、SA2、SA3 组成，如图 7－3 所示。

2）备用电源自动投入原理。正常时，两台变压器分列运行，自动开关 QF 闭合状态，合上 SA1、SA2 先后，再合上 SA3，接触器 1KM、2KM 线圈通电闭合，3KM 线圈断电触头释放。若母线失压（或 1 号回路掉电），1KM 失电断开，3KM 线圈通电其常开触头闭合，使母线经过Ⅱ段母线接受 2 号回路电源供电，以实现自动切换。

应当指出：两路电源在消防电梯及消防泵等设备端实现切换（末端切换）常采用备用电源自动投入装置。

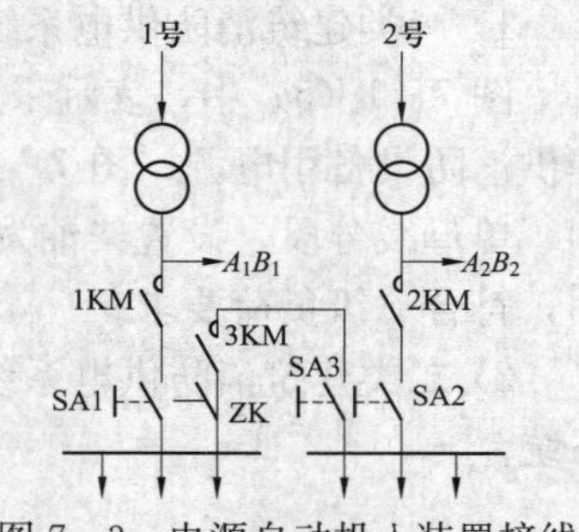

图 7－3　电源自动投入装置接线

二、消防系统的布线与接地

1. 布线及配管

布线及配管见表 7－1。

表 7－1　　火灾自动报警系统用导线最小截面

类别	线芯最小截面/mm²	备注
穿管敷设的绝缘导线	1.00	
线槽内敷设的绝缘导线	0.75	
多芯电缆	0.50	
由探测器到区域报警器	0.75	多股铜芯耐热线
由区域报警器到集中报警器	1.00	单股铜芯线
水流指示器控制线	1.00	
湿式报警阀及信号阀	1.00	
排烟防火电源线	1.50	控制线＞1.00mm²
电动卷帘门电源线	2.50	控制线＞1.50mm²
消火栓控制按钮线	1.50	

(1) 火灾自动报警系统的传输线路应采用铜芯绝缘导线或者铜芯电缆，其电压等级不应低于交流 250V。

(2) 火灾探测器的传输线路宜采用不同颜色的绝缘导线，以方便识别，接线端子应有标号。

(3) 配线中使用的非金属管材、线槽及其附件，都应采用不燃或非延燃性材料制成。

(4) 火灾自动报警系统的传输线，当采用绝缘电线时，应采取穿管（金属管或者不燃、难燃型硬质、半硬质塑料管）或者封闭式线槽进行保护。

(5) 不同电压、不同电流类别、不同系统的线路，不可共管或者在线槽的同一槽孔内敷设。横向敷设的报警系统传输线路，如果采用穿管布线，则不同防火分区的线路不可共管敷设。

(6) 消防联动控制、自动灭火控制、事故广播、通信以及应急照明等线路，应穿金属管保护，并宜暗敷设在非燃烧体结构内，其保护层厚度不宜小于 3cm。若必须采用明敷设，则应对金属管采取防火保护措施。当采用具有非延燃性绝缘和护套的电缆时，可不穿金属保护管，但应将其敷设在电缆竖井内。

(7) 弱电线路的电缆宜和强电线路的电缆竖井分别设置。如果因条件限制，必须合用一个电缆竖井时，则应将弱电线路和强电线路分别布置在竖井两侧。

(8) 横向敷设在建筑物的暗配管，钢管直径不宜大于 25mm；水平或者垂直敷设在顶棚内或墙内的暗配管，钢管直径不宜大于 20mm。

(9) 从线槽、接线盒等处引到火灾探测器的底座盒、控制设备的接线盒、扬声器箱等的线路，应穿金属软管保护。

2. 消防系统的接地

为了确保消防系统正常工作，对系统的接地规定如下：

(1) 火灾自动报警系统应在消防控制室设置专用接地板，接地装置的接地电阻值应符合以下要求：若采用专用接地装置，则接地电阻值不大于 4Ω；若采用共用接地装置时，则接地电阻值应不大于 1Ω。

(2) 火灾报警系统应设专用接地干线，通过消防控制室引到接地体。

(3) 专用接地干线应采用铜芯绝缘导线，其芯线截面积应不小于 $25mm^2$，专用接地干线宜穿硬质型塑料管埋设至接地体。

(4) 由消防控制室接地板引到各消防电子设备的专用接地线应选用铜芯塑料绝缘导线，其芯线截面积应不小于 $4mm^2$。

(5) 消防电子设备凡采用交流供电时，设备金属外壳和金属支架等应做保护接地，接地线应和电气保护接地干线（PE 线）相连接。

(6) 区域报警系统与集中报警系统中各消防电子设备的接地亦应符合上述 (1) ～ (5) 条的要求。

第二节　消防系统的调试、验收及维护

1. 一般要求

(1) 消防系统的调试，应在建筑内部装修及该系统施工结束后进行。

(2) 消防系统调试前应具备相关文件及调试必需的其他文件。

(3) 调试负责人必须由有资格的专业技术人员担任，所有参加调试人员应职责明确，并且应按照调试程序工作。

2. 调试前的准备

(1) 调试前应按设计要求查验设备的规格、型号、数量以及备品备件等。

(2) 应按要求检查系统的施工质量。对属于施工中出现的问题，应会同有关单位协商解决，并有文字记录。

(3) 应按要求检查系统线路，对于错线、开路、虚焊以及短路等应进行处理。

3. 消防系统调试

(1) 消防系统调试应先分别对火灾探测器、集中火灾报警控制器、区域火灾报警控制器、火灾警报装置和消防控制设备等逐个进行单机通电检查，正常之后方可进行系统调试。

(2) 消防系统通电后，应按《火灾报警控制器》(GB 4717—2005) 的有关要求，对火灾报警控制器进行以下功能检查：

1) 火灾报警自检功能。

2) 消声、复位功能。

3) 火灾优先功能。

4) 故障报警功能。

5) 报警记忆功能。

6) 电源自动转换及备用电源的自动充电功能。

7) 备用电源的欠电压及过电压报警功能。

(3) 检查消防系统的主电源和备用电源，其容量应分别满足现行有关国家标准的要求，在备用电源连续充放电 3 次后，主电源与备用电源应能自动转换。

(4) 应采用专用的检查仪器对探测器逐个进行试验，并且其动作应准确无误。

(5) 应分别用主电源和备用电源供电，检查火灾自动报警系统的各项控制功能与联动功能。

(6) 消防系统应在运行 120h 无故障后，按表 7-2 填写调试报告。

表 7-2　　消防系统调试报告

年　月　日　　　　　　　　　　　　　　　　　编号

工程名称			工程地址			
使用单位			联系人		电话	
测试单位			联系人		电话	
设计单位			施工单位			
工程主要设备	设备名称符号	数量	编号	出厂年月	生产厂	备注
施工有无遗留问题			施工单位联系人		电话	
调试情况						
调试人员（签字）			使用单位人员（签字）			
施工单位负责人（签字）			使用单位负责人（签字）			

4. 消防系统验收

消防系统的竣工验收是对系统施工质量的全面检查。必须按《火灾自动报警系统施工及验收规范》（GB 50166—2007）的规定严格执行。

（1）一般要求。消防系统的竣工验收是对系统施工质量的全面检查。必须按《火灾自动报警系统施工及验收规范》（GB 50166—2007）的规定严格执行。

1）消防系统的竣工验收，应在公安消防监督机构监督下，由建设主管单位主持，设计、施工以及调试等单位参加，共同进行。

2）消防系统的竣工验收应包括下列装置：

① 火灾自动报警系统装置（包括各种火灾探测器、手动火灾报警按钮、区域火灾报警控制器以及集中火灾报警控制器等）。

② 灭火系统控制装置（包括室内消火栓、自动喷水、卤代烷、干粉、二氧化碳、泡沫等固定灭火系统的控制装置）。

③ 电动防火门及防火卷帘控制装置。

④ 通风空调、防烟排烟及电动防火阀等消防控制装置。

⑤ 火灾应急广播、消防通信、消防电源、消防电梯以及消防控制室的控制装置。

⑥ 火灾应急照明和疏散指示控制装置。

3）消防系统验收前，建设单位应向公安消防监督机构提交验收申请报告，并附以下技术文件：

① 消防系统竣工表。

② 消防系统竣工图。

③ 施工记录（包括隐蔽工程验收记录）。

④ 调试报告。

⑤ 管理、维护人员登记表。

4）消防系统验收前，公安消防监督机构应对操作、管理以及维护人员配备情况进行检查。

5）消防系统验收前，公安消防监督机构应进行施工质量复查。复查应包括以下内容：

① 消防系统的主电源、备用电源、自动切换装置等安装位置以及施工质量。

② 消防用电设备的动力线、控制线、接地线和火灾报警信号传输线的敷设方式。

③ 火灾探测器的类别、型号、适用场所、安装高度、保护半径、保护面积以及探测器的间距。

④ 火灾应急照明和疏散指示控制装置的安装位置及施工质量。

（2）系统竣工验收要求。

1）消防用电设备电源的自动切换装置，应进行 3 次切换试验，每次试验都应正常。

① 实际安装数量在 5 台以下者，全部抽检；

② 实际安装数量在 6～10 台者，抽检 5 台；

③ 实际安装数量超过 10 台者，按实际安装数量 30%～50%的比例抽检，但不少于 5 台，抽检时每个功能应能重复 1～2 次，而被抽检火灾控制器的基本功能应符合现行国家标准《火灾报警控制器》（GB 4717—2005）中的功能要求。

2）火灾探测器（包括手动报警按钮），应按下列要求进行模拟火灾响应试验和故障报警抽检：

① 实际安装数量在 100 只以下者，抽检 10 只。

② 实际安装数量超过 100 只，按实际安装数量 5%～10%的比例抽检，但是不少于 10 只，被抽检探测器的试验均应正常。

3）室内消火栓的功能验收应在出水压力符合现行国家有关建筑设计防火规范的条件之下进行，并应符合以下要求：

① 工作泵、备用泵转换运行 1～3 次。

② 消防控制室内操作启、停泵 1～3 次。

③ 消火栓操作启泵按钮按照 5%～10%的比例抽检。

上述室内消火栓的控制功能应正常，信号应正确。

4）自动喷水灭火系统的抽检，应在符合 GB 50084—2001《自动喷水灭火系统设计规范（附条文说明）》（2005 年版）的条件下，抽检以下控制功能：

① 工作泵与备用泵转换运行 1～3 次。

② 消防控制室内操作启、停泵 1～3 次。

③ 水流指示器、闸阀关闭器和电动阀等按实际安装数量的 10%～30%的比例进行末端放水试验。

上述自动喷水灭火系统的控制功能、信号都应正常。

5）卤代烷、泡沫、二氧化碳以及干粉等灭火系统的抽检，应在符合现行有关系统设计规范的条件下，按照实际安装数量的 20%～30%抽检下列控制功能：

① 人工启动和紧急切断试验 1～3 次。

② 与固定灭火设备联动控制的其他设备（关闭防火门窗、停止空调风机、关闭防火阀以及落下防火幕等）试验 1～3 次。

③ 抽一个防护区进行喷放试验（卤代烷系统应采用氮气等介质代替）。

上述气体灭火系统的试验控制功能、信号都应正常。

6）电动防火门与防火卷帘的抽检，应按实际安装数量的 10%～20%抽检联动控制功能，其控制功能及信号均应正常。

7）通风空调和防排烟设备（包括风机与阀门）的抽检，应按照实际安装数量的 10%～20%抽检联动控制功能，其控制功能、信号均应正常。

8）消防电梯的检验应进行 1～2 次人工控制及自动控制功能检验，其控制功能、信号均应正常。

9）火灾应急广播设备的检验，应按实际数量的 10%～20%进行以下功能检验：

① 共用的扬声器强行切换试验。

② 在消防控制室选层广播。

③ 备用扩音机控制功能试验。

以上功能应正常，语音应清楚。

10）消防通信设备的检验，应符合以下要求：

① 消防控制室及设备间所设的对讲电话进行 1～3 次通话试验。

② 电话插孔按照实际安装数量的 5%～10%进行通话试验。

③ 消防控制室的外线电话和“119 台”进行 1～3 次通话试验。

以上功能应正常，语音应清楚。

11）上述各项检验项目中，当有不合格时，应限期修复或者更换，并进行复检。复检时，对有抽检比例要求的，应进行加倍试验。其中复检不合格者，不能通过验收。

5. 日常维护与定期清洗

消防系统中所有设备均应做好日常维护保养工作，注意防潮、防尘、防电磁干扰、防冲击、防碰撞等各项安全防护工作，保持设备经常处在完好状态。

做好火灾探测器的定期清洗工作，对于保持火灾监控系统良好运行非常重要。火灾探测器投入运行后，由于环境条件的原因，容易受污染、积聚灰尘，使可靠性降低，引起误报或漏报，尤其是感烟火灾探测器，更易受环境影响。所以，国家标准《火灾自动报警系统施工及验收规范》（GB 50166—2007）明确规定：点型感烟火灾探测器投入运行 2 年后，应每隔 3 年至少全部清洗一遍；通过采样管采样的吸气式感烟火灾探测器根据使用环境的不同，需要对采样管道进行定期吹洗，最长的时间间隔不应超过一年；探测器的清洗应由有相关资质的机构根据产品生产企业的要求进行。探测器清洗后应做响应阈值及其他必要的功能试验，合格者方可继续使用。不合格探测器严禁重新安装使用，并应将该不合格品返回产品生产企业集中处理，严禁将离子感烟火灾探测器随意丢弃。可燃气体探测器的气敏元件超过生产企业规定的寿命年限后应及时更换，气敏元件的更换应由有相关资质的机构根据产品生产企业的要求进行。我国地域辽阔，南北方气候差别很大。南方多雨潮湿，水汽大，容易凝结水珠；北方干燥多风，容易积聚灰尘。在同一地区、不同行业、不同使用性质的场所，污染也不相同。应根据不同情况，确定对探测器清洗的周期与批量。清洗工作要由有条件的专门清洗单位进行，不得随意自行清洗，除非经过公安消防监督机构批准认可。清洗之后，火灾探测器应做响应阈值和其他必要的功能试验，以确保其响应性能符合要求。发现不合格的，应予报废，并立即更换，不得维修之后重新安装使用。

第八章　消防工程设计与施工案例

一、工程概况

工程名称：××（B3、B4 地块）消防、防排烟、通风及人防工程

建设单位：××

设计单位：××

项目地点：××城东片区

质量要求：符合《工程施工质量验收规范》合格标准

工期要求：满足工程总体工期要求

本项目 A 标段为东区工程，包括地下室、×号楼、×号楼、×号楼、×号楼、×号楼工程。

二、主要施工内容与范围

（一）项目施工内容

火灾自动报警系统、消防联动控制系统、消防广播系统、消防对讲电话系统、消火栓系统、自动喷水灭火系统、通风及防排烟系统。

其主要工程量包括智能报警控制器、消防联动控制柜、消防对讲电话主机、消防广播主机、消防对讲电话分机、消防电话插孔、感烟探测器、感温探测器、手动报警按钮、消火栓报警按钮、监视控制模块、广播扬声器、离心式消防水泵、湿式报警阀、消防水泵接合器、金属软管、线槽、管内及槽内配线、镀锌钢管、沟槽管件、各类阀门、消火栓箱、无机玻璃钢风管、风口、防火排烟阀、消声器、防排烟风机、正压送风机等。

（二）项目施工范围

1. 火灾自动报警及联动控制系统

在 A 标段安装工程中，于 4 号楼一层设置消防控制室，设置有火灾报警控制器、CRT 彩色图形显示系统、联动控制台、火灾应急广播主机、消防专用对讲电话主机等消防主控设备。

消防联动控制规则：任一消火栓按钮动作，显示其位置并自动启动消防泵，消控中心接收反馈信号；任一湿式报警阀压力开关动作，显示其位置并自动启动喷淋泵，消控中心接收反馈信号；喷淋系统的水流指示器及信号阀的位置在报警主机上具有地址码；火灾报警后打开报警层的送风阀，启动相关的防排烟风机，并接收反馈信号；疏散通道上的防火卷帘门当周围烟感动作时自动下降至距地 1.8m，温感动作时下降到底，防火分区上卷帘门动作时一次下降到底，并接收其反馈信号。报警主机可手动或自动切断相关部位的非消防电源，并接通警报装置及火灾应急照明灯和疏散标志灯；并按规范要求接通火灾层层号灯及警铃。消防

广播接收到火灾信号时，接通着火层及相邻各层消防广播（或接通着火分区及相邻分区消防广播）；在风机房、水泵房、电梯机房等设备用房设置有消防专用对讲电话分机，与消控中心进行通信。

2. 消火栓及自动喷淋系统

在各层电梯前室及主要出入口设置有消火栓箱，地下室设置有水-泡沫两用消火栓箱，室内消火栓系统设为高、低两个分区，地下室及上部公建、商业部分为低区、住宅部分为高区。高低区消火栓环网位于地下室。水泵房内室内消火栓泵 2 台，一用一备；室外消火栓泵 2 台，一用一备。

在商铺、地下车库及设备房、走道设置自动喷水灭火系统，地下室消防泵房内设 2 台喷淋泵，一用一备，湿式报警阀设于 4 号楼一层湿式报警阀间。柴油发电机房设置水喷雾灭火系统，水喷雾系统雨淋阀设于地下车库。

室外设置地上式室外消防栓，喷淋水泵接合器、消火栓水泵接合器及水喷雾水泵接合器及消防车取水口，供消防车对大楼进行供水。

火灾初期消防用水由 5 号楼屋面 18t 消防水箱供水，地下室设消防水池，室外设消防车取水口。

3. 通风及防排烟系统

在地下室车库、柴油发电机房、变配电室、水泵房、楼梯走道及电梯前室设置机械排烟及补风系统；地下室车库排烟风机平时开启排风，火警时排烟，风机口 280℃排烟防火阀平时常开，火灾后温度达到 280℃时熔断而关闭排烟防火阀，反馈信号至消控中心并停止风机，地下室车库设机械送风系统，平时送风，火灾时进行补风。住宅部分走道的排烟系统当发生火灾时由消控中心自动控制或手动控制开启排烟风机及排烟阀排烟，防烟楼梯间的正压送风系统当走道发生火灾时，由消控中心控制或手动开启正压送风阀及加压送风机进行送风。

三、施工现场平面布置图

因本工程考虑到施工加工场地的需要，××公司将在有可能的情况下在工地或工地周边设立施工现场临时设施（材料堆放处、仓库、加工区）拟安排如图 8－1 所示，届时具体布置服从工地总体施工平面的要求。

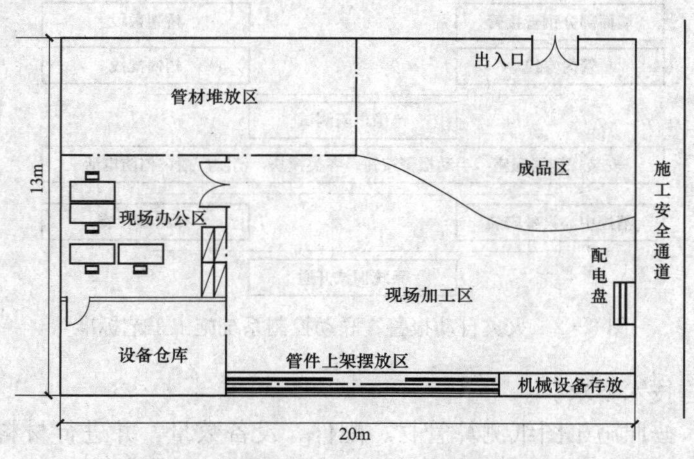

图 8－1　施工现场临时设施布置图

(1) 临时设施内仓库 25m²，加工及管材堆放区 200m²，现场办公室 35m²。

(2) 临时用电、用水，由业主指定的供电柜、水源处引入，按施工规范安装电表、水表计量设备。

(3) 临时设施内做好防火、卫生、安全等布置。

(4) 工程完工后，××公司负责拆除临时设施，恢复至原样。

四、设计与施工技术方案

1. 施工安装准备

(1) 建立项目部组织机构，确定本工程项目的项目经理及组织机构人选，把有施工经验、有创新精神、有工作效率的人选入机构，执行因事设职、因职选人的原则。

(2) 根据建设单位提供的施工图纸，结合有关消防规范对图纸进行自审、使施工人员充分地了解和掌握设计图纸的设计意图和技术特点，以及设计图纸与其各组成部分之间有无矛盾、错误。

(3) 组织精干专业施工班组人员，由项目部向施工班组人员进行施工组织设计、计划和技术交底，按照开工日期和劳动力需要量计划，组织劳动力进场，同时要进行安全防火和文明施工等方面的教育。

(4) 建造临时设施，根据业主指定土建施工承包方提供的场所，准备好生产加工、储存等临时用房。

(5) 配备工程需要的各主要机具类型数量和进场时间，对固定的机具要进行就位，接电源、保养和调试等工作。

(6) 材料的加工和订货，依据图纸提供的数据，订货采购选用按照设计和规范要求的各种规格管材、设备等，预制加工所需的支吊架及配件等，使其满足施工的要求。

2. 主要施工工艺流程及安装方法

(1) 火灾自动报警、联动控制系统。

1) 火灾自动报警、联动控制系统施工工艺标准（图 8-2）。

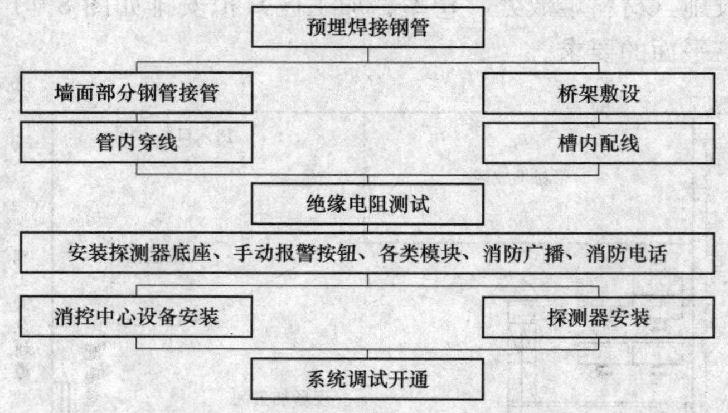

图 8-2 火灾自动报警、联动控制系统施工工艺标准

2) 施工方法与技术要求。

① 材料准备。按照施工图纸测算管材、配件、设备数量，并进行材料备量。钢管必须有合格证或质保书，管材符合国标要求，无壁裂、砂眼、棱刺和凹扁现象；接线盒、开关盒

等符合标准，导线线径规格按设计要求，有合格证。

② 焊接钢管预埋。用作火灾自动报警等系统的焊接钢管的敷设应在混凝土板内预埋敷设，在底层钢筋绑扎完后，上层钢筋未绑扎前，根据施工图尺寸位置配合土建施工。预埋盒与焊接钢管之间应固定牢固，管与管连接处采用焊接，并做好接地跨接和隐蔽记录。

在大楼切砖时配合土建做好墙面钢管及线盒的接管固定，做到位置准确、规范。

③ 布线。在大楼抹灰及地面工程结束后，在管内或线槽内布线，穿线前应将管内或线槽内的污水杂物清除干净，放线前应对导线的规格、型号进行核对，管内穿线应检查护口是否齐全，对不同极性的电线颜色按规范要求加以区分。不同电压等级，不同电流类别线路不应在同一管内或同一槽孔内，管道及线槽内严禁有接线头，布线结束对导线进行绝缘测试，阻值应符合规范要求，编号并做好测试记录，办理有关签证工作。

④ 探测器安装。在土建及内装修结束后，按图纸位置安装探测器，探测器底座至梁、墙边等水平距离应不小于 0.5m，周围 0.5m 内不应有遮挡物，至送风口水平距离不小于 1.5m，探测器应水平、吸顶安装（图 8－3）。

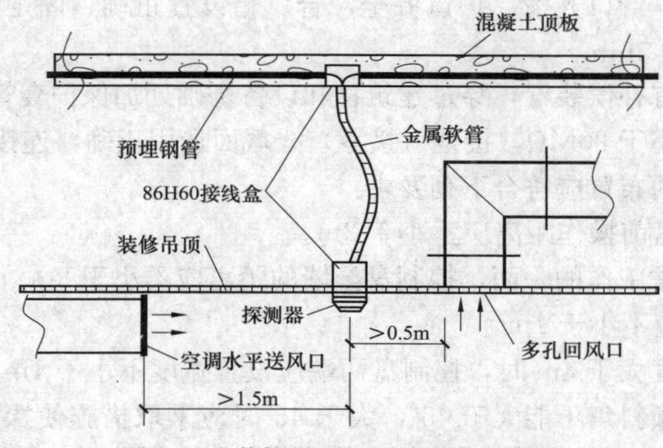

图 8－3　装饰吊顶探测器安装示意图

⑤ 消防电话安装。消防专用电话分机，消防专用电话插孔距地均为 1.5m。

⑥ 模块、手报安装。消防模块安装在消防控制层箱内或安装于其控制及监视点设备的附近，安装高度为：消防模块在有吊顶处距吊顶 0.1m；无吊顶处距顶 0.3m；火灾报警模块层箱距地 1.5m；手动报警按钮安装高度距地 1.5m。

⑦ 广播安装。扬声器在有吊顶处均嵌入式安装，无吊顶则直接吸顶或挂墙明装安装，挂墙距地 2.5m；消防广播安装应牢固，线路应按要求进行接线，所有设备安装应考虑装饰效果，不影响美观。

⑧ 消控中心设备安装。消控中心内的报警控制器在墙上安装时其底边距地 1.5m，落地安装时，其底宜高出地坪 0.1～0.2m，控制器的主电源引入线应直接与消防电源连接，严禁用电源插头。控制器的接地应牢固，有明显标志。

⑨ 系统单机调试。系统安装结束后，对整个系统按照规范进行调试，对报警主机要求测试如下功能：

a. 火灾报警自检功能。

b. 消声、复位功能。

c. 故障报警功能。

d. 火灾优先功能。

e. 报警记忆功能。

f. 电源自动转换和备用电源的自动充电功能。

g. 备用电源的欠电压和过电压报警功能。

⑩ 主机调试完毕后，按各系统干线安装探测器，要求逐个测试电压，电压正常方可装上。

⑪ 采用专用的检查仪器对探测器逐个进行灵敏度试验，其动作应准确无误。

⑫ 系统联调。

消防广播应逐层及相应层进行试播，对讲电话各通话口与消控中心进行通话试验，非消防电源切换试验，卷帘门下降试验，电梯追降试验，并对所有控制设备（水泵、正压送风机、排烟机、风阀等）进行控制试验，确保无故障后，按规范填写调试报告。

3）质量要求。

① 管道连接紧密、管口光滑、护口齐全，合、箱设置正确、固定可靠、管子入合、箱处顺直，且长度不大于 5mm。

② 穿过变形缝处有补偿装置，穿过建筑物和设备基础处加保护套管。

③ 绝缘电阻值不小于 20MΩ，接地（接零）线截面选用正确，连接牢固紧密。

④ 消防控制设备的布置应符合下列要求：

a. 单列布置时，盘前操作距离应不小于 2m。

b. 在值班人员经常工作的一面，控制盘至墙的距离应不小于 3m。

c. 盘后维修距离应不小于 1m。

d. 控制盘排列长度大于 4m 时，控制盘两端应设置宽度不小于 1m 的通道。

⑤ 探测器的安装倾斜角不能大于 45°，大于 45°时应采取措施使探测器成水平安装；安装在轻钢龙骨吊顶或活动式（插板式）吊顶下面的探测器盒必须与顶板固定好，再安装探测器。

⑥ 端子箱内各回路电线排列整齐，线号清楚，导线绑扎成束，端子号相互对应，字迹清晰。

⑦ 在竖井内应设有专用接地线供设备接地，所有消防设备均按规范要求妥善接地，竖井内竖向接地线为扁铜－30×4，接地电阻不应大于 1Ω；消防控制室设置专用接地干线，采用铜芯绝缘导线（25mm^2），消防控制室接地板引至各消防电子设备的专用接地线为铜芯绝缘导线（4mm^2）。各地线压接应牢固可靠，并有防松垫圈；各路导线接头正确牢固，编号清晰，绑扎成束。

⑧ 安装探测器及手动报警按钮时应注意保持吊顶、墙面的整洁。安装后应采取防尘措施，配有专用防尘罩的应及时装上，具有探测器防护盖的应在调试前上好，调试时再拧装探测器。柜（盘）除采用防尘等措施外，应及时将房门上锁，以防止设备损坏和丢失。

（2）室内消火栓系统、自动喷淋灭火系统。

1）喷淋系统施工工艺标准（图 8－4）。

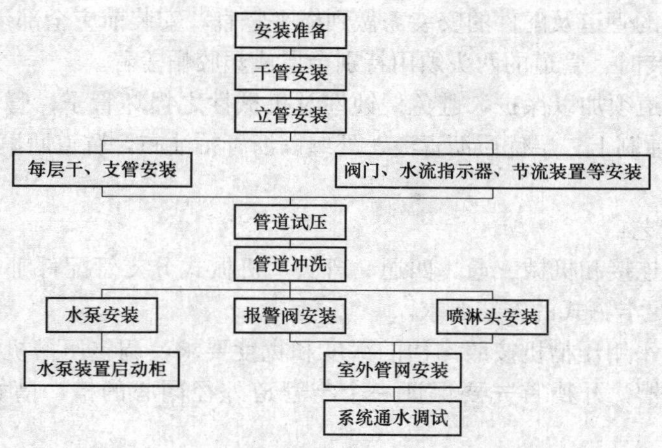

图 8-4　喷淋系统施工工艺标准

2）消火栓系统施工工艺标准（图 8-5）。

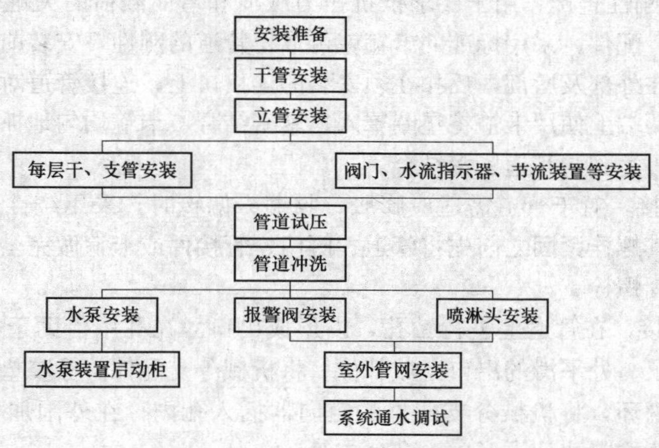

图 8-5　消火栓系统施工工艺标准

3）施工方法与技术要求。认真熟悉图纸，测量尺寸，绘制草图，预制加工，核对有关专业图纸，查看各种管道的坐标，标高是否有交叉，或排列位置不当，及时与设计人员及甲方技术负责人研究解决，检查管件、管材、阀门、设备及组件等是否符合设计要求和质量标准。

① 管道安装：室内外消火栓给水管：当管道直径大于 100mm 时，采用镀锌钢管沟槽式连接方式，当管道直径小于等于 100mm 时采用镀锌钢管螺纹接口连接。室内外喷淋给水管：当管道直径大于 100mm 时，采用镀锌钢管沟槽式连接方式，当管道直径小于或等于 100mm 时采用镀锌钢管螺纹接口连接。

A. 管道螺纹连接工艺：

a. 管子宜采用机械切割，切割面不得有飞边、毛刺；当管子变径时宜采用异径接头，管道穿墙处不得有接口。

b. 层干支管的安装管道，分支预留口的三通定位应准确，应注意走廊吊顶内的管道安装与空调通风管道的位置协调好，三通上最多用一个补心，四通上最多用二个补心。

c. 管道横向安装宜设 0.002～0.005 的坡度，且应坡向末端排水管。

d. 用螺纹连接的管道及配件的安装需做到横平竖直，安装前应全部清洗接口处的浮锈，污垢及油脂。在安装时，管道的两头须用特别金属或塑胶帽盖着。

e. 所有地下管道须加以保护，避免侵蚀性及机械性之损坏管子，管子连接完毕后，应清理干净并于安放前刷上二层优质沥青漆，外缠以沥青柏油布，坑道回填前应铺上沙或过筛的土壤。

B. 沟槽连接工艺：

a. 沟槽式卡箍连接和机械三通、四通、弯头、机械式分支管配件都需要将管道进行滚压沟槽及开孔，满足卡箍式的安装要求。

b. 管道开槽，采用压槽机按照沟槽的深度和宽度要求，调整压槽机压槽数据，对管道的外槽进行滚压开槽，开槽首先要保证一个与管道外径同心的槽，槽始终保持是均匀的深度。

c. 管道打孔，在各种规格的管道上按不同分支尺寸用打孔机开孔，将所需开孔管道孔位固定，由打孔机垂直下压切削，将管道孔径打好。

d. 卡箍安装，刚性直接：用于要求抵抗扭力载荷和弯曲载荷的关键位置。利用加工好的标准带沟槽钢管、配件，采用标准的卡箍就可取得管道的刚性，安装前将卡箍的橡胶垫圈涂好润滑剂，主要在外部及唇部，反扣在须安装的连接口上，连接管道对直，然后橡胶垫圈拨正，在连接管的两端上使用卡箍将垫圈罩入，紧密结合，卡箍均匀地抓住环形沟槽，均匀紧固卡箍两端螺栓，达到与管道紧密结合。

e. 管道绕性连接，对于管道需适应膨胀、收缩、偏转时，采用绕性连接，连接方式同刚性相同。要求在其螺栓紧固之前先将管道、阀门、管接件或卡箍做完全转动，以便进行校直对准，然后再紧固螺栓。

f. 机械分支连接，在管道上进行钻孔，以形成出口。在孔中借助于一只安装环而得到加固，这样就形成了一处平滑的出口区域部位。将机械分支配件的橡胶垫圈嵌入机械分支配件（三通、四通）内环，将机械分支配件的定向器插入孔内，在外围加上一个压力响应垫圈，用螺栓紧固，这样就达到了形成一个分支管。

C. 主要建筑物伸缩缝：所有通过建筑物伸缩缝的管道须装配柔性伸缩接头，以抵受最大差别移动而不致使管道受任何损坏。

D. 末端试水装置如图 8-6 所示。

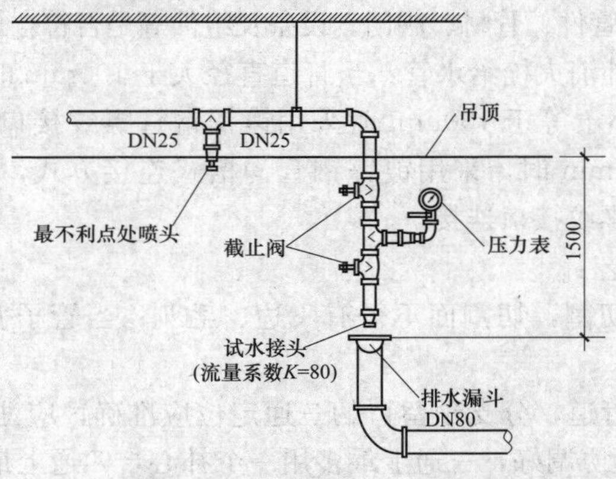

图 8-6　末端试水装置示意图

② 报警阀安装：应设于明显易于操作的位置，距地高度为1.2m左右，两侧离墙不应小于0.5m，报警阀处地面应有排水措施。报警阀组装时应按产品说明书和设计要求，阀门处于常开状态。喷淋立管和消火栓立管安装要安装卡件固定，立管底部的支吊架要牢固，防止立管下坠。水力警铃安装在报警阀附近的外墙上。

③ 水流指示器安装：一般安装在每层的水平分支干管或某区域的分支干管上。应竖直安装在水平管道上侧，保证叶片活动灵敏，水流指示器前后应保持有5倍安装管径长度的直管段，安装时注意水流方向与指示器的箭头一致。水流指示器适用于直径为50～150mm的管道上安装。

④ 消防水泵安装：水泵的规格型号应符合设计要求，水泵应采用自灌式吸水，水泵基础按设计图纸施工，进出口应加软接头，水泵出口加逆止阀。

水泵配管安装应在水泵定位找平正，稳固后进行。水泵设备不得承受管道的重量。水泵相接配管的一片法兰先与阀门法兰紧牢，用线坠找直找正，量出配管尺寸，配管法兰应与水泵、阀门的法兰相符，阀门安装手轮方向应便于操作，标高一致，配管排列整齐。

A. 安装和校正：

a. 清除底座上的油腻和污垢，把底座放在地基上。

b. 用水平仪检查底座的水平度，允许用楔铁找平（已组装好的机组，可利用泵的出口法兰平面检查水平）。

c. 用水泥浇灌地脚螺栓孔眼。

d. 水泥干涸后应检查地脚螺栓是否松动，然后拧紧地脚螺栓，重新检查水平度。

e. 清理底座的支持平面、水泵脚和电机脚的平面，并把水泵和电机安装到底座上去。

f. 联轴器之间应保持一定的间隙，检测水泵轴与电机轴中心线是否一致，可用薄垫片调整使其同心。

g. 测量联轴器的外圆上下、左右的差别不得超过0.1mm，两联轴器端面间隙一周上最大和最小的间隙不得超过0.3mm。

h. 排出管路如装止回阀，其安装顺序是：泵出口—闸阀—止回阀—出水管。

i. 泵的吸入口为负压时，吸入管路不宜安装蝶阀。几台泵并联运行时，每台泵必须有自己的吸入管。

B. 启动：

a. 在机泵连接前确定电机的旋转方向是否正确，泵的转动是否灵活（或在泵内注满水后检测电机转向严禁泵内无水空转）。

b. 关闭吐出管路上的闸阀。

c. 向泵内灌满水，或用真空泵引水。

d. 接通电源，当泵达到正常转速后，再逐渐打开吐出管路上的闸阀，并调节到所需要的工况。在吐出管上的闸阀关闭的情况下，泵连续工作的时间不能超过3min。

C. 停止：

a. 逐渐关闭吐出管路上的闸阀，切断电源。

b. 如环境温度低于零度，应将泵内水放出，以免冻裂。

D. 运行：

a. 在开车及运行过程中，必须注意观察仪表读数、轴承温升、填料滴漏和温升以及泵的振动和杂音等是否正常，如果发现异常情况，应及时处理。

b. 轴承温度与环境温度之差不得超过40°，轴承温升最高不大于80°。

c. 填料漏水应该是少量均匀的。

d. 轴承油位应保持在正常位置上，不能过高或过低，过低时应及时补充润滑油。

e. 如密封环与叶轮配合部位的间隙磨损过大应更换新的密封环（新泵的直径间隙在0.15～0.25mm）。

f. 应尽量使泵在铭牌规定的性能点（流量、扬程等）附近运转、这样可使水泵长期在高效率区工作，以达到最大的节能效果。

⑤ 水泵接合器安装：水泵接合器规格应根据设计选定，其安装位置应有明显标志，阀门位置应便于操作，水泵接合器附近不得有障碍物。安全阀应按系统工作压力定压，防止消防车加压过高破坏室内管网及部件。

⑥ 消火栓安装：应在交工前进行，消防水龙带应折好放在挂架上或卷实、盘紧放在箱内，消防水枪要竖放在箱体内侧，水枪和软管应放在挂卡上或放在箱底部。消防水龙带与水枪，快速接头的连接，一般用14号铅丝绑扎两道，每道不少于两圈，使用卡箍时，在里侧加一道铅丝。

室外消火栓系统管网从阀门井中接出，消火栓位置按图位置，但距墙面应不小于2m，并且不影响车辆通行，埋地管道用热沥青做好防腐保护。

⑦ 喷头安装：如图8－7所示，喷头下支管安装要与吊顶装修同步进行，根据吊顶高度、材料厚度定出喷头的预留口标高。喷头的规格、类型、动作温度要符合设计要求，喷头安装的保护面积、间距及距墙、柱的距离，应符合规范要求，可调节装饰盘要贴紧吊顶。喷头应放在保护箱内，在安装现场用一个拿一个，安装喷头要用专用扳手（A、向上式喷头必须以向上垂直位置安装；B、向下式喷头必须以向下垂直位置安装）。

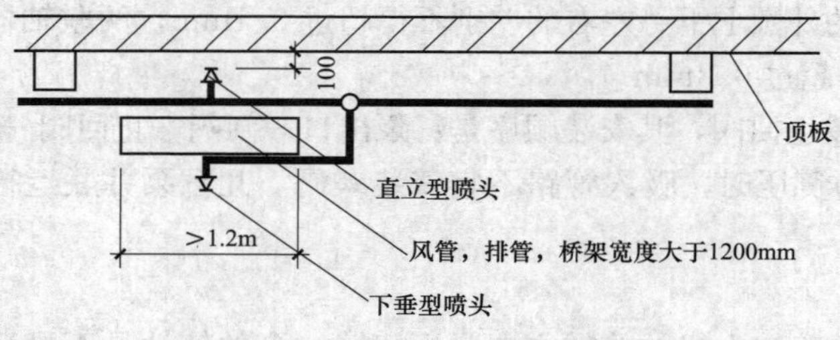

图8-7　喷头安装示意图

安装喷头时必须使用非硬化的管道结合剂或TEFLON防漏胶带，直接用于外螺纹上；用手把喷头固定在安装孔内，再将它旋紧。接口仅需7～14尺磅（1尺磅＝1.3558N·m）的扭力；14～28的切力。把柄为15cm长的扳手就能传送出足够的扭力，严禁利用喷头的框架施拧，严禁附加任何装饰性涂层，严禁扭力超出2尺磅，严禁扳动或转动溅水盘。安装在易受机械损伤处的喷头，应加设喷头保护罩，填料应采用聚四氟乙烯带，防止损坏和污染吊顶。

喷淋管道支吊架安装应符合规范要求，不得妨碍喷头喷射效果。在干管、主管均应加防晃固定支架。喷淋管道的固定支架安装应符合设计要求。一般吊架距喷头应大于300mm，防晃固定支架应能承受管道、零件、阀门及管内水的总重量和50%水平方向推动力，而不损坏或产生永久变形。立管要设两个方向的防晃固定支架。

⑧ 支架安装：所有管道，配件等必须有效地支撑，距离不可超过表 8-1 数值。在管道转角处须另加支架，所有支架的安装及设计应使每段管道能单独拆除而不影响前后管道。

管道支架一般采用导向支架，允许有少许轴向移动，但不容许径向跳动，同时也允许设置部分吊架，但在一条管路上连续吊架不宜过多，必须穿插设置支架，管道末端喷嘴处采用支架固定，支架与喷嘴间的管道长度应不大于 500mm。

表 8-1　　支撑距离对照表

管道公称直径/mm	15	20	25	32	40	50	65	80	100
水平最大间距/m	2.0	2.5	2.5	3.0	3.0	3.3	3.5	3.5	4.0
垂直最大间距/m	2.5	3.0	3.0	3.5	3.5	3.5	4.5	4.5	5.0

⑨ 管道试压：水压试验时，管道内充满水后用电动加压泵进行加压，加压时应缓慢升压，当达到试验压力后，稳妥保压 30min，目测管网及各阀门应无泄漏和无变形，且压力降应不大于 0.05MPa，进户管及埋地管应在回填前单独或与系统一起进行水压试验。

当水压试验达到要求时，通知有关人员进行验收，并办理有关验收手续，然后把水泄净，管道试压完毕后，消防管道在试压完毕后，可连续做冲洗工作。冲洗前先将系统中的止回阀和报警阀拆除，清除管道中的杂物，冲洗水质合格后重新装好。

⑩ 系统调试：当整个管道系统安装、试压、冲洗完成后进行试验，试验时，消防气压给水设备的水位气压应符合要求，湿式报警阀内充满水，与系统配套的火灾自动报警系统处于工作状态。

试验内容包括水源测试、消防水泵调试、稳压泵调试、报警阀调试、排水装置调试、联动试验。

⑪ 油漆：镀锌钢管外壁防腐采用防锈漆涂刷两遍，红丹漆面刷一遍。

油漆前管道先用布清理粉尘、油垢，管道下方垫好防污物质（塑料膜），每遍油漆刷干后再刷下一道漆。

⑫ 封堵：穿混凝土墙壁、砖墙、石膏板墙等处的管道、用玻璃纤维或相同耐火等级的物质填塞；套管的两端用防火灰泥填补。

4）质量要求：

① 自动喷淋的喷头位置，间距和方向必须符合设计要求和施工规范规定。

② 箱式消火栓的安装应将栓口朝外，阀门距地面、箱壁的尺寸符合施工规范规定。水龙带与消火栓和快速接头的绑扎紧密，并卷折，挂在托盘或支架上。

③ 消火栓阀门中心距地面为 1.1m，允许偏差 20mm。阀门距箱侧面为 140mm，距箱后内表面为 100mm，允许偏差 5mm。

④ 吊架应设在相邻喷头间的管段上，当相邻喷头间距不大于 3.6m，可设一个；小于 1.8m，允许隔段设置。

⑤ 消防系统施工完毕后，各部位的设备组件要有保护措施，防止碰动跑水，损坏装修成品；报警阀配件、消火栓箱内附件，各部位的仪表等均应加强管理，防止丢失和损坏，喷淋头安装时不得污染和损坏吊顶装饰面。

⑥ 喷淋头与吊顶接触要牢靠，护口盘不偏斜；支管末端弯头处应加卡件固定，做到喷淋头成排、成行安装。

(3) 通风防排烟系统。

1) 无机玻璃钢风管施工工艺流程为:

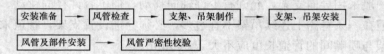

安装准备 → 风管检查 → 支架、吊架制作 → 支架、吊架安装 → 风管及部件安装 → 风管严密性校验

2) 安装操作方法。

① 安装准备:

A. 根据施工图纸确定风管的安装位置、标高、走向,并测放位置线。

B. 复查预留孔洞、预埋件是否符合要求。

C. 安装前,应清除风管内、外杂物,并做好清洁和保护工作。

D. 施工材料、安装工具应准备齐全。

② 风管检查:

A. 根据施工图纸认真检验和清点风管的规格型号,必要时应在风管上做好标识。

B. 根据风管的规格,检查风管的壁厚及法兰规格,具体参数见表 8-2。

表 8-2　无机玻璃钢风管技术参数　单位:mm

风管长边尺寸 b 或直径 D	风管壁厚	法兰			
		高度	厚度	孔距	螺栓规格
b (D) ≤300	3	27	5	低、中压≤120 高压≤100	M6
300<b (D) ≤500	4	36	6		M8
500<b (D) ≤1000	5	45	8		M8
1000<b (D) ≤1500	6	49	10		M10
1500<b (D) ≤2000	7	53	15		M10
b (D) >2000	8	53	20		M10

C. 风管外表面应光滑、整齐、厚度均匀,不扭曲,不得有气孔及分层现象。

D. 无机玻璃钢风管的加固材料应与本体材料相同或防腐性能相同,加固件应与风管成为整体,内支撑加固点数量及外加固框纵向间距应符合表 8-3 规定。

表 8-3　风管内支撑加固点最少数量及外加固框、内支撑加固点纵向最大间距　单位:mm

风管长边 b	系统工作压力/Pa				
	500~630	631~820	821~1120	1121~1610	1611~2500
650<b≤1000	—	—	1	1	1
1000<b≤1500	1	1	1	1	2
1500<b≤2000	1	1	1	1	2
2000<b≤3100	1	1	1	2	2
3100<b≤4000	2	2	3	3	4
纵向加固间距/mm	1420	1240	890	740	590

E. 加固风管的螺栓、螺母、垫圈等金属件应采用避免氯离子对金属材料产生电化学腐蚀的措施，加固后应采用与风管本体相同的胶凝材料封堵。

③ 风管安装：

A. 风管托架的应用范围（表 8－4）。

表 8－4 **风管托架的应用范围** 单位：mm

风管长边尺寸 b	$b\leqslant300$	$b\leqslant1000$	$b\leqslant1500$	$b\leqslant2000$
角钢托架规格	∠25×3	∠40×4	∠50×5	∠50×6

B. 风管吊杠的应用范围（表 8－5）。

表 8－5 **风管吊杠的应用范围** 单位：mm

风管长边尺寸 b	$b\leqslant1250$	$b<1250$
吊杆规格	$\phi8$	$\phi10$

C. 风管水平安装支吊架最大间距（表 8－6）。

表 8－6 **风管水平安装支吊架最大间距** 单位：mm

风管长边尺寸 b	$b\leqslant400$	$b\leqslant1000$	$b\leqslant1500$	$b\leqslant2000$
最大间距	4000	3000	2500	3000

④ 无机玻璃钢风管的安装还应符合下列规定：

A. 风管垂直安装的支架，其间距应不大于 3m，每根垂直风管应不少于 2 个支架。

B. 长边或直径大于 1250mm 的弯管、三通、消声弯管等应单独设置支吊架。

C. 长边或直径大于 2000mm 风管的支吊架，其规格及间距应单独设置支吊架。

D. 圆形风管的托座和抱箍所采用的扁钢应不小于 30×4mm；托座和抱箍的圆弧应均匀且与风管的外径一致，托架的弧长应大于风管外周长的 1/3。

E. 长边或直径大于 1250mm 的风管组合吊装时不得超过 2 节，小于 1250mm 的风管组合吊装时不得超过 3 节。

F. 法兰螺栓的两侧应加镀锌垫圈并均匀拧紧，且不得用力过大。

3）风管及部件安装。

① 风管及部件安装。风管及部件安装流程为：

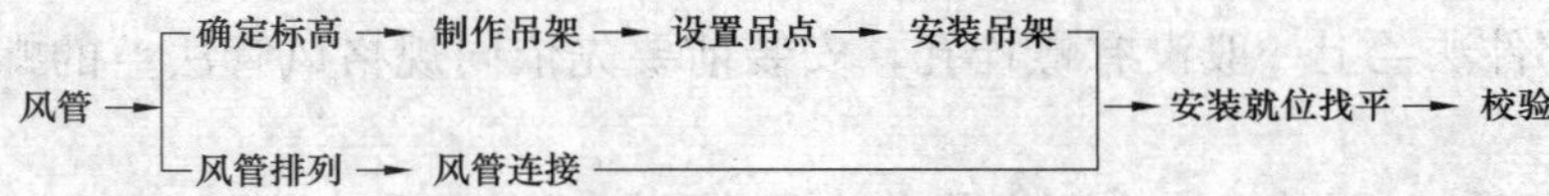

② 确保标高。按照施工图纸的土建基准线找出风管标高。要注意此时室内地面并不一定就是成形地面，因此，必须以土建给的标高基准线确定标高，切不可将室内地面当作楼层正负零来推算标高。

③ 制作吊架：

A. 风管的标高位置确定后，按照系统所在空间位置，确定风管支、吊架形式。

B. 支、吊架制作前，型钢要进行调直，不能出现扭曲和弯曲；钢材切断和打孔时，应使用机械，不能使用氧气—乙炔切割；吊杆圆钢应根据风管标高适当截取，与角钢头接牢固。

C. 将焊渣清理干净后，除锈刷防锈漆一遍，再刷灰调和漆一遍。

④设置吊点：根据工程的特点，采用膨胀螺栓法。

A. 吊点的位置根据风管中心线对称设置，间距按表 8－7 选取。

表 8－7　　吊点间距

矩形风管长边或圆形风管直径	水平风管间距	垂直风管间距	最少吊架数
≤400mm	不大于 4m	不大于 4m	2 副
>400mm、≤1000mm	不大于 3m	不大于 3.5m	2 副
>400mm	不大于 2m	不大于 2m	2 副

B. 安装膨胀螺栓的钻孔直径和深度要适度，膨胀螺栓的安装必须十分牢固。

C. 建筑楼层采用预应力楼板，在预应力钢筋最低处楼板上做有红色油漆标记。设置吊点时必须注意，不可在标记周围 400mm 以内施钻，以免打伤预应力钢筋。

⑤ 安装吊架。将吊架安在所设吊点上，同时将膨胀螺栓拧紧。安装吊杆时注意角钢头的方向要一致，以确保吊杆在一条线上。明露的吊杆不得拼接，暗装吊杆拼接时用搭接焊，搭接长度不少于 6mm，并应在两侧焊接，焊后除掉焊渣并补漆。

⑥ 风管连接。风管连接分角钢法兰连接和无法兰连接，两者的做法基本相同。

A. 排烟风管的法兰垫料为 3mm 厚石棉橡胶板，其他各种风管均用 8501 密封胶带。

B. 擦拭掉法兰表面的异物和积水，使法兰表面干燥。

C. 石棉橡胶板的使用。根据风管法兰角钢的规格，将石棉橡胶板裁成等宽的长条，把垫料贴在法兰上，并用电钻对应于螺栓孔钻孔厚穿上螺栓。注意法兰四角的垫料接头应采用梯形或榫形连接，各部位的垫料均不得凸入风管内。

D. 8501 密封胶带的使用。从法兰的一角开始粘贴胶带，沿法兰均匀平整地粘贴，并在粘贴过程中用手将其按实。贴满一周后与起端交叉搭接，剪去多余部分，最后剥去隔离纸。

E. 风管分节安装。对因场地限制不能接长吊装时，将风管分节用绳子拉到脚手架上，然后抬到支架上对正法兰逐节安装。

⑦ 部件安装。在风管连接安装时，应同时将调节阀、防火阀、止回阀和消声器等部件安在设计指定的位置。各种风口留待装修阶段配合吊顶施工进行安装。

A. 各种部件法兰上一般没有螺栓孔，安装前要先依同规格风管法兰的螺孔位置钻眼，然后进行安装。

B. 调节阀安装时要处于完全开启状态，调节手柄要安在易于操作的位置。

C. 防火阀的方向要正确，易熔件在迎流方向。

D. 止回阀的开启方向要与气流方向一致。安装在水平位置和垂直位置的止回阀不可混用。

E. 折板消声器串联时，要注意其方向，确保气流顺畅。

F. 风口与风管的连接要严密牢固，边框与建筑装饰面贴实，外表面平整不变形。

G. 最后将一些系统的碰头处尺寸实测后进行制作安装，以形成完整的风系统。

4）通风、排烟风机安装：

① 基础放线及处理。

② 通风机吊装运输。由起重工在铺好道木的路线上走滚杠，滚运至基础上。

③ 风机减振器安装。在风机基础上垫两根 10cm 厚木方，将风机对准安装基础线位置，临时木方上。按安装要求摆放好 6 个减振器，然后挪开风机，在减振器 4 个固定孔处做好标记，在标记处用电锤钻孔，埋 M6 膨胀螺栓固定减振器。

④ 风机本机安装。将风机本体置于减振器上，用 M16 螺栓固定。在减振器与风机柜架底座之间垫铜皮或钢片调整风机水平度，用水平仪在主轴上测定纵向水平度，用水平仪在轴承座的水平中分面上测定横向水平度。调整好水平度，要使风机的叶轮旋转后，每次都不停留在原来的位置上，并不得碰壳。

⑤ 传动带轮找正。整体安装的通风机应进行风机与电动机三角传动带轮传动找正。用一根细线，使线的一端接触风机皮带轮外侧轮缘过中心的两端点，使线的另一端接触电机传动带轮外侧过中心的两轮缘端点，调整底座框架上电动机的位置和水平，使两皮带轮轮缘上的四点同在一条直线上，即可认为通风机的主轴中心线和电动机轴的中心线平行，两个皮带轮的中心线重合。

调整电机位置，使三角皮带松紧程度适宜。一般用手敲打已装好皮带的中间，贴有弹跳，或用手指压在两根传动带上，能压下 2cm 左右就算合格。

⑥ 通风机试运转。

A. 准备工作：

a. 将风机房打扫干净，检查清除风机内及风管内异物。

b. 检查通风机，电动机两个传动带轮中心是否在一条直线上，风机固定螺栓是否拧紧。

c. 检查轴承处是否有足够的润滑油，否则需加够。

d. 用手盘车，通风机叶轮应无卡碰现象。

e. 检查电动机、通风机、风管接地线是否连接可靠。

f. 检查通风机调节阀门启闭是否灵活，定位装置是否牢靠。

B. 通风机的起动和运转。

a. 打开防排烟系统的防火阀，调节所有的百叶风口，使内外两层片处于全开状态。送风口的调节阀门关闭。

b. 点动电机，各部位应无异常现象和摩擦声响，才可进行运转。观察通风机的旋转方向是否正确。

c. 风机启动达到正常转速后，应首先调节进风口阀门，进行开充为 0～5°之间的小负荷运转，达到轴承温升稳定后连续运转时间应不小于 20min。

d. 小负荷运转正常后，逐渐开大调节阀门，此时应测定电动机的电流不得超过额定值，直到规定后的负荷为止，连续运转时间应不小于 2h。

e. 试运转中须在通风机皮带盘中心位置上用转速表测通风机转速。在轴承部位用测振仪测其振动速度有效值应不大于 6.3mm/s，按要求做好通风机试运转记录。

5）系统调试。

① 系统调试所使用的测试仪器和仪表，性能应稳定可靠，其精度等级及最小分度值应能满足测定的要求，并应符合国家有关计量法规及检定规程的规定。

② 通风与空调工程的系统调试，应由施工单位负责、监理单位监督，设计单位与建设单位参与和配合。

③ 系统调试前，应编制调试方案，报送专业监理工程师审核批准；调试结束后，必须提供完整的调试资料和报告。

④ 电控防火、防排烟风阀（口）的手动、电动操作应灵活、可靠，信号输出正确。

⑤ 防排烟系统联合试运行与调试的结果必须符合设计与消防的规定。

五、施工质量检测办法

本项目工程将按照国家规范标准的要求，在调试期间对消防系统主要设备进行自检（包括各类探测器的模拟试验、模块的联动试验、消防水系统的末端试验、屋顶层末端消火栓水压试验、风机风量试运行试验等），试验结束填写调试报告，报公司质量管理部门复核。

公司质量管理部门复核后提交业主、监理单位、设计单位等部门审核，对消防系统进行验收。由我公司质量管理部门、总工程师、技术负责人及施工现场项目部成员配合业主及各部门技术人员，在验收前对安装的消防系统进行以下各项检测试验，以达到消防验收的要求。

(1) 消防用电设备电源的自动切换装置，应进行 3 次切换试验，每次试验均应正常。

(2) 火灾报警控制器安装数量全部检测，试验时每个功能应重复 1～2 次，被试验控制器的功能应符合现行国家标准《火灾报警控制器》(GB 4717—2005) 中的功能要求。

(3) 各类感烟、感温探测器利用加烟器或加温设备对安装的探测器进行模拟火灾响应试验和故障报警试验，探测器的试验均应正常。

(4) 室内消火栓系统的功能检测：应使用专用压力计在水压力符合现行国家有关建筑设计防火规范的条件下进行试验，并应符合下列要求：

1) 工作泵、备用泵转换运行 1～3 次。

2) 消防控制室内操作启、停泵 1～3 次。

3) 对消火栓处操作启泵按钮进行全部试验。

4) 以上控制功能应正常、消火栓系统压力正常，信号应正确反馈。

(5) 自动喷水灭火系统的检测，应在符合现行国家标准《自动喷水灭火系统施工及验收规范》的条件下，检测下列控制功能：

1) 工作泵与备用泵转换运行 1～3 次。

2) 消防控制室内操作泵、停泵 1～3 次。

3) 水流示器、闸阀关闭器及电动阀等按实际安装数量及各分区进行末端放水试验。

4) 上述控制功能，信号均应能正常反馈。

(6) 电动防火门、防火卷帘的检测，应按实际安装数量进行联动控制功能试验，其控制功能、信号均应正常。

(7) 通风空调和防排烟设备（包括风机和防火阀）的检测，应按实际安装数量检测联动控制设备，其控制功能、信号均应正常。

(8) 风管验收过程应使各防火阀、调节阀开到最理想状态，风机运行后进行风管漏风、漏光试验。

(9) 消防电梯的检验应进行 1～2 次人工控制和自动控制功能检验，其控制功能、信号均应正常。

（10）火灾事故广播设备的检验，应按实际安装数量及分区进行下列功能检验：

① 在消防控制室选层广播。

② 共用的扬声器强行切换试验。

③ 备用扩音机控制功能试验。

④ 上述控制功能应正常，语音应清楚。

（11）消防通信设备的检验，应符合下列要求：

① 消防控制室与设备间所设的对讲电话进行 1～3 次通话试验。

② 电话插孔按实际安装数量进行通话试验。

③ 上述功能应正常，语音应清楚。

参 考 文 献

[1] 中华人民共和国公安部. GB 50084—2001 自动喷水灭火系统设计规范（附条文说明）（2005 年版）[S]. 北京：中国计划出版社，2005.

[2] 中华人民共和国公安部. GB 50261—2005 自动喷水灭火系统施工及验收规范 [S]. 北京：中国标准出版社，2005.

[3] 中华人民共和国公安部. GB 50193—1993 二氧化碳灭火系统设计规范（2010）[S]. 北京：中国计划出版社，2010.

[4] 同济大学，中国钢结构协会防火与防腐分会. CECS 200—2006 建筑钢结构防火技术规范 [S]. 北京：中国计划出版社，2006.

[5] 全国消防标准化技术委员会. GB 4717—2005 火灾报警控制器 [S]. 北京：中国标准出版社，2005.

[6] 石敬炜. 建筑消防工程设计与施工手册 [M]. 北京：化学工业出版社，2014.

[7] 徐志嫱，李梅. 建筑消防工程 [M]. 北京：中国建筑工业出版社，2009.

[8] 郭树林，孙英男. 建筑消防工程设计手册 [M]. 北京：中国建筑工业出版社，2012.

[9] 许秦坤，林龙沅，周煜琴. 建筑消防工程 [M]. 北京：化学工业出版社，2014.